高等学校教材

金属材料及其强韧化

主　编　黄本生
副主编　范舟　杨军　罗霞

石油工业出版社

内 容 提 要

本书为适应 21 世纪人才培养需求及高校专业设置调整和合并而提出的教学内容和课程体系改革的要求，在总结近些年来的教学探索、改革和实践的基础上编写而成。

本书以金属材料的成分、结构、组织与性能的关系及其金属强韧化为主线进行论述和分析，系统地论述了工程材料及金属强化技术的基本理论和知识，分析了常用工程材料的化学成分、组织结构、工艺方法、性能特点及其相互关系。本书注重基本理论和基本概念的阐述，力求理论正确、概念清晰，同时又注重可读性和实用性。

本书适合作为高等学校本科材料类、机械类及近机械类专业技术基础课程的教材，也可作为相关专业科技人员的参考用书。

图书在版编目（CIP）数据

金属材料及其强韧化/黄本生主编 . — 北京：
石油工业出版社，2017.9（2021.1 重印）
高等学校教材
ISBN 978－7－5183－2050－9

Ⅰ . ①金… Ⅱ . ①黄… Ⅲ . ①金属材料—高等学校—
教材　Ⅳ . ①TG14

中国版本图书馆 CIP 数据核字（2017）第 179838 号

出版发行：石油工业出版社
　　　　　（北京安定门外安华里 2 区 1 号　　100011）
　　　　网　　址：www. petropub. com
　　　　编辑部：（010）64250991　图书营销中心：（010）64523620
经　　销：全国新华书店
排　　版：北京苏冀博达科技有限公司
印　　刷：北京中石油彩色印刷有限责任公司

2017 年 9 月第 1 版　2021 年 1 月第 4 次印刷
787 毫米×1092 毫米　开本：1/16　印张：13.5
字数：345 千字

定价：30.00 元

前　　言

　　材料是科学发展与工程技术创新的基础。20世纪后期，新材料成为高新技术的四大支柱之一，新材料对高科技和新技术具有非常关键的作用，没有新材料就没有发展高科技的物质基础，掌握新材料技术已成为一个国家在科技上处于领先地位的标志之一。因此，对材料理论基础的研究就变得尤为重要。随着科学技术的发展，新材料和新技术不断问世，对材料科学及工程的教学也提出了新的要求。

　　本书对传统工程材料学内容进行了精选，从机械工程材料的应用角度出发，阐明了工程材料（主要是金属材料）及其强化工艺的基础理论知识以及应用，注重分析材料的化学成分、加工工艺、组织结构和性能之间的关系。在编写过程中，始终贯穿一条主线，即材料的组成—结构—性能—应用，在系统地介绍了材料基础理论的同时，也引入了较多的新材料与新技术等知识，有利于培养学生的创新意识。本书具有以下几方面特点：

　　（1）内容与实际生产、生活密切相关，注重实践应用。在对基础理论精简叙述的同时，对材料热处理、材料选用及强化技术等紧密联系生产实际的方面进行了详细介绍。

　　（2）对传统工程材料的内容进行了精炼，根据当前材料科学的发展现状和应用情况更新了教材内容并调整了章节结构，增加了复合材料、纳米材料、绿色材料等新内容，反映了工程材料的发展趋势。

　　（3）内容涉及面广、适应性强，因此在实际教学过程中有较大的选择余地，可以根据不同专业的需要及课时要求选择适当内容进行讲授。本书还加入了石油类特色知识，拓宽了学生的专业知识面，利于石油类高校有针对性地对相关专业学生进行教学。

　　本书对现代工程材料及强化工艺的基础理论知识及应用做了深入的介绍。通过对本书的学习，读者能够正确、合理地选用工程材料，并具有确定金属材料热处理工艺和妥善安排工艺路线的初步能力，为后续课程的学习和今后从事材料加工、机械设计及制造等方面的工作奠定基础。

本书由西南石油大学黄本生教授、范舟副教授、杨军博士、罗霞博士等合作编写，黄本生教授为主编。具体分工如下：绪论、第1章、第3章、第4章由黄本生编写；第2章由张德芬、黄本生合编；第5章由范舟、黄本生合编；第6章、第11章由范舟编写；第7章、第9章由杨军编写；第8章由黄本生、杨军合编；第10章由范舟、罗霞合编。全书由黄本生教授统稿，研究生赵星、陈权也参加了教材部分编排工作。

本书在编写中参考了已出版的大量文献，在此，谨向其作者表示衷心的感谢。

由于水平所限，教材中难免出现疏漏甚至错误之处，请广大师生在实际教学中批评指正。

编　者
2017 年 5 月

目　　录

绪　　论

材料是能被人类加工利用的物质，是人类生产和生活所必需的物质基础。人类生活在材料组成的世界里，无论是经济活动、科学研究、国防建设，还是人们的衣食住行都离不开材料。材料是人类赖以生存并得以发展的物质基础，正是材料的发现、使用和发展，才使人类不断扩展和超越自身能力，创造出辉煌灿烂的文化。材料的利用情况标志着人类文明的发展水平，历史学家按照人类所使用材料的种类将人类历史划分为石器时代、青铜器时代和铁器时代。到了 20 世纪 70 年代，人们更是把材料、信息与能源并列为现代文明的三大支柱，而材料又是信息和能源的基础。

1. 材料与材料科学概述

在材料的发展、加工、生产的漫长历史过程中，我们的祖先有过辉煌的成就，为人类文明做出了重大贡献。早在公元前 6000—公元前 5000 年的新石器时代，我们的祖先就能用黏土烧制陶器，到了东汉时期又出现了瓷器，并广传海外。4000 年前的夏朝时期，开始了青铜冶炼。到了殷商时期，冶铸技术就已经达到了很高的水平，并形成了灿烂的青铜文化。河南安阳晚商遗址出土的后母戊鼎质量高达 832.84kg，在大鼎四周有蟠龙等组成的精美花纹，是这个时期青铜器的杰作。公元前 7 世纪到公元前 6 世纪的春秋时期，我国已经开始大量使用铁器，白口铸铁、麻口铸铁、可锻铸铁相继出现，比欧洲早了 1800 多年。大约 3000 年前，我国已采用铸造、锻造、淬火等技术生产工具和各种兵器。湖北江陵墓中出土的两把越王勾践的宝剑，长 55.7cm，至今仍异常锋利，金光闪闪。陕西临潼秦始皇陵出土的大型彩绘铜车马，有 3000 多个零部件，综合采用了铸造、焊接、凿削、研磨、抛光等各种工艺，结构复杂，制作精美。明朝科学家宋应星在他的名著《天工开物》中就记载了古代的渗碳热处理等工艺，这说明早在欧洲工业革命前，我国在金属材料及热处理方面就已经有了较高的成就。现存于北京大钟寺内明朝永乐年间制造的大钟，重达 46.6t，其上遍布经文共达 20 余万字，其钟声现在仍浑厚悦耳。

人类对材料的真正认识还是在近现代时期，随着 1863 年第一台光学显微镜问世，金相学的研究开始得到发展，人们步入了材料的微观世界。1912 年发现了 X 射线，开始了晶体微观结构的研究；1932 年电子显微镜的问世以及后来出现的各种仪器，把人们带入了微观世界的更深层次，人类开始对材料有了系统而深入的认识，迎来了材料科学研究的时代。

新中国成立后，我国工业生产迅速发展，先后建立了鞍山、攀枝花、宝钢等大型钢铁基地，钢产量由 1945 年的年产 15.8×10^4 t 上升到 2016 年的 80840×10^4 t，已连续多年成为钢产量第一大国。近年来，国产隐身战斗机歼—20 的成功研制、神舟飞船的升空、辽宁号航母的服役以及国产航母和中国首艘万吨级驱逐舰的下水，都说明了我国在材料的开发、研究应用等方面有了飞跃的发展，并达到了较高的水平。科学技术进步神速，使许多科学设想都成为可能，科学技术为这些新技术提供了理论技术支持，但新型高性能材料却成了难以解决的难题。

2. 工程材料的应用与发展趋势

新材料是高新技术的重要组成部分，又是高新技术发展的基础和先导，也是提升传统产业的技术能级、调整产业结构的关键。新材料产业已被世界公认为最重要、发展最快的高新技术产业之一，且已成为产业进步、国民经济发展和保证国防安全的重要推动力。

工业发达的国家都十分重视新材料在国民经济和国防安全中的基础地位和支撑作用，为保持其经济和科技的领先地位，都把发展新材料作为科技发展战略的目标，在制定国家科技与产业发展计划时将新材料列为 21 世纪优先发展的关键技术之一，予以重点发展。

我国非常重视功能材料的发展，在国家科技攻关、"863"、"973"、国家自然科学基金等项目中，新材料都占有很大比例。在"九五"、"十五"国防计划中还将特种功能材料列为"国防尖端"材料。这些科技行动的实施，使我国在新材料领域取得了丰硕的成果。在"863"计划支持下，开辟了超导材料、稀土功能材料、生物医用材料、储氢材料、高性能固体推进剂材料、红外隐身材料、材料设计与性能预测等功能材料新领域，取得了一批接近或达到国际先进水平的研究成果，在国际上占有了一席之地。镍氢电池、锂离子电池的主要性能指标和生产工艺技术均达到了世界先进水平，推动了镍氢电池的产业化；功能陶瓷材料的研究开发取得了显著进展，以片式电子组件为目标，我国在高性能瓷料的研究上取得了突破，并在低烧瓷料和贱金属电极上形成了自己的特色并实现了产业化，使片式电容材料及其组件进入了世界先进行列；高档钕铁硼产品的研究开发和产业化取得显著进展，在某些成分配方和相关技术上取得了自主知识产权。

材料工业是国民经济的基础产业，新材料是材料工业发展的先导，是重要的战略性新兴产业。"十三五"期间，加快培养和发展新材料产业，对于引导材料工业升级换代，支撑战略性新兴产业发展，保障国家重大工程建设，促进传统产业转型升级，构建国际竞争新优势具有重要的战略意义。新材料设计领域广，一般是指新出现的具有优异性能和特殊功能的材料，或是传统材料改进后性能明显提高和产生新功能的材料，主要包括新兴功能材料、高性能结构材料和先进复合材料。其范围随着经济发展、科技进步、产业升级不断发生变化，为突出重点，"十三五"规划中主要包括以下六大领域：特种金属功能材料、高端金属结构材料、先进高分子材料、新型无机非金属材料、高性能复合材料、前沿新材料。

新材料对高新技术的发展起着重要的推动和支撑作用，也是世界各国高技术发展中战略竞争的热点。

3. 金属的热处理、表面改性及强化技术

金属的热处理是根据材料在固态下组织及形态的变化规律，通过不同参数的加热、保温和冷却过程，达到改变材料内部组织结构的目的，由于此过程中存在热源的作用，所以热处理是一种热加工工艺。在实际的工业生产应用中，大部分工件均需要热处理。例如在汽车、拖拉机的制造过程中，$60\%\sim70\%$ 的工件需要进行热处理，而滚动轴承和各种工模具等则需要百分之百地进行热处理。热处理在钢中的应用最多，热处理能使钢的性能发生较大的改变是由于纯铁具有同素异构转变，可使钢在加热及冷却过程中，组织和结构得到相应的变化。例如将钢件加热到 AC_3 以上 $20\sim30℃$，保温足够长的时间，使钢种的组织完全转变成奥氏体后，随炉冷却，以获得接近平衡组织的最终热处理工艺，称为钢的完全退火处理。完全退火的目的是细化晶粒，均匀组织，消除应力，降低硬度和改善钢的切削加工性能。

由于工件的服役条件存在差异，大量的工件处于高过载、高磨损、严重腐蚀等环境下，

所以工件的实际寿命往往远低于正常的服役寿命。工件的表面往往直接与载荷、腐蚀物质接触，所以可以认为工件表面受环境因素的影响最大。延长金属的实际使用寿命，其关键是如何提高金属表面的性能指标，金属的表面改性技术正是基于这一理念发展而来的强化技术。本书将介绍化学转化膜技术、热喷涂技术、气相沉积技术、三束表面改性技术等表面改性技术，旨在提高学生对金属表面改性技术的认识与应用。关于表面改性的应用实例很多，例如将钢铁材料放入磷酸盐的溶液中，可获得一层不溶于水的膜；将钢件放入某些氧化性溶液中，使其表面形成厚度约为 $0.5\sim1.5\,\mu\mathrm{m}$ 致密而牢固的 Fe_3O_4 薄膜的工艺；将热喷涂材料加热至熔化或半熔化状态，用高压气流将其雾化并喷射与工件表面，以形成涂层的工艺，也能达到表面改性的作用。

随着金属材料得到了大量应用，改善金属的性能是人们一直探索的问题。材料抵抗变形和破坏的能力称为材料的强度，材料的塑性用于评定材料在破坏前产生永久变形的程度，材料的韧性则是指材料变形和破坏过程中吸收能量的能力，所以材料的韧性是强度和塑性的综合表现。研究材料的强韧化机理和强韧化方法，提高材料的强韧化水平，充分挖掘现有材料的潜力，不仅可以满足工程结构和技术装备制造中对高强韧性材料的要求，还能达到节约能源和原材料的目的。金属的强韧化技术很多，例如在钢中加入某些合金元素，以固溶强化的形式对晶体进行强化，溶质原子溶入基体中产生原子尺寸效应、弹性模量效应和固溶体有序化作用而导致材料强化；细晶强化主要是利用晶界对位错的阻碍作用，通过细化晶粒来增加晶界或改善晶界性质，阻碍位错运动，提高材料强度。本书将从机理、组织与结构的改变等方面对多种强韧化技术进行阐述。

4. 课程目的和基本要求

工程材料是材料学中的重要部分，作为机械制造基础中的系列课程之一，是高等学校机械类及近机械类专业必修的技术基础课。学习本课程的目的是：获得有关工程材料的基础理论和必要的工艺知识，培养工艺分析的初步能力；掌握和运用常用工程材料的种类、成分、组织、性能和改进方法；理解和应用材料的性能、结构、工艺、使用之间的关系规律，合理使用材料和正确选择加工工艺。

学习本课程的基本要求是：了解常见材料的性能、结构特点以及缺陷，包括金属、轻金属、新型材料；熟悉金属的结晶与塑性变形过程，以及相变过程中金属的组织和结构的变化规律，重点掌握二元合金相图及其应用实例；掌握金属材料及其热处理，金属材料表面强化技术，以及金属材料的强韧化原理及技术；能对机械零件的失效现象进行分析，以及能根据工况合理选材。

第1章 材料的种类与性能

1.1 材料的分类

材料是人类用于制造物品、器件、构件、机器或者其他产品的物质,但并不是所有物质都可以称为材料,如燃料和化学原料、工业化学品、食物和药物,一般都不算是材料。材料是人类生产的物质基础,是维持以及推动现代科学技术发展的重要支柱。材料的品种、数量以及质量是衡量一个国家科学技术实力和国民经济水平的重要标志。

不同的分类标准,材料的划分也存在差异。按材料结晶状态,可分为单晶质材料、多晶质材料、非晶质材料以及准晶态材料。按材料尺寸,可分为零维材料、一维材料、二维材料以及三维材料。按材料用途,可分为结构材料(如机械零件、工程构件)、工具材料(如量具、刀具、模具)以及功能材料(如磁性材料、超导材料)。最常见的是按化学组成及结合键分类,可分为金属材料、高分子材料、无机非金属材料以及复合材料,如图1.1所示。

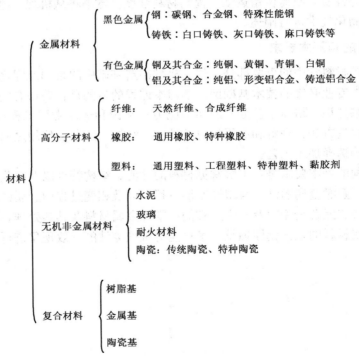

图 1.1　材料按组成及结合键的特点分类

1.1.1 金属材料

金属材料是以金属键结合为主的材料,包括钢铁、有色金属及其合金。金属材料具有良好的力学性能、物理性能、化学性能及工艺性能,并易于采用比较简单和经济的方法制成零件，是目前用量最大、应用最广泛的工程材料。

金属材料分为黑色金属和有色金属两类。铁、锰、铬及其合金称为黑色金属。黑色金属在机械产品中的用量占全部用材的 60％ 以上。黑色金属具有良好的力学性能，是最重要的工程金属材料。黑色金属之外的所有金属及其合金称为有色金属。有色金属的种类很多，是重要的特色用途材料。

1.1.2　高分子材料

高分子材料是以高分子化合物为基础的材料，由相对分子质量较大的化合物构成，以分子键和共价键结合为主，包括橡胶、塑料、纤维、涂料、胶黏剂和高分子基复合材料。

高分子材料具有良好的塑性、耐蚀性、电绝缘性、减震性，以及密度小等优良性能，并且原料丰富、成本低、加工方便，因此在机械、电气、纺织、汽车、飞机、轮船等制造工业和化学、交通运输、航空航天等工业中广泛应用，是工程上发展最快的一类新型结构材料。

1.1.3　无机非金属材料

无机非金属材料是以某些元素的氧化物、碳化物、氮化物、卤素化合物、硼化合物以及硅酸盐、铝酸盐、磷酸盐、硼酸盐等物质组成的材料，常具有比金属键和纯共价键更强的离子键和混合键。这种化学键赋予了这类材料高熔点、高硬度、耐腐蚀、耐磨损、高强度和良好的抗氧化性等基本属性以及隔热性、透光性及良好的铁电性、铁磁性和压电性。由于它具有这些优点，在电力、建筑、机械等行业有广泛应用。工程常用的无机非金属材料主要有水泥、玻璃、陶瓷材料和耐火材料。

1.1.4　复合材料

复合材料是由两种或两种以上不同性质的材料，通过物理或化学的方法，在宏观上组成具有新性能的材料。各种材料在性能上取长补短，产生协同效应，使复合材料的综合性能优于原组成材料而满足各种不同的要求。复合材料可由基体材料（金属基、陶瓷基、聚合基）和增强剂（纤维、晶须、颗粒）复合而成，它的结合键非常复杂，使其在强度、刚度和耐蚀性方面比单纯的金属、陶瓷和聚合物都优越，是一类特殊的工程材料，具有广阔的发展前景。

1.2　材料的性能

材料的性能直接关系到产品的质量、使用寿命和加工成本，是产品选材和拟定加工工艺方案的重要依据。材料的性能可分为使用性能和工艺性能两类。材料的使用性能是指材料在服役条件下能保证安全可靠工作所必备的性能，包括材料的力学性能、物理性能和化学性能等。工艺性能是指材料承受各种加工、处理的能力的性能，包括铸造性能、锻造性能、焊接性能、热处理性能和切削加工性能等。

1.2.1　材料的力学性能

1. 静载荷时材料的力学性能

静载荷是指施于构件的载荷恒定不变或加载变化缓慢以致可以忽略惯性力作用的载荷，

最常用的静载荷实验有拉伸、压缩、弯曲、扭转等，利用这些实验方法，可以测得材料的各种力学性能指标。本节仅介绍工程领域应用广泛的强度、塑性和硬度等指标。

1）强度

强度是指材料在外力作用下抵抗变形和断裂的能力。

强度指标常通过材料拉伸实验测定。在标准试样的两端缓慢地施加拉伸载荷，使试样的工作部分受轴向拉力 F，并引起试样沿轴向产生伸长 ΔL，随着 F 值的增加，ΔL 也相应增大，直到试样断裂为止。由载荷（拉力）与变形量（伸长量）的相应变化，可以绘出拉伸曲线。图 1.2（a）就是退火低碳钢的拉伸曲线。如果把拉力除以试样的原始截面积 S_0，得到拉应力 σ（单位截面积上的拉力），把伸长量 ΔL 除以试样的标距长度 L_0 得到应变 ε（单位长度的伸长量）。根据 σ 和 ε，则可以画出拉伸试样的应力—应变曲线，如图 1.2（b）所示，可以从图上直接读出材料的一些常规力学性能指标。静载拉伸下材料的力学性能指标主要有以下几个。

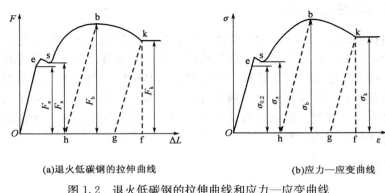

(a)退火低碳钢的拉伸曲线　　　　　　(b)应力—应变曲线

图 1.2　退火低碳钢的拉伸曲线和应力—应变曲线

（1）弹性极限和弹性模量。

在应力—应变曲线上，e 点以前产生的可以恢复的变形称为弹性变形，e 点对应的弹性变形阶段的极限值，称为弹性极限，以 σ_e 表示（单位为 MPa），对一些弹性零件如精密弹簧等，弹性极限是主要的性能指标。

材料在弹性变形阶段内，应力与应变的比值为定值，这表征了材料抵抗弹性变形的能力，其值大小反映材料弹性变形的难易程度，称为弹性模量，以 E 表示（单位为 GPa）：

$$E = \frac{\sigma}{\varepsilon} \qquad\qquad (1.1)$$

在工程上，零件或构件抵抗弹性变形的能力称为刚度。显然，在零件的结构、尺寸已确定的前提下，其刚度取决于材料的弹性模量。

弹性模量主要取决于材料内部原子间的作用力，如晶体材料的晶格类型、原子间距，热处理对弹性模量的影响极小。

（2）屈服强度。

在拉伸曲线中，s 点出现一近似水平线段，这表明拉力虽然不再增加，但变形仍在进行。这时若卸去载荷，则试样的变形不能全部恢复，将保留一部分残余变形。这种不能恢复的残余变形称为塑性变形。s 点是材料从弹性状态过渡到塑性状态的临界点，它所对应的应力为材料在外力作用下开始发生塑性变形的最低应力值，称为屈服极限或屈服强度，用 σ_s（R_{el}）表示（单位为 MPa）：

$$\sigma_s = \frac{F_s}{S_0} \qquad (1.2)$$

式中　F_s——对应于 s 点的外力，N；

　　　S_0——试样的原始截面积，m^2。

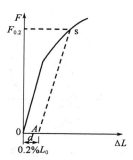

由于很多材料的拉伸曲线上没有明显的屈服点（图 1.3），无法确定屈服极限，因此规定试样产生 0.2% 塑性变形时的应力值为该材料的屈服极限，称为条件屈服极限，以 $\sigma_{0.2}$ 表示：

$$\sigma_{0.2} = \frac{F_{0.2}}{S_0} \qquad (1.3)$$

图 1.3　图解法确定 $\sigma_{0.2}$

式中　$F_{0.2}$——产生 0.2% 残余伸长量的载荷，N。

　　　$F_{0.2}$ 的确定方法是：首先在拉伸图上截取 $d = 0.2\% L_0$，过 A 点做平行于拉伸曲线弹性变形阶段的平行线与拉伸曲线交于 s 点，再过交点 s 作水平线，与 F 轴的交点即为 $F_{0.2}$。

　　　工程中大多数零件都是在弹性范围内工作的，如果产生过量塑性变形就会使零件失效，所以屈服强度是零件设计和选材的主要依据之一。

（3）抗拉强度。

试样拉断前最大载荷所决定的条件临界应力，即试样所能承受的最大载荷除以原始截面积，以 σ_b（R_m）表示（单位为 MPa）：

$$\sigma_b = \frac{F_b}{S_0} \qquad (1.4)$$

式中　F_b——试样所能承受的最大载荷，N。

抗拉强度的物理意义是表征材料对最大均匀变形的抗力，表征材料在拉伸条件下，所能承受的最大载荷的应力值，它是设计和选材的主要依据之一。因为有些材料几乎没有塑性，或塑性很低，因此 σ_b 就是这类材料的主要选材设计指标。

2）塑性

断裂前材料发生塑性变形的能力称为塑性。塑性以材料断裂后塑性变形的大小来表示。拉伸时用延伸率 δ（A）和断面收缩率 ψ（Z）表示，两者均无量纲。

①延伸率 δ（A）表示试样拉伸断裂后的相对伸长量，其计算公式为

$$\delta = \frac{L_k - L_0}{L_0} \times 100\% \qquad (1.5)$$

式中　L_0——拉伸试样原始标距长度，mm；

　　　L_k——拉伸试样拉断后的标距长度，mm。

②断面收缩率 ψ（Z）表示试样断裂后截面的相对收缩量，其计算公式为

$$\psi = \frac{S_0 - S_k}{S_0} \times 100\% \qquad (1.6)$$

式中　S_0——拉伸试样原始截面面积，m^2；

　　　S_k——拉伸试样拉断处的截面面积，m^2。

3）硬度

硬度是衡量材料软硬程度的指标，表征材料抵抗比其更硬的物体压入或刻画的能力。因为

硬度的测定总是在试样的表面上进行，所以硬度也可以看做是材料表面抵抗变形的能力。

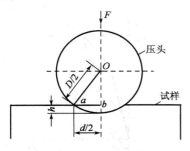

图 1.4　布氏硬度实验原理

硬度是材料力学性能的一个重要指标，材料制成的半成品和成品的质量检验中，硬度是标志产品质量的重要依据。常用的硬度有布氏硬度、洛氏硬度、维氏硬度等。

（1）布氏硬度。

用一定的载荷 F，将直径为 D 的淬火钢球或硬质合金球压入被测材料的表面（图 1.4），保持一定时间后卸除载荷，载荷与压痕表面积 S 的比值称为布氏硬度值，用 HB 表示，即

$$HB = \frac{F}{S} = \frac{F}{\pi D h} = \frac{2F}{\pi D \left[D - (D^2 - d^2)^{\frac{1}{2}} \right]} \qquad (1.7)$$

布氏硬度的单位为 N/mm²，但一般都不标出，硬度值越高，表明材料越硬。

采用布氏硬度试验的优点是压痕面积大，不受微小不均匀硬度的影响，试验数据稳定，重复性好，但不适用于成品零件和薄壁器件的硬度检验。

硬度的表示方法：压头为淬火钢球时用 HBS，适用于布氏硬度值在 450 以下的材料；压头为硬质合金球时用 HBW，适用于布氏硬度值在 650 以下的材料。硬度值写在符号 HBS 或 HBW 之前，符号之后按下列顺序用数值表示试验条件：球体直径（mm），试验力（N），力保持时间（s），如 120HBS 10/1000/30。

（2）洛氏硬度。

在先后两次施加载荷（初载荷 F_0 及总载荷 F）的条件下，将标准压头（常为顶角为 120° 的金刚石圆锥）压入试样表面，然后根据压痕的深度来确定试样的硬度。

根据压头和压力的不同，洛氏硬度用 HRA、HRB、HRC 三种不同符号表示，最常用的是 HRC。它们的数值直接可以从硬度试验机仪表盘上的指示针位置读出。

洛氏硬度的测定操作迅速、简便，压痕面积小，适用于成品检验，硬度范围广，但由于接触面积小，当硬度不均匀时，数值波动较大，需多打几个点取平均值。必须注意，不同方法、级别测定的硬度值无可比性，只有查表转换成同一级别后，才能比较硬度值的高低。

（3）维氏硬度。

将相对面夹角为 136° 的方锥形金刚石压入材料表面，保持规定时间后测量压痕对角线长度，然后通过计算得出相应硬度值，该硬度值称为维氏硬度。维氏硬度试样表面应光滑平整，不能有氧化皮及杂物，不能有油污。一般情况下，维氏硬度试样表面粗糙度参数 R_a 不大于 0.40μm，小复合维氏硬度试样不大于 0.20μm，显微维氏硬度试样不大于 0.10μm，维氏硬度试样制备过程中，应尽量避免过热或者冷作硬化等因素对表面硬度的影响。此外，对于小界面或者外形不规则的试样，如球形、锥形，需要对试样进行镶嵌或者使用专用平台。

维氏硬度计测量范围宽广，可以测量工业上所用到的几乎全部金属材料，从很软的材料（几个维氏硬度单位）到很硬的材料（3000 个维氏硬度单位）都可测量。维氏硬度用符号 HV 表示。HV 前面的数值为硬度值，后面则为试验力值，如果试验力保持时间不是通常的 10～15s，还需要再试验力值后标注保持时间，如：600HV30/20 表示采用 30kgf 的试验力，保持 20s 后测得的硬度值为 600。

2. 动载荷时材料的力学性能

动载荷是指由于运动而产生的作用在构件上的作用力，根据作用性质的不同分为冲击载荷和交变载荷等。材料的主要动载荷力学性能指标有冲击韧性、疲劳强度、断裂韧度和耐磨性。

1）冲击韧性

材料不仅受静载荷的作用，在工作中往往也受到冲击载荷的作用，例如锻锤、冲床、铆钉枪等，这些零件和工具在设计和制造时，不能只考虑静载荷强度指标。所谓冲击韧性简称韧性，是指材料在冲击载荷作用下抵抗变形和断裂的能力。

冲击韧性用一次摆锤进行冲击试验测定。其原理如图 1.5 所示。试验时将待测材料的带缺口标准试样放置在试验机的支座上，然后将重量为 G 的摆锤抬升到一定高度 H，使其获得 GH 的位能，再让其释放，冲断试样，摆锤继续上升到高度 h。若忽略摩擦和空气阻力等，则冲断试样所消耗的能量称为冲击功即 A_K（单位：J），其计算公式为

$$A_K = GH - Gh \tag{1.8}$$

试样缺口处单位截面积上所吸收的冲击功称为冲击韧度，即 α_k（单位：J/m²），其计算公式为

$$\alpha_k = \frac{A_K}{S} \tag{1.9}$$

式中　S——试样缺口处的横截面积，m²。

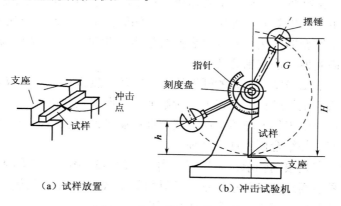

（a）试样放置　　　　　（b）冲击试验机

图 1.5　摆锤冲击实验示意图

一般来说：强度相近的材料，冲击功数值越大，则材料抵抗大能量冲击破坏的能力越好，即冲击韧度越好，在受到冲击时不易断裂。但是在冲击载荷作用下工作的零件，很少是受到大能量一次冲击而破坏的，往往是经受小能量多次冲击，由于冲击损伤的积累引起裂纹扩展而造成断裂，所以用 α_k 值来反映冲击韧度有一定的局限性。研究结果表明，塑性、韧性越高，材料抵抗大能量冲击的能力越强；强度、塑性越高，材料承受小能量多次重复冲击的能力就越好。

2）疲劳强度

许多机械零件，如轴、齿轮、弹簧等，在工作中承受的是交变载荷。在这种载荷作用下，虽然零件所受应力远低于材料的屈服强度，但在长期使用中往往会突然发生断裂，这种现象称为"疲劳"。疲劳断裂并无先兆，会产生突然断裂，危害很大。

疲劳强度就是用来表征材料抵抗疲劳的能力。所谓疲劳强度就是指材料经无数次重复交变载荷作用而不发生断裂的最大应力称为疲劳强度，用 σ_{-1} 表示，单位为 MPa。例如实际工程中常采用钢在经受 10^7 次、有色金属在经受 10^8 次交变应力作用下不发生破坏的应力作为材料的疲劳强度。

3）断裂韧度

断裂韧度是表示材料抵抗裂纹失稳扩展能力的力学性能指标，用 K_{IC} 表示，单位为 MN/m^2。

工程上使用的材料常存在一定的缺陷，如气孔、夹杂物和微裂纹等，这些缺陷在材料受力时相当于裂纹，在其前端产生应力集中，形成应力场，该应力场的强弱用 K_I 表示，称为应力场强度因子。在载荷作用下，K_I 不断增大，当其增大到某一临界值 K_{IC} 时，材料会发生脆性断裂。这个临界值 K_{IC} 就称为材料的断裂韧度。断裂韧度与材料本身的成分、组织和结构有关。

4）耐磨性

磨损将会造成零部件的几何尺寸变小，严重的时候还会造成零部件失去原有设计所规定的性能指标，从而产生失效现象。工程上，常用耐磨性来反映零部件抵抗磨损的能力，它以一定摩擦条件下的磨损率或磨损度的倒数来表示，即耐磨性＝dt/dV 或 dL/dV。

按磨损的破坏机理，磨损可分为黏着磨损、磨粒磨损、腐蚀磨损、接触疲劳。

（1）黏着磨损：又称咬合磨损，实质是相对运动的两个零件的表面总是凸凹不平的，在接触压力作用下，由于凸出部分首先接触，有效接触面很小。因而，当压力较大时，凸起部分便会发生严重的塑性变形，从而使材料表面接触点发生黏着（冷焊），随后，在相对滑动时黏着点又被剪切而断掉，造成黏着磨损。

（2）磨粒磨损：它是当摩擦一方的硬度比另一方的硬度大得多时，或者在接触面之间存在着硬质粒子时，所产生的磨损，其特征是接触面上有明显的切削痕迹。

（3）腐蚀磨损：是由于外界环境引起金属表面的腐蚀产物剥落，与金属摩擦面之间的机械磨损（磨粒、黏着）相结合而出现的磨损。

（4）接触疲劳：它是滚动轴承、齿轮等一类构件的接触表面，在接触压应力的反复长期作用后所引起的一种表面疲劳剥落损坏现象，其损坏形式是在光滑的接触面上分布有若干深浅不同的针尖或豆状凹坑，或较大面积的表层压碎。

3. 不同温度时材料的力学性能

温度是影响材料性能的重要外部因素之一。一般随温度升高，材料的强度、硬度降低而塑性增加。在高温下，载荷作用时间对材料的性能也会产生很大影响。例如，蒸汽锅炉、汽轮机、燃气轮机、核动力及化工设备中的一些高温高压管道，虽然工作应力小于工作温度下材料的屈服强度，但在长期使用过程中，会产生缓慢而连续的塑性变形，使管径增大，最后可能导致管道破裂。因此在高温或者低温条件下工作的零部件，需要认真考虑材料的高温或低温力学性能。

1）高温力学性能

材料的高温性能指标主要有蠕变极限、持久强度、高温韧性等。

（1）蠕变极限。

材料在长时间的恒温、恒应力作用下，即使所受到的应力小于屈服强度，也会缓慢地产生塑性变形的现象称为蠕变。蠕变的另一种表现形式是应力松弛，它是指承受弹性变形的零件，在工作过程中总变形量保持不变，但随时间的延长工作应力自行逐渐衰减的现象。

蠕变极限是指在给定温度 T（单位：℃）下和规定的试验时间 t（单位：h）内，使试样产生一定蠕变伸长量所能承受的最大应力，用符号 $\sigma T\varepsilon/t$ 表示。例如，$\sigma500\ 1/10^5 = 100MN/m^2$，即表示材料在 500℃、$10^5$ h 内，产生的变形量为 1% 时所能承受的应力为 $100MN/m^2$。

（2）持久强度。

持久强度是材料在高温长期载荷作用下抵抗断裂的能力，常用持久强度极限来衡量。所谓持久强度极限，是指材料在给定温度 T（单位：℃）和规定的持续时间 t（单位：h）内引起断裂的最大应力值，用符号 σTt 表示。例如，$\sigma700\ 1000 = 30MPa$，即表示在 700℃ 温度下，要使材料使用 1000h 而不断裂，此时材料最大只能承受 30MPa 的应力。

（3）高温韧性。

材料的高温韧性一般通过高温冲击实验来测定。高温冲击试验与常温、低温冲击试验的本质是一致的，只不过是将试样加热，在高温下进行冲击实验。高温韧性是判定材料高温脆化倾向的重要指标。

材料在高温下承受载荷，其总应变保持不变而应力随时间的延长逐渐降低的现象称应力松弛。例如拧紧的螺母、过盈配合的叶轮、一定紧度的弹簧，在使用过程中都会产生应力松弛现象。有机高分子材料在室温下就会发生蠕变与应力松弛。

2）低温力学性能

随着温度的下降，大多数材料的脆性倾向会增加，严重时甚至会发生脆断。可通过低温冲击试验测定冲击功和冲击韧度。绘制出冲击韧度随温度变化的曲线，确定材料由韧性转变为脆性的韧脆转化温度 T_k。材料的 T_k 越低，表明其低温韧性越好。图 1.6 为材料典型的温度与冲击韧度关系图。

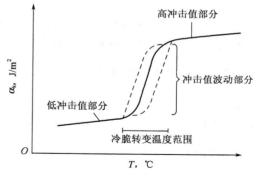

图 1.6　温度与冲击韧度关系图

1.2.2　材料的物理性能

材料的物理性能是指材料的密度、熔点、热膨胀性、磁性、导电性与导热性等。

1. 密度

密度是指单位体积的物质所具有的质量，常用符号 ρ 表示。在地点相同、体积相同的情况下，金属密度越大，其质量越大。一般将密度小于 $5 \times 10^3 kg/m^3$ 的金属称为轻金属，如铝、钛等；密度大于 $5 \times 10^3 kg/m^3$ 的金属称为重金属。

实际生产中，一些零部件的选材必须考虑材料的密度。例如，汽车发动机中的活塞要求质量轻、运动时惯性小，因此多采用低密度的铝合金制成。在航空领域，密度更是选用材料的关键性能之一。

2. 熔点

熔点是指物质在一定压力下由固态转变为液态的温度。它是制定冶炼、锻造、铸造和焊接等热加工工艺规范的一个重要参数。

3. 热膨胀性

材料随温度变化而膨胀或收缩的特点称为热膨胀性。一般情况下，陶瓷材料的热膨胀系数较低，金属次之，高分子材料最大。工程上有时也利用不同材料的膨胀系数的差异制造控制元件，如电热式仪表的双金属片。热膨胀性的大小用线膨胀系数 a_L 和体积膨胀系数 a_V 表示。

4. 磁性

材料导磁的能力称为磁性，其大小用磁导率 μ 来表示。根据金属在磁场中被磁化程度的不同，可分为铁磁性材料、顺磁性材料、抗磁性材料。磁性存在于一定的温度范围内，当温度升高到一定值时，磁性就会消失，这个温度称为居里点。

5. 导电性

材料传导电流的能力称为导电性，常用电导率或它的倒数电阻率来表示，导电性最高的金属是银，其次是铜和铝，与纯金属相比，合金的导电性稍差。

6. 导热性

材料传导热量的性能称为导热性，用热导率表示。一般来说，金属越纯，导热能力越大。金属及其合金的导热率远高于非金属材料的导热率。

1.2.3 材料的化学性能

材料的化学性能是指材料抵抗各种介质化学侵蚀的能力，主要包括耐蚀性、抗氧化性和化学稳定性。

1. 耐蚀性

耐蚀性是指在给定的腐蚀体系中金属所具有的抗腐蚀能力。金属材料的耐蚀性是一个很重要的性能，特别是在腐蚀环境下工作的材料需要重点考虑。在金属材料中，碳钢、铸铁的耐蚀性较差；钛及其合金、不锈钢的耐蚀性较好；铝和铜也有较好的耐蚀性。非金属材料，如陶瓷材料和塑料等都具有优良的耐蚀性。

2. 抗氧化性

金属材料在高温下抵抗氧化介质氧化的能力称为抗氧化性。加热时，由于高温促使表面强烈氧化而产生氧化皮，可能造成氧化、脱碳等缺陷。在高温下工作的零件，要求材料具有一定的抗氧化性。

3. 化学稳定性

化学稳定性是指金属材料的耐腐蚀性和抗氧化性。高温下的化学稳定性称为热稳定性。在高温条件下工作的设备（如锅炉、汽轮机、火箭等）上的零部件需要选择热稳定性好的材料来制造。

1.2.4 材料的工艺性能

材料的工艺性能是指材料适应冷加工方法和热加工方法的能力。它是决定材料能否进行加工或如何进行加工的重要因素。材料的工艺性能的好坏，直接影响零件的制造方法、质量和制造成本。

金属材料的工艺性能一般是指铸造性能、压力加工性能、焊接性能、热处理性能和切削加工性能。

1. 铸造性能

铸造是指将熔化后的金属液浇入铸型中，待凝固、冷却后获得具有一定形状和性能铸件的成型方法。铸造是获得零件毛坯的主要方法之一。金属的铸造性能是指铸造成型过程中获得外形准确、内部健全铸件的能力，即金属获得优质铸件的能力。铸造性能通常用金属液的流动性、收缩率等表示。

流动性是指金属液本身的流动能力，流动性的好坏影响金属液的充型能力。流动性好的金属，浇注时金属液容易充满铸型的型腔，能获得轮廓清晰、尺寸精确、薄而形状复杂的铸件，还有利于金属液中夹杂物和气体的上浮排除。相反，流动性差的金属，则铸件易出现冷隔、浇不到、气孔、夹渣等缺陷。金属的流动性与合金的种类和化学成分有关，常用的铸造合金中，灰铸铁的流动性较好，而铸钢的流动性较差。流动性还与金属铸造时工艺条件有关，提高浇注温度可改善金属的流动性。

收缩率是铸造合金从液态凝固和冷却至室温过程中产生的体积和尺寸的缩减。收缩会使铸件产生缩孔、缩松、内应力，甚至变形、开裂等铸造缺陷。影响收缩率的因素主要有合金的种类、成分，以及铸造工艺条件。

2. 压力加工性能

利用压力使金属产生塑性变形，使其改变形状、尺寸和改善性能，获得型材、棒材、板材、线材或锻压件的加工方法，称为压力加工。压力加工方法有锻造、轧制、挤压、拉拔、冲压等。金属在压力加工时塑性成型的难易程度称为压力加工性能。

金属的压力加工性能主要决定于金属的塑性以及变形抗力。塑性越好，变形抗力越小，金属的压力加工性能就越好。低的塑性变形抗力使设备耗能少，优良的塑性使产品获得准确的外形而不遭破裂。

一般纯金属的压力加工性能良好，含合金元素和杂质越多，压力加工性能越差。低碳钢的压力加工性能优于高碳钢，而铸铁则不能进行压力加工。

3. 焊接性能

焊接是通过加热或加压，或两者并用，使工件达到结合的一种方法。焊接性能包括两方面内容：

（1）工艺焊接性，即在一定的焊接工艺条件下，能否获得优质、无缺陷的焊接接头的能力；

（2）使用焊接性，即焊接接头或整体结构满足技术要求所规定的各种使用性能的程度，包括力学性能及耐热、耐蚀等特殊性能。

钢的焊接性取决于碳及合金元素的含量。把钢中合金元素（包括碳）的含量按其作用换算成碳的相当含量称碳当量，用符号 $w_{C_{eq}}$ 表示。碳钢和低合金结构钢常用碳当量来评定它的焊接性。碳当量越高，钢的焊接性越差。例如，低碳钢和低碳合金钢焊接性能良好，焊接质量容易保证，焊接工艺简单；高碳钢和高合金钢焊接性能较差，焊接时需采用预热或气体保护焊等，焊接工艺复杂。

4. 热处理性能

热处理是通过对固态下的材料进行加热、保温、冷却，从而获得所需要的组织和性能的工艺。钢的热处理性能包括淬透性、晶粒长大倾向、回火稳定性、变形与开裂倾向等。

5. 切削加工性能

零件常采用毛坯进行切削加工而制成，如车削、铣削、刨削、磨削等。材料的切削加工性能是指材料受各种切削加工的难易程度。切削加工性能的好坏，直接影响零件的表面质量、刀具的寿命、切削加工成本等。一般认为，影响切削加工性能的主要因素是材料的硬度和组织状况，有利于切削加工的硬度在 170～230HBS。常用材料中，铸铁及经过恰当热处理的碳钢具有较好的切削加工性能，而高合金钢的切削加工性能较差。

金属的工艺性能不是一成不变的，可以通过改进工艺规程、选用合适的加工设备和方法等措施来改善。

习　　题

一、名词解释
强度、硬度、塑性、冲击韧性、弹性变形、塑性变形
二、综合题
1. 零件设计时，选取 σ_s（$\sigma_{0.2}$）或者 σ_b，应以什么为依据？
2. 比较布氏硬度和洛氏硬度试验的优缺点，阐述它们的使用对象和适应范围。
3. δ 和 ψ 这两个指标，哪个能更准确地表达材料的塑性？为什么？
4. 有一碳钢制支架刚性不足，有人要用热处理强化方法；有人要另选合金钢；有人要改变零件的截面形状来解决。哪种方法合理？为什么？

第 2 章　材料的结构

物质都是由质点（原子、离子、分子）组成的，质点间通过相互作用而联系在一起，所以物质呈现为聚集状态。质点的排列位置和空间分布称为结构，在机械工程领域，要控制材料的性能并合理使用材料，了解材料的结构特点是必要的。

材料的结构从宏观到微观可划分为三个等级，即宏观组织结构、显微组织结构、和微观结构。宏观组织结构是指通过肉眼或放大镜能够观察到的结构，如晶粒、聚集状态的物相等；显微组织结构，又称亚微观结构，是指借助光学显微镜或电子显微镜能够观察到的结构，其尺寸约为 $10^{-7} \sim 10^{-4}$ m；微观结构是指其组成原子（或分子）间的结合方式以及组成原子（或分子）在空间中的排列方式。

材料的性能取决于材料本身的结构，学习材料组织结构方面的知识，是了解和改善材料性能的基础。

2.1　原子的结合方式

通常来说，工程材料是由各种元素以原子态、离子态或分子态的形式结合而成的固态物质。质点之间的结合力称为结合键，由于材料的组成不同，结合键的性能和状态也会不同，所以材料的结构将会呈现很大差异。结合键可分为离子键、共价键、金属键及分子键。

2.1.1　离子键

当正电性元素原子与负电性元素原子相互接近时，前者失去最外层电子变成正离子，后者获得电子变成负离子，正、负离子由于静电引力而相互结合形成化合物，这种结合方式称为离子键。图 2.1（a）为离子键结合的示意图。离子键结合强度大，因此通过离子键结合的材料的强度、硬度、熔点高，脆性大，热膨胀系数小。由于离子难以移动或输送电荷，所以这类材料都是良好的绝缘体。大部分盐类、碱类和金属氧化物多以离子键形式结合。

2.1.2　共价键

当两个相同或不同原子相互作用时，原子间通过形成共用电子对以达到结合的目的，这种结合方式称为共价键。图 2.1（b）为共价键结合的示意图。共价键结合极为牢固，共价晶体（如金刚石）具有很高的熔点、硬度和强度。共价产物的导电性随共价键的增强而降低，如强共价键的金刚石是绝缘体，硅、锗是半导体，弱共价键的锡是导体。具有共价键的工程材料多为陶瓷或高分子聚合物。

2.1.3　金属键

金属原子的外层电子数较少，容易失去外层电子而变成正离子。当金属原子相互接近时，外层价电子便脱离出来，为所有金属原子共用，脱离电子可在整个金属内部自由运动，形成电子云或电子气。金属通过正离子和自由电子之间的引力而相互结合，这种结合方式称为金属键，如图 2.1（c）所示。自由电子的存在使得金属具有良好的导电性和导热性，并呈现特有的金属光泽及不透明特性。金属键无方向性，当金属原子间发生相对位移时，金属键不会受影响，因而金属的塑性较好。除铋、锑、锗、镓等亚金属结合方式为共价键外，绝大多数金属均以金属键形式进行结合。

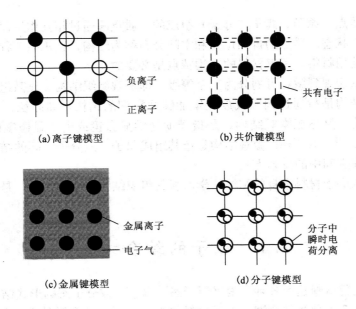

图 2.1 原子结合键的类型

2.1.4 分子键

在某些分子中，由于共价键呈现非对称分布，使得分子的某一部分比其他部分更倾向于带正电或带负电（称为极化），所以在分子中可能存在偶极矩。一个分子的带正电部分会吸引另一个分子的带负电部分，这种结合力称为范德华力或分子键，结合形式如图 2.1（d）所示。

当氢原子与一个电负性很强的原子结合成分子时，氢原子的唯一电子会向另一个原子发生强烈偏移，氢离子成为一个带正电的核，并对第三个电负性较强的原子产生较强的吸引力，使得氢原子在两个电负性较强的原子之间形成一个桥梁，这种结合力称为氢键或氢桥。

由于分子键很弱，故以这种形式结合形成的晶体具有低熔点、低沸点、低硬度、易压缩等性能。例如，石墨的各原子层之间为分子键结合，因而易于分层剥离，强度、塑性和韧性极低，接近于零，是良好的润滑剂。塑料、橡胶等高分子材料中的链与链之间的结合力为范德华力，故它们的强度、硬度比金属低，耐热性差，是良好的绝缘体。

通过对上述几种结合键的讨论可知，离子键和共价键的结合强度最强，金属键次之，分子键最弱。实际上，只存在一种结合键的材料并不多，大部分材料是多种键的混合结合体，但以其中一种结合键为主导。

2.2 纯金属的晶体结构

2.2.1 晶体结构的基本概念

1. 晶体与非晶体

固态物质按照原子在空间中的排列方式，可分为晶体和非晶体。原子在三维空间中呈规则排列的固体称为晶体，如通常状态下的金属、食盐、单晶硅等；原子在三维空间中呈无序排列的固体称为非晶体，如普通玻璃、石蜡、松香等。晶体具有固定的熔点，原子排列有序，其各个方向上原子的密度不同，因而具有各向异性；非晶体无固定的熔点，原子排列无序，具有各向同性。晶体与非晶体在一定条件下可以相互转化，金属在特定条件下也可以形成非晶体，称为金属玻璃；当非晶态金属加热到一定温度时，其可以转变为晶态金属，这个过程称为晶化。

2. 晶格

晶体中的原子、离子等质点在三维空间中是呈有规则的周期排列的，组成晶体的质点不同，则排列规律就会不同，或者排列的周期性不同，晶体的结构亦不同。如果把组成晶体的质点（原子、分子或离子）看做是刚性球体，那么晶体就是由这些刚性球体按照一定规律周期性堆垛而成，如图 2.2（a）所示，不同晶体的堆垛规律不同。为便于研究，将刚性球体看作是处于球心的点，称为结点，由这些结点所构成的空间点的阵列称为空间点阵。用假想的直线将这些结点连接起来，形成的三维空间格架称为空间点阵，如图 2.2（b）所示。晶格可以更直观地呈现晶体中原子（或离子、分子）的排列规律。

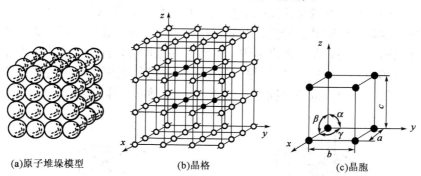

(a)原子堆垛模型　　　　(b)晶格　　　　(c)晶胞

图 2.2　晶体中原子排列示意图

3. 晶胞

晶格中的刚性质点的排列规律具有周期性，为了简便起见，可以从晶格中选取一个能够完全反映晶格特征的最小几何单元来分析整个晶格排列规律，这个最小几何单元称为晶胞，如图 2.2（c）所示。晶胞在三维空间中重复堆垛便构成了晶格和晶体。

晶胞各边的尺寸 a、b、c 称为晶格常数（或点阵常数）。晶胞的大小和形状通过晶格常数 a、b、c 以及各棱边之间的夹角 α、β、γ 来表征。根据这些参数，可将晶体分为 7 种晶系，如表 2.1 所示，其中，立方晶系和六方晶系比较重要。

表 2.1　7 种晶系晶胞参数

晶系	棱边长度关系	夹角关系	举例
三斜	$a \neq b \neq c$	$\alpha \neq \beta \neq \gamma \neq 90°$	$K_2C_3O_7$
单斜	$a \neq b \neq c$	$\alpha = \gamma = 90°$，$\beta \neq 90°$	$\beta - S$、$CaSO_4 \cdot 2H_2O$
正交	$a \neq b \neq c$	$\alpha = \beta = \gamma = 90°$	$\alpha - S$、Ca、Fe_3C
六方	$a_1 = a_2$，$a_3 = c$	$\alpha = \beta = 90°$，$\gamma = 120°$	Zn、Cd、Mg、$NiAs$
菱方	$a = b = c$	$\alpha = \beta = \gamma \neq 90°$	As、Sb、Bi
四方	$a = b \neq c$	$\alpha = \beta = \gamma = 90°$	$\beta - Sn$、TiO_2
立方	$a = b = c$	$\alpha = \beta = \gamma = 90°$	Fe、Cr、Cu、Ag、Au

4. 立方晶系的晶面和晶向的表示方法

晶体中各方位上的原子面称为晶面，各方向上的原子列称为晶向。在研究金属晶体结构的细节及性能时，对晶面或晶向上的原子分布情况进行分析是必不可少的步骤。因此，必须对各种晶面和晶向制定出有效的度量符号，以表征原子在晶体中的方位和方向，晶面和晶向的度量符号分别称为晶面指数和晶向指数。

1）晶面指数

确定一个晶面的晶面指数，按以下三个步骤进行：

（1）以晶格中的某一原子为原点（注意不要把原点放在所求的晶面上），以晶胞的三个棱边作为三维坐标的坐标轴，用相应的晶格常数作为度量单位，求出所求晶面在三个坐标轴上的截距；

（2）求出三个截距值的倒数；

（3）将所求出的数值化为最简整数，并用圆括号"（　）"括起，即为晶面指数。

晶面指数的一般表示形式为（hkl）。

在立方晶格中，最具有意义的晶面如图 2.3（a）所示，即（100）、（110）、（111）三种晶面。需要注意的是，所谓晶面指数，并非仅指晶体中的某一特定晶面，而是泛指晶格中所有与之平行的晶面。此外，在一种晶格中，虽然某些晶面的位向不同，但是原子的排列规律是相同的，如（100）、（010）、（001）等。如果不需要进行区别，可将这些原子排列方式相同的晶面统一用其中一组数进行表征，并用"｛　｝"括起，称之为晶面族，如｛100｝。

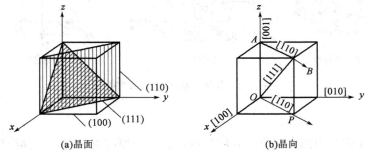

(a)晶面　　　　　　　　　　(b)晶向

图 2.3　立方晶系的常见晶面和晶向

2）晶向指数

晶向指数的确定方法如下：

（1）以晶胞中的某原子作为原点并确定三维坐标系，通过原点做平行于所求晶向的直线；

（2）以相应的晶格常数为单位，求直线上任意一点的三个坐标值；

（3）将所求数值化为最简整数，并用方括号"［ ］"括起，即为晶向指数。

晶向指数的一般形式为［uvw］。

在立方晶系中，最具有意义的晶向如图2.3（b）所示，即［100］、［110］、［111］等。与晶面指数表示方法相似，如［100］、［010］、［001］等具有相同原子排列的晶向，若无须区别，可用其中一组数进行表征，并用括号"＜ ＞"括起，称为晶向族，如＜100＞。

由图2.3可以看出，在立方晶格中，凡是指数相同的晶面指数和晶向指数是相互垂直的。

2.2.2 三种常见的金属晶体结构

自然界中有着成千上万种晶体，其结构形式也不尽相同，但除少数晶体具有复杂的结构，绝大多数都具有比较简单的晶体结构。其中，最典型、最常见的晶体结构包括体心立方晶格（BCC）、面心立方晶格（FCC）以及密排六方晶格（HCP）三种，前两种属于立方晶系，后一种属于六方晶系。

1. 体心立方晶格

体心立方晶格的晶胞如图2.4所示。

晶胞的三个棱边的长度相等，三个轴间的夹角均为90°，晶胞呈立方体结构。晶胞的八个角上均有一个原子，在立方体的中间还有一个原子。由于$a=b=c$，通常只用一个常数a即可表征。具有体心立方晶格的金属有α-Fe、Cr、Mo、W、V等。

在体心立方晶胞的对角线上，原子是紧密相连的，相邻原子的中心距恰好等于原子直径。立方体的对角线长度为$\sqrt{3}a$，其值等于4个原子半径，故体心立方晶胞的原子半径等于$\sqrt{3}a/4$。

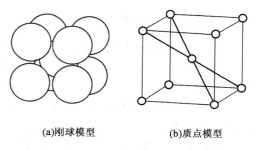

(a)刚球模型　　　　(b)质点模型

图2.4 体心立方晶格的晶胞示意图

在体心立方晶胞中，每个顶点上的原子同时被八个晶胞所共用，故顶点处只有1/8个原子属于该晶胞，晶胞中心的原子则完全属于该晶胞，所以体心立方晶胞中的原子数为：

$$8×1/8+1=2$$

晶胞中原子排列的紧密程度可以用两个参数来衡量，即配位数和致密度。所谓配位数，是指晶体结构中与任一原子最邻近且等距原子的数目，配位数越大，原子排列越紧密。在体心立方晶格中，以立方体中心的原子为基准，与其最邻近且等距离的原子共有8个，所以体心立方晶格的配位数为8。

若把原子看作刚性球体，即便原子是一个挨一个以最紧密形式进行排列，原子之间仍存在空隙。致密度（K）实际上为晶胞中原子所占体积与晶胞总体积的比值。如，体心立方晶胞含有两个原子，原子半径$r=\sqrt{3}a/4$，晶胞体积为a^3，故体心立方晶格的致密度为：

$$K=2×4/3\pi r^3/a^3=2×4/3\pi(\sqrt{3}a/4)^3/a^3=0.68 \qquad (2.1)$$

即晶格中有68%的体积为原子所占据，剩余部分为空隙。

2. 面心立方晶格

面心立方晶格的晶胞如图2.5所示。在晶胞的八个角上均有一个原子，晶胞的三个棱边长度相等，三个轴间夹角均为90°，在立方体的六个面的中心也各有一个原子，晶胞呈立方体结构。具有面心立方晶格的金属有γ-Fe、Cu、Al、Ag、Ni等。

在面心立方晶体中，位于面心位置的原子同时被两个晶胞所共用，因此，面心立方晶胞中的原子数为$1/8 \times 8 + 1/2 \times 6 = 4$。每个面的对角线上的原子彼此紧密接触，对角线的长度为$\sqrt{2}a$，等于4个原子半径，故面心立方晶胞的原子半径为$r = \sqrt{2}a/4$。

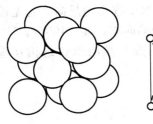 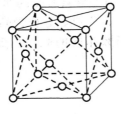

(a)刚球模型　　　　(b)质点模型

图2.5　面心立方晶格的晶胞示意图

从图2.5可看出，晶胞中每个原子均有12个最邻近且等距的原子，所以面心立方晶胞的配位数为12。

面心立方晶胞的致密度为$4 \times 4/3\pi r^3/a^3 = 4 \times 4/3\pi (\sqrt{2}a/4)^3/a^3 = 0.74$，即有74%的体积为原子所占据，其余26%为间隙体积。

3. 密排六方晶格

密排六方晶胞如图2.6所示。晶胞的12个顶角均有一个原子，上下底面中心各有一个原子，晶胞内部还有3个原子，晶胞呈六方柱体结构。具有密排六方晶格的金属有Zn、Mg、α-Ti等。

密排六方晶胞有两个晶格常数，即正六边形的边长a和上下两底面之间的距离c，c与a的比值为轴比。密排六方晶胞的原子半径为$a/2$，晶胞原子数为$1/6 \times 12 + 1/2 \times 2 + 3 = 6$，配位数为12，致密度为0.74。

由上述分析可知，密排六方结构的致密度和配位数与面心立方完全相同，两者都是最紧密的排列方式，但这两种晶格的最密排面的堆垛次序不同。当致密度相同的晶体结构互相转变时，不会造成晶体体积的变化。

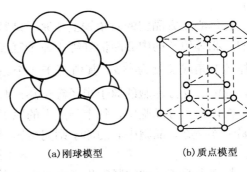

(a)刚球模型　　　　(b)质点模型

图2.6　密排六方结构的晶胞示意图

4. 三种常见金属晶格的密排面和密排方向

在晶体中，不同位向晶面上和不同方向晶向上的原子密度是不同的。晶面上的原子密度是指单位面积晶面上的原子数，晶向上的原子密度是指单位长度晶向上的原子数。原子密度最大的晶面或晶向称为密排面或密排方向。密排面和密排方向对于晶体的塑性变形有着重要的意义。三种常见金属晶格的密排面和密排方向见表2.2。

表 2.2　三种常见金属晶格的密排面和密排方向

晶格类型	密排面		密排方向	
	指数或位置	数量	指数或位置	数量
体心立方晶格	{110}	6	〈111〉	4
面心立方晶格	{111}	4	〈110〉	6
密排六方晶格	六方底面	1	底对角线	3

2.3　合金的晶体结构

　　纯金属的强度较低，通常很少单独使用，工程上广泛使用的金属材料主要是合金。合金是指由两种或两种以上的金属元素，或金属元素与非金属元素经熔炼、烧结或其他工艺组合而成的，且具有金属特性的物质。例如，工业中应用最多的碳钢和铸铁，实际上为铁和碳组合而成的合金，黄铜则为铜和锌组合而成的合金。

　　组成合金最基本的独立物质称为组元。组元可以是金属元素、非金属元素或稳定化合物。根据组元数的多少，合金可分为二元合金、三元合金等。由两种或两种以上组元按不同比例配制而成的不同成分的合金称为合金系，如 Fe - Cr 系、Pb - Sn 系等。

　　在实际运用中，发现在纯金属中加入适量的合金元素，会显著改善金属的性能。通过添加合金元素来改善金属性能的工艺称为合金化。金属经合金化后，显微组织会发生明显的变化，进而影响金属的性能。在金属及合金中，组织是指各种相或晶粒的组合形态，包括相或晶粒的相对量、尺寸大小、形状及分布特点等，根据含相的多少可分为单相组织和多相组织，只有一种相组成的组织称为单相组织，由两种或两种以上相组成的组织称为多相组织。如在铝中加入 11.7% 的硅形成的合金，其显微组织如图 2.7 所示。

　　从图 2.7 中可见，此合金的显微组织由两种基本物相组成，即白色基底以及分布在其中的黑色针状物。由实验分析可知，白色部分的化学成分和晶体结构一致，而黑色针状部分明显区别于白色部分。在工程材料领域，将合金中具有相同化学成分、相同晶体结构、相同理化性能，并能与其他部分明显区分且具有显明分界面的均匀组成部分称为相。由一种相组成的合金称为单相合金，由两种或两种以上的相组成的合金称为多相合金。根据相在晶体中的分布特点，又可将合金分为固溶体、金属化合物两大类。

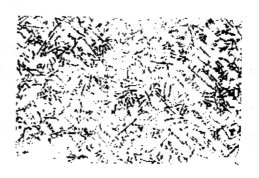

图 2.7　铝硅合金的显微组织

2.3.1　固溶体

　　合金中，组元之间通过相互溶解形成的成分及性能均匀、结构与其中一种组元相同的固相，称为固溶体。与固溶体晶格相同的组元称为溶剂，其余组元称为溶质，一般来说，溶剂在合金中所占比例较大，溶质较少。

　　根据溶质原子在溶剂晶格中的位置分布，可将固溶体分为置换固溶体和间隙固溶体；根据固溶度大小，可将固溶体分为有限固溶体和无限固溶体；根据溶剂原子与溶质原子的相对分布，又可将固溶体分为有序固溶体和无序固溶体。

1. 置换固溶体

当合金中两组元的原子直径相近，溶质原子取代溶剂原子并占据溶剂晶格结点，这样形成的固溶体称为置换固溶体，如图 2.8（a）所示。在置换固溶体中，溶质原子呈无序分布的固溶体称为无序固溶体，反之称为有序固溶体。固溶体从无序态转变为有序态的过程称为固溶体的有序化，有序化后固溶体的性能将发生很大的变化。

2. 间隙固溶体

溶质原子嵌入溶剂晶格的间隙而形成的固溶体称为间隙固溶体，如图 2.8（b）所示。形成间隙固溶体的溶质原子半径较小，如氢、碳、硼、氮等，而溶剂元素一般为过渡元素。例如，铁碳合金中的碳原子嵌入铁晶格的间隙中而形成间隙固溶体。由于溶剂晶格的间隙是有限的，所以间隙固溶体只能是有限固溶体。由于溶质原子的嵌入，将会使溶剂晶格发生扭曲和畸变，使合金的强度、硬度提高，塑性、韧性下降，这种现象称为固溶强化。在实际生产应用中，经常通过固溶强化来改善金属材料的力学性能。

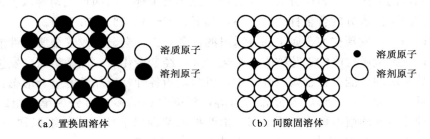

图 2.8　固溶体的类型

3. 固溶体的性能

当溶质含量增加，固溶体的强度、硬度提高，塑性、韧性下降。例如，钢中加入 1％的镍形成单相固溶体后，其 σ_b 由 220MPa 提高到 390MPa，硬度由原来的 40HB 提高到 70HB，ψ 由 70％降低到 50％。固溶强化的机理是溶质原子（相当于间隙原子或置换原子）使溶剂晶格发生畸变，对位错产生钉扎作用（溶剂原子在位错附近偏聚富集），阻碍了位错的运动。与纯金属相比，固溶体的强度、硬度高，塑性、韧性低，但与金属化合物相比，固溶体的硬度要低得多、韧性要高得多。

2.3.2　金属化合物

金属化合物是由合金元素原子按照一定整数比而形成的一种新相，且具有金属特性。它具有不同于任一组元的复杂晶格类型，其组成一般可用分子式进行表示。例如，铁碳合金中的 Fe_3C。金属化合物的性能完全区别于各组元性能，一般具有较高的熔点和硬度，而塑性、韧性较差，因此可利用金属化合物来提高合金的强度、硬度以及耐磨性。

根据合金中金属化合物相的结构与性质，可将其分为正常价化合物、电子化合物和间隙化合物三大类。

1. 正常价化合物

正常价化合物符合正常原子价规律，成分固定，可用分子式来表示。通常情况下，金属性较强的元素与非金属或类金属都能形成正常价化合物，如 Mg_2Sn、Mg_2Si、MnS 等。

2. 电子化合物

由电子浓度（$C_电$）决定晶体结构的化合物称为电子化合物。电子浓度 $C_电$ 是指化合物中价电子数与原子数的比值，其计算公式为

$$C_电 = 价电子数/原子数$$

当 $C_电=3/2$ 时，能形成具有体心立方晶格的 β 相，如黄铜；当 $C_电=21/13$ 时，能形成复杂立方晶格的 γ 相，如 Cu_5Zn_3 化合物；当 $C_电=7/4$ 时，能形成具有密排六方晶格的 ε 相，如 $CuZn_3$ 化合物。

3. 间隙化合物

间隙化合物是由过渡金属元素与碳、氮、氢、硼等原子半径较小的非金属元素形成的化合物。根据其结构特点，可将间隙化合物分为间隙相和具有复杂结构的间隙化合物两种。

1）间隙相

当非金属原子半径与金属原子半径的比值小于 0.59 时，所形成的具有简单晶格结构的间隙化合物称为间隙相。部分碳化物及所有氮化物属于间隙相，见表 2.3。VC 的结构如图 2.9（a）所示。间隙相具有明显的金属特征，硬度和熔点极高，性能十分稳定，性能参数见表 2.4。

表 2.3　间隙相化学式与晶格类型

化学式	钢中可能遇到的间隙相	晶格类型
M_4X	Fe_4N、Nb_4C、Mn_4C	面心立方
M_2X	Fe_2N、Cr_2N、W_2C、Mo_2C	密排立方
MX	TaC、TiC、ZrC、VC	面心立方
	TiN、ZrN、VN	体心立方
	MoC、CrN、WC	简单六方
MX_2	VC_2、CeC_2、ZrH_2、TiH_2、LaC_2	面心立方

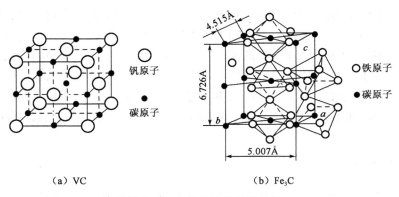

（a）VC　　　　　　　（b）Fe_3C

图 2.9　间隙化合物的晶体结构

表 2.4　钢中常见碳化物的硬度及熔点

类型	间隙相/复杂结构间隙化合物								
化学式	TiC	ZrC	VC	NbC	TaC	WC	MoC	Cr₂₃C₆	Fe₃C
硬度	2850HV	2840HV	2010HV	2050HV	1550HV	1730HV	1480HV	1650HV	>800HV
熔点，℃	3080	347±20	2650	3608±50	3983	2785±5	2527	1577	1277

2）具有复杂结构的间隙化合物

当非金属原子半径与金属原子半径的比值大于 0.59 时，所形成的间隙化合物具有复杂晶格结构。部分碳化物及所有的硼化物属于这一类间隙化合物，如 Fe_3C、$Cr_{23}C_6$、FeB、Fe_4W_2C 等。其中 Fe_3C 称为渗碳体，其碳原子半径与铁原子半径之比为 0.63，是铁碳合金中一种重要的金属化合物，晶格类型为复杂斜方。由图 2.9（b）可知，在碳原子所构成的正交晶格中（三个晶格常数各不相等，即 $a \neq b \neq c$），每个碳原子周围都有 6 个铁原子，构成八面体结构，每个八面体的轴彼此倾斜一定的角度，八面体内部均有一个碳原子，每个碳原子被两个八面体共用，其比例关系符合 Fe_3C 化学式。

金属化合物也可溶入其他元素原子，形成以化合物为基础的固溶体。例如，渗碳体中溶入 Mn、Cr 等合金元素所形成的（Fe，Mn）₃C、（Fe，Cr）₃C 等化合物，称为合金渗碳体。由上述分析可知，金属化合物硬而脆，熔点高，可以有效提高材料的强度、硬度和耐磨性，但会使材料的塑、韧性下降，故常作为强化相而存在。

2.3.3　机械混合物

纯金属、固溶体、金属化合物都是构成合金的基本相。由两种或两种以上基本物相组成的多相组织称为机械混合物。机械混合物中各相依旧保持着原有的晶格类型和性能，整个机械混合物的性能则介于各个组成相的性能之间，机械混合物的性能与各组成相的性能、相的数量、形状、大小以及分布情况有着密切的关系。在机械工程材料领域，使用的合金绝大多数是机械混合物。例如，铁碳合金中的珠光体就是固溶体（铁素体）与金属化合物（渗碳体）的机械混合物，其性能介于两者之间。

2.4　金属的实际晶体结构

前面所讨论的晶体结构的前提为理想状态，是假想晶体是由一系列位向、排列方式相同的原子堆积而成，也就是单晶体。但实际工程中使用的材料多为多晶体，是由很多小的单晶体构成，多晶体中的每个单晶体称为晶粒，每个晶粒的原子位向是不同的，如图 2.10 所示。

实际金属的晶体结构并不像理想晶体那样完整、规则，由于各种因素的作用，晶体中不可避免地存在许多不完整的部分，这些晶格不完整的部分称为晶体缺陷。晶体缺陷对金属的性能有着重要影响。根据晶体缺陷的几何特征，可将其分为点缺陷、线缺陷和面缺陷三种类型。

2.4.1　点缺陷

点缺陷是指晶格中由于存在"晶格空位"、"置换原子"或者"间隙原子"而形成的缺陷，如图 2.11 所示。原子在热运动过程中，个别原子或异类原子由于具有了较高的能量，从而摆脱了晶格的束缚，脱离原来平衡振动位置，当脱离原子跳迁到晶界处或间隙处形成间隙原子，当脱离原子跳迁到晶格结点处形成置换原子。当温度升高，原子热运动加剧，点缺陷增多。点缺陷的存在会使晶格产生畸变，使金属的强度、硬度升高，电阻增大。

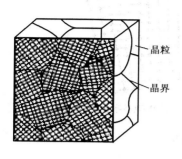

图 2.10　多晶体示意图

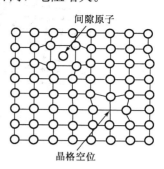

图 2.11　空位和间隙原子

2.4.2　线缺陷

　　线缺陷是指在三维尺寸上，某一方向上尺寸较大，另外两个方向上尺寸较小的晶体缺陷，在晶体内部呈线性分布。位错是一种典型的线缺陷，其基本类型为刃型位错和螺型位错。刃型位错相同于在正常排列的晶体中额外插入半个原子面，使周围的晶格发生畸变，产生弹性应力场，由多余半原子面而产生的"管道"状晶格畸变区称为刃型位错，如图 2.12 所示。金属中存在大量位错，位错在外力作用下会产生运动、堆积和缠结，位错附近区域发生晶格畸变，造成金属强度提高。通过冷塑性变形，使晶体中位错缺陷大量增加，大幅度提高金属的强度，这种方法称为形变强化。

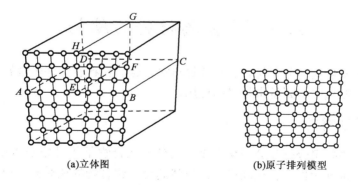

图 2.12　刃型位错示意图

2.4.3　面缺陷

　　面缺陷主要是指金属中的晶界和亚晶界。晶界附近的原子排列不整齐，偏离其平衡位置，产生晶格畸变，使得晶粒间存在一定的位向差，如图 2.13（a）所示。
　　晶体中，晶粒内部的原子排列规律大体一致，实际上晶粒内还存在许多小尺寸、小位向差（一般为几十分到 1°~2°）的晶块，称为"亚晶粒"。相邻亚晶粒之间的界面称为"亚晶界"，如图 2.13（b）所示，亚晶界处的原子排列也不规则，晶格畸变严重。因此，晶界和亚晶界的存在会使金属的强度、硬度提高，同时塑性、韧性也会得到改善，通过细化晶粒，产生更多晶界和亚晶界来改善金属的力学性能，这种方法称为细晶强化。

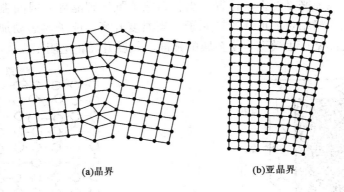

(a)晶界　　　　　　　　(b)亚晶界

图 2.13　面缺陷示意图

2.4.4　缺陷与性能的关系

晶体缺陷的存在破坏了晶体的完整性，使晶格产生畸变，晶格能量升高，所以晶体缺陷相对于完整晶体来说是一种不稳定的存在，当外界条件（温度、外力等）发生变化时，它们会首先发生运动等变化，从而改变金属的性能。

晶体缺陷会明显影响金属的强度。一般情况下，金属强度随晶体缺陷的增多而提高，工程上可通过增加晶体缺陷的方法来提高金属的强度。

晶体缺陷会降低金属的抗腐蚀性能，因此可通过腐蚀来观察金属的各种缺陷。

晶体缺陷的存在，还会影响金属的许多转变过程，如金属的变形与断裂、扩散、结晶、固态相变过程等。

2.5　非金属材料的结构

非金属材料主要包括高分子材料、陶瓷材料等，这些材料有着许多金属材料所不具备的性能，在一些生产领域中得到越来越多的应用。

2.5.1　高分子材料

高分子材料的主要组分是高分子化合物，高分子化合物是相对分子质量大于 5000 的有机化合物的统称，也称为聚合物或高聚物。虽然高分子化合物的相对分子质量很大，且结构复杂多变，但其化学组成并不复杂，都是由一种或几种简单的低分子化合物通过共价键重复连接而成，这种由低分子化合物通过共价键重复连接而成的链，称为分子链。用于聚合以形成大分子链的低分子化合物称为单体。大分子链中重复的结构单元称为链节，链节的重复次数称为链节数，亦称作聚合度。

例如，聚乙烯是由很多的低分子乙烯聚合而成的，乙烯就是聚乙烯的单体，其聚合反应式为

$$n\,(CH\!=\!CH_2) \longrightarrow [CH_2\!-\!CH_2]_n \tag{2.2}$$

式中　$[CH_2\!-\!CH_2]$ ——聚乙烯大分子链节；

　　　n——聚乙烯大分子的聚合度。

大分子可以呈不同的几何形状，一般为线型、支链型和体型三种，如图 2.14 所示。

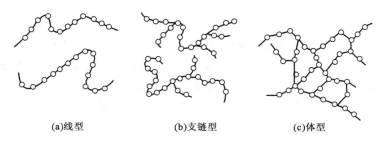

| (a)线型 | (b)支链型 | (c)体型 |

图 2.14　高分子链的几何形状

（1）线型分子链。分子链呈细长线型，许多链节弯曲成不规则团状。由于分子链与分子链间没有化学键，相对移动容易，故易于加工。这类高聚物的弹性和塑性较好、硬度较低，是典型的热塑性材料

（2）支链型分子链。在大分子主链节上有一些或长或短的支链，这类高聚物的性能和加工特性与线型分子链相似，但支链的存在会提高高聚物的黏度，使性能得到强化。

（3）体型分子链。在大分子链之间通过支链或化学键连接在一起，分子键间的许多链节相互交联，呈现为网状。这类高聚物的结构稳定、硬度大、脆性大，但弹性和塑性很低，是典型的热固性材料。

2.5.2　陶瓷材料

陶瓷是由金属或非金属的化合物构成的多晶固体材料。陶瓷多晶体固体材料有以离子键为主要键构成的离子晶体，也有以共价键为主要键构成的共价晶体。通常，陶瓷材料的组织结构是由晶体相、玻璃相和气相三部分组成。各种相的组成、结构、数量、几何形状以及分布情况等对陶瓷的性能有很大的影响。

1. 晶体相

晶体相是陶瓷的主要组成相，主要包括硅酸盐结构和氧化物结构两种。

1）硅酸盐结构

硅酸盐结构是传统陶瓷的主要原料，也是陶瓷材料的重要晶体相。它的最基本单元是硅氧四面体［SiO_4］，由四个氧离子紧密连接成四面体，硅离子位于四面体中心的间隙中。［SiO_4］既可以在结构中单独存在，也可以相互以单链、双链或层状形式进行连接。连接过程中一个氧原子最多与两个硅原子进行连接。

2）氧化物结构

氧化物结构的结合键主要是离子键。大多数氧化物的结构形式为简单立方、面心立方或密排六方。

2. 玻璃相

玻璃相是一种非晶态的低熔点的固相。陶瓷材料在烧结过程中产生的氧化物熔融液相，经冷却后形成玻璃相，常见的玻璃相为 SiO_2。玻璃相的作用是将晶体黏结起来，填充晶体间的空隙，以提高材料的致密度；降低烧结温度，加快烧结过程；阻止晶体转变，抑制晶体生长；获得一定程度的玻璃特性，如透光性等。但玻璃对陶瓷的强度、电绝缘性、耐热性等性能有不利影响，所以工业陶瓷中玻璃相的体积分数一般控制在 20%～40% 之间。

3. 气相

气相是指陶瓷内部残留的气孔。通常情况下，气孔率在$5\%\sim10\%$之间，特种陶瓷的气孔率在5%以下。气孔使陶瓷材料的强度、透明度、热导率和抗电击穿强度下降，而裂纹的萌发往往始于气孔处，所以应尽量减少或避免气孔的存在。有时为获得密度小、绝缘性能好的陶瓷，则希望基体内部存在较多大小一致、分布均匀的气孔。

习　题

一、名词解释

晶体、非晶体、空间点阵、晶格、晶胞、原子半径、配位数、致密度、空位、刃型位错、固溶体、间隙固溶体

二、综合题

1. 试用金属键的结合方式，解释金属具有良好的导电性、导热性、塑性和金属光泽等基本特性。

2. 画出常见的金属晶体结构面心立方、体心立方、密排六方的晶胞示意图，并分别计算它们的晶胞原子数、原子半径（用晶格常数表示）、配位数和致密度。

3. 固溶体合金的性能与纯金属相比有何变化？

4. 实际金属晶体中存在哪些晶体缺陷？它们对金属的性能有什么影响？

5. 实际晶体与理想晶体有何不同？

6. 简述晶界的结构及特性。

第3章 金属的结晶与塑性变形

3.1 金属的结晶

液态金属冷却至凝固温度时，金属原子由无规则运动状态转变为按一定几何形状作有序排列的状态，这种由液态金属转变为晶体的过程称为金属的结晶。金属及其合金的生产、制备一般都要经过由液态转变为固态的结晶过程。金属及合金的结晶组织对其性能以及随后的加工有很大的影响，因此了解有关金属和合金的结晶理论和结晶过程，对于控制铸态组织，提高金属制品的性能具有重要的指导作用。

3.1.1 冷却曲线和过冷度

晶体的结晶过程可用热分析法测定，将金属材料加热到熔化状态，然后缓慢冷却，记录液体金属的冷却温度随时间的变化规律，作出金属材料的冷却曲线，如图3.1所示。由于结晶时放出结晶潜热，曲线上出现了水平线段。水平线段的温度就是实际结晶温度 T_1。实际结晶温度低于该金属的熔点。熔点是它的平衡结晶温度，或称理论结晶温度 T_0。在这个温度，液体的结晶速度和晶体的熔化速度相等，处于动平衡状态，结晶不能进行，只有低于这个温度才能进行结晶。

理论结晶温度和实际结晶温度之差称为过冷度，如图3.1所示。过冷度的计算公式为

$$\Delta T = T_0 - T_1 \tag{3.1}$$

过冷度的大小与冷却速度、金属性质和纯度有关。冷却速度越大，过冷度也越大，实际金属结晶温度就越低；反之，若冷却速度无限小（即散热无限慢）时，则实际结晶温度与平衡结晶温度趋于一致。然而，实践证明晶体总是在过冷情况下结晶，过冷是金属结晶的必要条件。

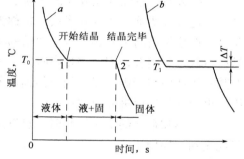

图3.1 金属结晶的冷却曲线示意图
a—理论结晶温度曲线；b—实际结晶温度曲线

3.1.2 金属结晶过程的一般规律

观察任何一种液体金属的结晶过程，都会发现结晶是一个晶核不断形成和长大的过程，这是结晶的普遍规律。

液体金属冷却到 T_0 以下时，首先在液体中某些局部微小的体积内出现原子规则排列的细微小集团，这些细微小集团是不稳定的，时聚时散，有些稳定下来成为结晶的核心称为晶核。随温度降低，晶核因不断吸收周围液体中的金属原子而逐渐长大，同时又有许多新的晶核不断从液体中产生与长大，液态金属不断减少，新的晶核逐渐增多且长大，直到全部液体转变为固态晶体为止，一个晶核长大成为一个晶粒。最后形成的是由许多外形不规则的晶粒所组成的晶体，如图3.2所示。

图 3.2　纯金属结晶过程示意图

1. 金属晶核形成的方式

按照金属结晶条件的不同，可将金属晶核形成的方式（形核方式）分为自发形核与非自发形核两种。

1）自发形核

对于很纯净的液体金属，加快其冷却速度，使其在具有足够大的过冷度下（纯铁的过冷度可达 259℃），不断产生许多类似晶体中原子排列的小集团，形成结晶核心，这种方式称为自发形核。实际结晶温度越低，即过冷度越大时，由金属液态向晶体转变的驱动力越大，能稳定存在的短程有序的原子集团的尺寸越小，则生成的晶核越多。但过冷度过大或温度过低时，原子的扩散能力降低，自发形核的速率反而减小。

2）非自发形核

实际金属中往往存在异类固相质点，这些已有的固体颗粒或表面优先被依附，从而形成晶核，这种方式称为非自发形核，也称为异质形核。按照形核时能量有利的条件分析，能起非自发形核作用的杂质必须符合"结构相似、尺寸相当"的原则。只有当杂质的晶体结构和晶格参数与凝固合金相似和相当时，它才能成为非自发形核的核心。有一些难熔的杂质，虽然其晶体结构与凝固金属的相差甚远，但由于表面的微细凹孔和裂缝中残留的未熔金属的作用，也能强烈地促进非自发形核。

在金属和合金的实际结晶时，自发形核和非自发形核是同时存在的，但非自发形核往往起优先和主导作用。

2. 金属晶核长大的方式

当晶核形成以后，液相中的原子或原子团通过扩散不断地依附于晶核表面上，使固—液界面向液相中移动，晶核半径增大，这个过程称为晶体长大。

晶体长大的形态与界面结构有关，也与界面前沿的温度分布有密切的关系。晶体长大的方式有平面推进和树枝状生长两种。金属晶体主要以树枝状生长方式长大。

液态金属在铸模中凝固时，通常是由于模壁散热而得到冷却。即在液态金属中，距液—固相界面越远处温度越高，则凝固时释放的热量只能通过已凝固的固体传导散出。此时若液—固相界面上偶尔有凸起部分并伸入液相中，由于液相实际温度高、过冷度小，其长大速率立即减小。因此，使液—固相界面保持近似平面，缓慢地向前推进，称为平面生长。

当铸模内金属均被迅速过冷时，靠近模壁的液体首先形核结晶，并释放结晶潜热。此时，在液固界面附近有一定范围内液—固界面温度最高，即处于距液—固界面越远，液体温度越低，同时结晶潜热通过模壁和周围过冷的液体而消失。开始时，晶核可长大成很小的、形状规则的晶体。随后，在晶体继续长大的过程中，优先沿一定方向生长出空间骨架。这种骨架形同树干，称为一次晶轴；在一次晶轴增长和变粗的同时，在其侧面生长出新的枝芽，枝芽发展成枝干，此为二次晶轴；随着时间的推移，二次晶轴成长的同时，又可长出三次晶轴；三次晶轴上再长出四次晶轴……如此不断成长和分枝下去，直至液体全部消失。结果得到具有树枝状的树枝晶，如图3.3所示。

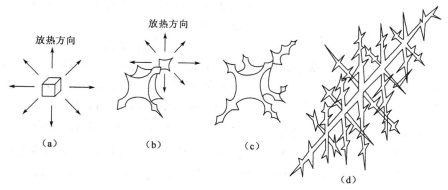

图3.3 树枝晶生长示意图

3.1.3 金属晶粒细化的方法

1. 晶粒度

晶粒度是晶粒大小的量度，用单位体积中晶粒的数目 Z_V 或单位面积上晶粒的数目 Z_S 表示，也可以用晶粒的平均线长度（直径）表示。影响晶粒度的主要因素是形核率 N 和长大速率 G。形核率越大，则结晶后的晶粒数越多，晶粒就越细小。若形核率不变，晶核的长大速度越小，则结晶所需的时间越长，能生成的核心越多，晶粒就越细。可见，结晶时，形核率 N 越大，晶体长大速率 G 越小，结晶后单位体积内的晶粒数目 Z 越大，晶粒就越细小。

2. 晶粒度大小对金属性能的影响

晶粒大小对性能影响很大。晶粒越细，则晶界越多且晶格畸变越大，从而使得常温下的力学性能越好，纯铁的晶粒度与力学性能的关系见表3.1。

表3.1 纯铁的晶粒度与力学性能的关系

晶粒度 （每平方毫米中的晶粒数）	σ_b，MPa	σ_s，MPa	δ，%
6.3	237	46	35.3
51	274	70	44.8
194	294	108	47.5

3. 晶粒细化方法

细化晶粒是提高金属性能的主要途径之一。控制结晶后的晶粒大小，就必须控制形核率 N 和长大速率 G 这两个因素，主要方法有提高过冷度、变质处理、振动与搅拌等。

1）提高过冷度

过冷度对形核率和长大速度的影响如图3.4所示。由于晶粒大小取决于形核率和长大速度的比值，而形核率和长大速度以及它们的比值又取决于过冷度，因此晶粒大小实际上可通

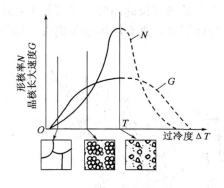

图 3.4　形核率、长大速度与 ΔT 关系

过过冷度来控制。过冷度越大（达到一定值以上），形核率和长大速度越大，但形核率的增加速度会更大，因而增加过冷度会提高比值 N/G。生产中常采用降低浇铸温度，增大冷却速度的方法，来增加过冷度，细化晶粒。

虽然增大冷却速度能细化晶粒，但冷却速度增加有一定极限，特别对于大的铸件，冷却速度的增加不容易实现。另外，冷却速度过大也会引起铸造应力的增大，给金属铸件带来各种缺陷。增加过冷度的方法一般只用于小型和薄壁零件。

近些年来，随着超高速（达 $10^5 \sim 10^{11}$ K/s）急冷技术的发展，已成功研制出超细晶金属、非晶态金属等具有一系列优良力学性能和特殊物理、化学性能的新材料。

2）变质处理

变质处理又称为孕育处理，就是在液态金属中加入能成为外生核的物质，促进非自发形核，提高形核率，抑制晶核成长速度，从而达到获得细小晶粒的目的。加入的物质称为变质剂。

变质剂的作用如下：

（1）加入液态金属中的变质剂能直接增加形核核心，如向铝液中加入钛、硼；向钢液中加入钛、锆、钒；向铸铁液中加入 Si-Ca 合金等都可使晶粒细化。

（2）加入的变质剂能附着在晶体前缘从而改变晶核的生长条件，强烈地阻碍晶核的长大或改善组织形态。如在铝硅合金中加入钠盐，钠能在硅表面富集，从而降低硅的长大速度，阻碍粗大片状硅晶体的形成，细化合金组织。

需要注意的是，并不是加入任何物质都能起变质作用的，不同的金属液要加入不同的物质。

3）振动与搅拌

在浇注和结晶过程中实施振动或搅拌也可以起到细化晶粒的作用。搅拌和振动能向液体中输入额外能量以提供形核功，促进形核。另一方面能打碎正在长大的树枝晶，破碎的树枝晶块尖端又可成为新的晶核，增加晶核数量，从而细化晶粒。

进行振动和搅拌的方法有机械振动、电磁振动和超声波振动等。

3.1.4　同素异构转变

有些物质的晶格结构随温度变化而改变的现象，称为同素异构转变。

1）铁的同素异构转变

铁的冷却曲线如图 3.5 所示。该图表明纯铁在结晶后继续冷却至室温的过程中，还会发生两次晶格结构转变，其转变过程如下：

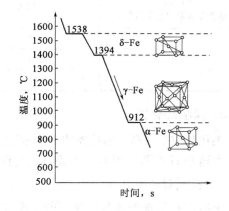

图 3.5　纯铁的冷却曲线及晶体结构

$$\delta - \text{Fe} \xrightleftharpoons[]{1394℃} \gamma - \text{Fe} \xrightleftharpoons[]{912℃} \alpha - \text{Fe}$$

bcc   fcc   bcc

铁由液态结晶（1538℃）后是体心立方晶格结构称为 $\delta - \text{Fe}$；当冷却至 1394℃ 时转变为面心立方晶格结构称为 $\gamma - \text{Fe}$；继续冷至 912℃ 时又转变为体心立方晶格结构称为 $\alpha - \text{Fe}$，以后一直冷至室温晶格类型不再发生变化。

当 $\gamma - \text{Fe}$ 向 $\alpha - \text{Fe}$ 转变开始时，$\alpha - \text{Fe}$ 的晶核产生在 $\gamma - \text{Fe}$ 的晶界处，然后晶核长大，直到全部 $\gamma - \text{Fe}$ 的晶粒被 $\alpha - \text{Fe}$ 晶粒所取代，转变过程结束。纯铁的同素异构转变也正是钢能通过热处理方法改变其性能的基础。但因晶格重组产生的体积变化，会在热处理时产生较大的内应力，导致金属变形或开裂，须采取适当的工艺措施予以防止。

2）石英的同素异构转变

石英（SiO_2）是陶瓷材料中重要的组元，它在不同温度条件下生成七种不同的晶型，而且还能够生成非晶态的石英玻璃，如图 3.6 所示。要进行 α-石英——α-鳞石英——α-方石英的横向转变，须断开原晶型的 Si-O-Si 键进行重新组合。这三种晶型以 α-石英温度最低，自然界中存在的石英大部分是这种类型，这三种石英又有各自的变体，就是纵向转变，纵向转变晶型的结构差别不大，转变较为容易。

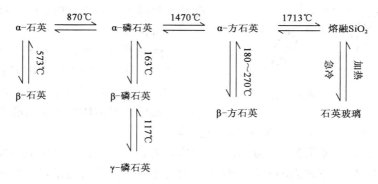

图 3.6　石英的同素异构转变

3.2　金属的塑性变形

金属中的应力超过弹性极限时，就会产生塑性变形。实际使用的金属大多都是多晶体，多晶体的塑性变形过程比较复杂。研究多晶体的塑性变形时，首先应研究单晶体的塑性变形。

3.2.1　单晶体的塑性变形

单晶体的塑性变形的基本方式有两种：滑移和孪生。其中滑移是最基本、最重要的塑性变形方式。

1. 滑移

滑移是晶体在切应力的作用下，晶体的一部分沿一定的晶面（滑移面）上的一定方向（滑移方向）相对于另一部分发生滑动。经多年研究证明，滑移实质上是位错在切应力作用下沿滑移面运动的结果，如图 3.7 所示。

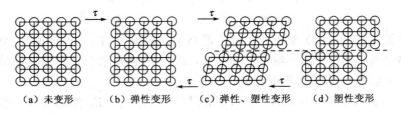

(a) 未变形　　(b) 弹性变形　　(c) 弹性、塑性变形　　(d) 塑性变形

图 3.7　晶体在切应力作用力的变形

　　在切应力的作用下，晶体中形成一个正刃位错，这个多出的半原子面会由左向右逐步移动；当这个位错移动到晶体的右边缘时，移出晶体的上半部就相对于下半部移动了一个原子间距的滑移量，并在晶体表面上形成一个原子间距的滑移台阶，同一滑移面上若有大量的位错不断地移出晶体表面，滑移台阶就不断增大，直至在晶体表面形成显微观察到的滑移线和滑移面。

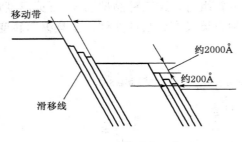

图 3.8　滑移带形成示意图

　　产生滑移的晶面和晶向，分别称为滑移面和滑移方向。滑移的结果会在晶体的表面上造成阶梯状不均匀的滑移带，如图 3.8 所示。滑移线是滑移面和晶体表面相交形成的，许多滑移线在一起组成滑移带。

　　晶体的滑移一般具有如下特征：

　　（1）滑移在切应力的作用下发生；

　　（2）滑移距离是滑移方向原子间距的整数倍，滑移后并不破坏晶体排列的完整性；

　　（3）滑移总是沿着一定的晶面和晶向进行的。

　　一般来说，滑移并非沿任意晶面和晶向发生，而总是沿着该晶体中原子排列最紧密的晶面和晶向发生的。因为密排面的面间距较大，面与面之间的结合力最弱，晶体沿密排面方向滑动时阻力最小。

2. 孪生

　　在晶体变形过程中，当滑移由于某种原因难以进行时，晶体常常会以孪生的方式进行变形，特别是滑移系较少的密排六方晶格金属，容易以孪生方式进行变形。

　　在切应力作用下，晶体的一部分相对于另一部分沿一定晶面（孪生面）和晶向（孪生方向）发生切变。单晶体的孪生如图 3.9 所示。

　　金属晶体中变形部分与未变形部分在孪生面两侧形成镜面对称关系。发生孪生的部分（切变部分）称为孪生带或孪晶。

　　孪生与滑移各有特点，主要为：

　　（1）孪生使一部分晶体发生均匀移动；而滑移是不均匀的，只集中在滑移面上。

　　（2）孪生后晶体变形部分与未变形部分成镜面对称关系，位向发生变化；而滑移后晶体各部分的位向并未改变。

　　（3）孪生虽然需要较大的切应力，但能够改变晶体位向，使滑移带转动到有利的位置，从而使受阻的滑移通过孪生调整取向而继续变形。

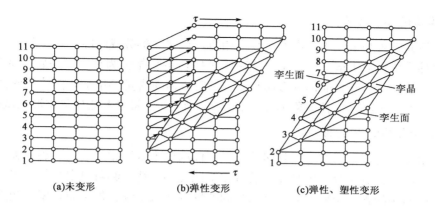

(a)未变形   (b)弹性变形   (c)弹性、塑性变形

图 3.9   单晶体孪生示意图

3.2.2   多晶体的塑性变形

实际使用的金属材料绝大多数是多晶体，它是由晶界和许多不同位向的晶粒组成。多晶体的塑性变形与单晶体无本质差别，当然晶界和晶粒位向对多晶体的塑性变形有影响，而且它的变形比单晶体的要复杂得多。

1. 影响多晶体塑性变形的因素

1）晶界的作用

通常金属是由许多晶粒组成的多晶体，晶粒的大小可以用单位体积内晶粒的数目来表示，数目越多，晶粒越细。实验表明，在常温下的细晶粒金属比粗晶粒金属有更高的强度、硬度、塑性和韧性。这是因为细晶粒受到外力发生塑性变形可分散在更多的晶粒内进行，塑性变形较均匀，应力集中较小；此外，晶粒越细，晶界面积越大，晶界越曲折，越不利于裂纹的扩展。故工业上将通过细化晶粒以提高材料强度的方法称为细晶强化。细晶强化的方法有增加过冷度、变质处理、振动与搅拌。

2）晶粒位向的作用

多晶体中的每个晶粒都是单晶体，但各晶粒间的原子排列位向各不相同。不同位向在受外力作用时，有些晶粒的滑移面适合于外力作用方向，有些晶粒的滑移面与外力方向相抵触，其中任一晶粒的滑移都必然会受到它周围不同晶格位向晶粒的约束和阻碍。所以多晶体金属的塑性变形抗力总是高于单晶体。

3）晶粒尺寸作用

晶粒大小对滑移的影响实际上是晶界和晶粒间位向差共同作用的结果。晶粒细小时，其内部的变形量和晶界附近的变形量相差很小，晶粒的变形比较均匀，减小了应力集中。而且，晶粒越小，晶粒数目越多，金属的总变形量可以分布在更多的晶粒中，从而使金属能够承受较大量的塑性变形而不被破坏。

3.2.3   合金的塑性变形

实际使用的材料很多都是合金，根据合金元素存在的情况，合金的种类一般有固溶体和多相合金，不同种类的合金其塑性变形存在一些不同之处。

1. 固溶体的塑性变形

将外来组元引入晶体结构，占据主晶格相质点位置一部分或间隙位置一部分，仍保持一个晶相，这种晶体称为固溶体，外来组元称为溶质，主晶相称为溶剂。在塑性变形过程中，单相固溶体的变形方式与多晶体纯金属相似。但随着溶质含量的增加，固溶体的强度、硬度提高，塑性、韧性下降，这种现象称为固溶强化，第 10 章将会对这种强化形式做详尽阐述。

2. 多相合金的塑性变形

当合金由多相混合物组成时，其塑性变形不仅取决于基体相的性质，还取决于二相的性质、形状、大小、数量和分布等状况。后者在塑性变形中往往起着决定性的作用。

若合金内两相的含量相差不大，且两相的变形性能（塑性、加工硬化率）相近，则合金的变形性能为两相的平均值。若合金中两相变形性能相差很大，例如其中一相硬而脆，难以变形，另一基体相的塑性较好，则变形先在塑性较好的相内进行，而第二相在室温下无显著变形，它主要是对基体的变形起阻碍作用。第二相阻碍变形的作用，根据其形状和分布不同而有很大差别。

（1）如果硬而脆的第二相呈连续的网状分布在塑性相的晶界上，因塑性相的晶粒被脆性相所包围分割，使其变形能力无从发挥，晶界区域的应力集中也难于松弛，从而合金的塑性将大大下降，于是经很小变形后，在脆性相网络处易产生断裂，而且脆性相数量越多，网越连续，合金的塑性就越差，甚至强度也随之下降。例如，过共析钢中网状二次 Fe_3C 及高速钢中的骨骼状一次碳化物皆使钢的脆性增加，强度、韧性降低。生产上通过热加工和热处理相互配合来破坏或消除其网状分布。

（2）如果脆性的第二相呈片状或层状分布在晶体内，如铁碳合金中的珠光体组织，这种分布不致使钢脆化，并且由于铁素体变形受到阻碍，位错的移动被限制在碳化物片层之间的很短距离之内，从而增加了继续变形的阻力，提高了合金的强度。珠光体越细，片层间距越小，其强度也越高。

（3）如果脆性的第二相呈颗粒状均匀分布在晶体内，如共析钢及过共析钢经球化退火后获得的球状珠光体。由于 Fe_3C 呈球状，对铁素体的变形阻碍作用大大减弱，故强度降低，塑性、韧性均获得显著提高。

3.2.4 塑性变形对金属组织和性能的影响

金属材料经塑性变形后，不但改变了其形状和尺寸，而且其内部组织结构和性能随之发生了一系列的变化。

1. 塑性变形对金属组织结构的影响

1）显微组织的变化

经塑性变形后，金属材料的显微组织发生了明显的改变，各晶粒中除了出现大量的滑移带、孪晶带以外，其晶粒形状也会发生变化，即各个晶粒将沿着变形的方向被拉长或压扁，如图 3.10 所示。随变形方式和变形量的不同，晶粒形状的变化也不一样。变形量越大，晶粒变形越显著。例如轧制时，各晶粒沿着变形的方向逐渐伸长，变形量越大，晶粒伸长的程度也越显著，当变形量很大时，各晶粒已不能分辨开，而将沿着变形方向被拉长成纤维状，甚至金属中的夹杂物也沿着变形的方向被拉长，形成纤维组织。

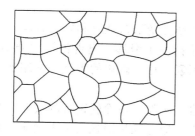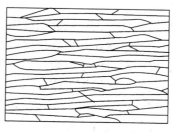

图 3.10　变形前后晶粒形状变化示意图

2）亚结构的形成

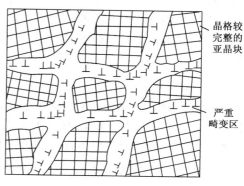

在未变形的晶粒内经常存在大量的位错，构成位错壁（亚晶界）。金属经较大的塑性变形后，由于位错密度的增大并发生交互作用，大量位错堆积在局部地区，并相互缠结，形成不均匀分布，使晶粒再次分化成许多位向略有不同的小晶块，晶粒内由原来的亚晶粒分化为更细的亚晶粒，即形成亚结构，如图 3.11 所示。亚结构的出现阻止了滑移面的进一步滑移，提高了金属的强度及硬度。

图 3.11　金属塑性变形后的亚结构示意图

3）形变织构

在多晶体金属中，由于各晶粒位向的无规则排列，宏观上的性能表现出"伪无向性"。当金属经过大量变形后，晶粒的位向，例如，滑移方向力图与外力方向一致，它是由于晶粒内滑移面和滑移方向的转动和旋转引起，结果造成了晶粒位向的一致性。金属经形变后形成晶粒位向的这种有序结构称为织构。由于它是由形变而造成，因此，也称为形变织构，如图 3.12 所示。形变织构的形成，在许多情况下是不利的，用形变织构的板材冲制筒形零件时，由于不同方向上的塑性差别很大，深冲之后，零件的边缘不齐，出现"制耳"现象，如图 3.13 所示。另外，由于板材在不同方向上变形不同，会造成零件的硬度和壁厚不均匀。但织构并不是全无好处，如制造变压器铁芯的硅钢片，具有织构时可提高磁导率。

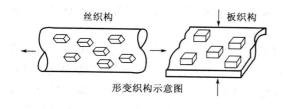

图 3.12　形变织构示意图

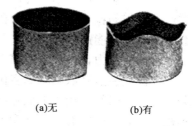

(a)无　　　　(b)有

图 3.13　制耳现象

2. 塑性变形对金属性能的影响

由于塑性变形改变了金属内部的组织结构，因此必然导致其性能的变化。

1) 加工硬化

加工硬化是指金属材料在再结晶温度以下塑性变形时强度和硬度升高，而塑性和韧度降低的现象。产生原因是金属在塑性变形时，晶粒发生滑移，出现位错的缠结，使晶粒拉长、破碎和纤维化，金属内部产生了残余应力等因素。加工硬化的程度通常用加工后与加工前表面层显微硬度的比值和硬化层深度来表示。

加工硬化给金属件的进一步加工带来困难。例如，在冷轧钢板的过程中会越轧越硬，以致轧不动，因而需在加工过程中安排中间退火，通过加热消除其加工硬化。又如在切削加工中使工件表层脆而硬，从而加速刀具磨损、增大切削力等。有利的一面是，它可提高金属的强度、硬度和耐磨性，特别是对于那些不能以热处理方法提高强度的纯金属和合金尤为重要。如冷拉高强度钢丝和冷卷弹簧等就是利用冷加工变形来提高其强度和弹性极限。再比如坦克和拖拉机的履带、破碎机的颚板、铁路的道岔等也是利用加工硬化来增高其硬度和耐磨性的。

2) 力学性能的变化

塑性变形时，随着变形量的逐步增加，原来的等轴晶粒及金属内的夹杂物逐渐沿变形方向被拉长，当变形量很大时，形成纤维组织。形成纤维组织后，金属的性能会出现明显的各向异性，如其纵向（沿纤维方向）的强度和塑性远大于其横向（垂直纤维的方向）的。

3) 物理化学性能的变化

经冷变形后的金属，由于晶格畸变，位错与空位等晶体缺陷的增加，使其物理性能和化学性能发生一定的变化。如电阻率增高，电阻温度系数降低，磁滞与矫顽力略有增加而磁导率下降。此外，原子活动能力增大又使扩散加速，耐蚀性减弱。

4) 残余内应力

塑性变形中外力所做的功除大部分转化成热能之外，还有一小部分以畸变能的形式储存在形变材料内部，这部分能量称为储存能。储存能的具体表现方式为宏观残余应力、微观残余应力及点阵畸变。按照残余应力平衡范围的不同，通常可将其分为三种：

（1）第一类内应力，又称宏观残余应力，它是由工件不同部分的宏观变形不均匀性引起的，故其应力平衡范围包括整个工件。例如，将金属棒施以弯曲载荷，则上边受拉而伸长，下边受到压缩；变形超过弹性极限产生塑性变形时，则外力去除后被伸长的一边就存在压应力，短边为拉应力。这类残余应力所对应的畸变能不大，仅占总储存能的 0.1% 左右。

（2）第二类内应力，又称微观残余应力，它是由晶粒或亚晶粒之间的变形不均匀性产生的。其作用范围与晶粒尺寸相当，即在晶粒或亚晶粒之间保持平衡。这种内应力有时可达到很大的数值，甚至可能造成显微裂纹并导致工件破坏。

（3）第三类内应力，又称点阵畸变。其作用范围是几十至几百纳米，它是由于工件在塑性变形中形成的大量点阵缺陷（如空位、间隙原子、位错等）引起的。变形金属中储存能的绝大部分（80%～90%）用于形成点阵畸变。这部分能量提高了变形晶体的能量，使之处于热力学不稳定状态，故它有一种使变形金属重新恢复到自由焓最低的稳定结构状态的自发趋势，并导致塑性变形金属在加热时产生回复及再结晶。

其中第一、二类残余应力中所占比例不大，第三类占 90% 以上。残余应力对零件的加工质量影响较大。残余内应力的存在可能会引起金属的变形与开裂，如冷轧钢板的翘曲、零件切削加工后的变形等。一般情况下，不希望工件中存在内应力。内应力往往通过去应力退火消除，但有时可以利用残余内应力来提高工件的某些性能，如采用表面滚压或喷丸处理使工件表面产生一压应力层，可有效地提高承受交变载荷零件（如钢板、弹簧、齿轮等）的疲劳寿命。

3.2.5 变形金属在加热时组织与性能的变化

金属经塑性变形后，组织结构和性能发生很大的变化，位错等晶体缺陷和残余应力将会大幅度增加，发生加工硬化现象，阻碍塑性变形加工的进一步进行。为消除残余应力和加工硬化，工业上往往采用加热的方法。在变形金属中，由于缺陷的增加，使其内能升高，处于不稳定状态，存在向低能稳定状态转变的趋势。在常温下，这种转变一般不易进行。加热时原子具有相当的扩散能力，形变后的金属和合金就会自发地向着自由能降低的方向进行转变。随着加热温度的升高，变形金属大体上相继发生回复、再结晶和晶粒长大 3 个阶段，如图 3.14 所示。

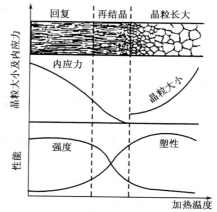

图 3.14 变形金属加热时组织和性能的变化

1. 回复

当变形金属的加热温度较低时，在 $(0.1 \sim 0.3) T_m$ 的温度范围内，原子的活动能力较低，只能作短距离扩散，主要发生晶格缺陷的运动。晶格缺陷运动中空位与间隙原子相结合，使点缺陷数目明显减少。位错运动使得原来在变形晶粒中杂乱分布的位错逐渐集中并重新排列，从而晶格畸变得到减弱。但此时的显微组织尚无变化。把经过变形的金属加热时，在显微组织发生变化前所发生的一些亚结构的改变过程称为回复。在回复阶段，金属的晶粒大小和形状不会发生明显变化，只是强度、硬度稍有降低，塑性略有提高，但残余内应力和电阻显著下降，应力腐蚀现象也基本消除。

工业上的去应力退火就是利用回复现象稳定变形后的组织，而保留冷变形强化状态。例如为了消除冷冲压黄铜工件在室温放置一段时间后会自动发生晶间开裂的现象，对其加工后于 $250 \sim 300 \, ℃$ 之间进行去应力退火。又如一些铸件、焊接件等的去应力退火，也是通过回复作用来实现的。

2. 再结晶

变形金属加热到较高温度时，由于原子的活动能力增加，在晶格畸变较严重处重新形核和长大，使晶粒中位错密度降低，产生一些位向与变形晶粒不同，内部缺陷较少的等轴小晶粒。这些小晶粒不断向外扩展长大，使原先破碎、被拉长的晶粒全部被新的无畸变的等轴小晶粒所取代，这一过程称为金属的再结晶。

应当指出，再结晶与变形密切相关。如果没有变形，再结晶就无从谈起。虽然再结晶也是一个形核和长大的过程，但新、旧晶粒的晶格类型并未改变，只是晶粒外形发生变化，故再结晶不是相变过程。

再结晶完全消除了加工硬化所引起的后果，使金属的组织和性能恢复到未加工之前的状态，即金属的强度、硬度显著下降，塑性、韧度大大提高。在实际生产中，把消除加工硬化所进行的热处理过程称为再结晶退火，目的是使金属再次获得良好的塑性，以便继续加工。

在一定时间内完成再结晶时所对应的最低温度称为再结晶温度，用 $T_{再}$ 表示。工业上通常把经过大变形量（＞70%）后的金属在 1h 的保温时间内全部完成再结晶所需要的最低温度称为再结晶温度。再结晶温度并非是一个恒定值，会因加工变形程度等因素的影响在很宽的温度范围内变化。它与金属的冷变形量、纯度、成分以及保温时间等因素有关。

根据工业上的统计，一般来说 $T_{再}$（K）与其熔点 T_m（K）之间存在以下关系：

$$T_{再} \approx （0.35 \sim 0.4）T_m \tag{3.2}$$

3. 再结晶后的晶粒长大

再结晶完成后的晶粒是细小均匀的等轴晶粒，随着加热温度的升高或保温时间的延长，这些等轴晶粒将通过互相"吞并"而继续长大。晶粒长大是个自发过程，它通过晶界的迁移来实现，通过一个晶粒的边界向另一晶粒迁移，把另一晶粒中的晶格位向逐步地改变成与这个晶粒相同的晶格位向，于是另一晶粒便逐步地被这一晶粒"吞并"，合并成一个大晶粒，使晶界减少，能量降低，组织变得更为稳定。晶粒的这种长大称为正常长大，由此将得到均匀粗大的晶粒组织，使材料的力学性能下降。

晶粒的另一种长大类型称为异常长大（二次结晶），即在晶粒长大过程中，少数晶粒长大速度很快，从而使晶粒之间的尺寸差异显著增大，致使粗大晶粒逐步"吞噬"掉周围的小晶粒，形成异常粗大的晶粒。这种异常粗大的晶粒将使材料的强度、塑性及韧性显著降低。在零件使用中，往往会导致零件的破坏。因此，在再结晶退火时，必须严格控制加热温度和保温时间，以防止晶粒过分粗大而降低材料的力学性能。

3.3 金属的热加工

3.3.1 热加工与冷加工区别

以上所讨论的是冷加工变形。考虑到冷加工变形时的变形抗力，因此对尺寸大或难于进行冷变形的金属材料，生产上往往采用热加工变形。

金属的冷、热加工是根据再结晶温度来划分的。金属在再结晶温度以下的塑性变形称为冷加工；金属在再结晶温度以上的塑性变形称为热加工。例如铁的最低再结晶温度为450℃，所以铁在 400℃ 以下的加工变形属于冷加工。铅、锡的再结晶温度低于室温，所以即使它们在室温下进行压力加工，仍属于热加工。

这两种变形加工各有所长。冷加工会引起金属的加工硬化，变形抗力增大，对于那些变形量大的，特别是截面尺寸较大的工件，冷加工变形十分困难；另外，对于某些较硬的或低塑性的金属（如 W、Mo、Cr 等）来说，甚至不可能进行冷加工，而必须进行热加工。故冷变形加工适于截面尺寸较小、塑性较好，要求较高精度和较低的表面粗糙度的金属制品。而热加工在变形时同时进行着动态再结晶，金属的变形抗力小、塑性高，而且不会产生加工硬化现象，可以有效地进行加工变形。

金属在高温下强度降低而塑性提高，所以热加工的主要优点是材料变形阻力小，加工耗能少。这是因为在热加工过程中，金属的内部同时进行着加工硬化和再结晶软化两个相反的过程而将加工硬化消除。金属在热加工过程中表面发生氧化，使得工件表面比较粗糙，尺寸精度比较低，所以热加工一般用来制造一些截面比较大、加工变形量大的半成品。而冷加工则能保证工件有较高的尺寸精度和较小的表面粗糙度，在冷加工过程中材料同时也得到强化处理。有时经冷加工后可以直接获得成品。

3.3.2　热加工对金属组织与性能的影响

1. 改善金属的铸锭的组织和性能

通过热加工可以消除铸态金属的某些缺陷，如气孔、疏松、微裂纹，提高金属的致密度。对于铸锭内部的晶内偏析、粗大柱状晶或大块碳化物，可以在压力的作用下使枝晶、柱状晶和粗大晶粒破碎，消除成分偏析，改善夹杂物、第二相的分布等，提高金属的力学性能。如 Q235 钢分别在铸态和锻态时的力学性能见表 3.2。

表 3.2　Q235 钢铸态和锻态时力学性能的比较

材料	状态	σ_b, MPa	σ_s, MPa	δ, %	α_k, J/cm^2
Q235	铸态	490	245	15	0.34
	锻态	519	304	20	0.69

2. 细化晶粒

在热加工过程中，变形的晶粒内部不断发生回复再结晶，已经发生再结晶的区域又不断发生变形，周而复始，最终使晶核数目不断增加，晶粒得到细化。但热加工后金属的晶粒大小与加工温度和变形量有很大的关系。变形量小，终止加工温度过高，加工后得到的组织粗大；反之则得到细小晶粒。

3. 形成纤维组织

热加工以后钢锭中的各种夹杂物、粗大枝晶、气孔、疏松，在高温下都具有一定塑性，沿着金属加工流动方向伸长，形成彼此平行的宏观条纹组织，即所谓锻造流线，使金属的力学性能产生明显的各向异性，通常沿流线方向（纵向）性能高于垂直流线方向（横向）性能，如表3.3 为 45 钢的力学性能与纤维方向的关系。因此，在热加工时应尽量使工件流线分布合理。

表 3.3　45 钢的力学性能与纤维方向力的关系

材　料	纤维方向	σ_b, MPa	σ_s, MPa	δ, %	α_k, J/cm^2
45 钢	纵向	900	460	17.5	0.61
	横向	700	430	10	0.29

4. 形成带状组织

当低碳钢中非金属杂质比较多时，在热加工后的缓慢冷却过程中，先共析铁素体可能依附于被拉长的夹杂物而析出铁素体带，并将碳排挤到附近的奥氏体中，使奥氏体中的碳含量逐渐增加，最后转变为珠光体。结果沿着杂质富集区析出的铁素体首先形成条状，珠光体分布在条状铁素体之间。这种铁素体和珠光体沿加工变形方向成层状平行交替的条带状组织称为带状组织。

带状组织使材料产生各向异性，特别是横向塑性和冲击韧性明显下降，严重时材料只能报废。在热加工生产中常采用交替改变变形方向的办法来消除这种带状组织。采用热处理，如高温加热、长时间保温以及提高热加工后的冷却速度，有时多次正火或高温扩散退火加正火，也可以减轻或消除带状组织。

习　题

一、名词解释

过冷度、非自发形核、晶粒度、变质处理、滑移、滑移系、孪生、回复、再结晶、热加工

二、综合题

1. 试述结晶过程的一般规律，研究这些规律有何价值与实际意义？

2. 什么是过冷度？为什么金属结晶时必须过冷？

3. 试从过冷度对金属结晶时基本过程的影响，分析细化晶粒、提高金属材料常温力学性能的措施。

4. 为什么实际生产条件下，纯金属晶体常以树枝状方式进行长大？

5. 当对液态金属进行变质处理时，变质剂的作用是什么？

6. 晶粒大小对金属性能有何影响？如何细化晶粒？

7．在铸造生产中，采用哪些措施控制晶粒大小？

8. 如果其他条件相同，试比较下列铸造条件下铸件晶粒的大小，为什么？

(1) 金属模浇注与砂模浇注；

(2) 高温浇注与低温浇注；

(3) 铸成薄件与铸成厚件；

(4) 浇注时振动与不振动。

9. 试述金属经冷塑性变形后，其结构、组织与性能所发生的变化过程。

10. 试述加工硬化对金属材料的强化作用，这些变化有什么实际意义？分别列举一些有利和有害的例子。

11. 增加金属中的位错密度，是强化金属材料的途径之一。那么，降低位错密度是否会使金属材料的强度降低？无位错的金属材料强度是否最低？为什么？

12. 试用多晶体的塑性变形过程来阐述为什么晶粒越细的金属的强度、硬度越高、塑性、韧性也越好？

13. 什么是加工硬化？产生原因及其消除方法是什么？

14. 钨（熔点为3410℃）在1100℃、锡（熔点为232℃）在室温时进行的冷变形加工分别属于冷加工或热加工？

15. 用一根冷拉钢丝绳吊装一大型工件入炉，并随工件一起加热至1000℃，当出炉后再次吊装工件时，钢丝绳发生断裂，试分析其原因。

16. 在室温下对铅板进行弯折，你会感到越弯越硬，但稍隔一会儿再行弯折，你会发现铅板又像初时一样柔软，这是什么原因？

17. 试述影响再结晶过程的因素。如何确定纯金属的最低再结晶温度和实际再结晶退火温度？

18. 如何区分热加工与冷加工？为什么锻件比铸件的性能好？热加工会造成哪些缺陷？

第 4 章　二元合金相图及其应用

纯金属在工业上有一定的应用，但通常强度不高，难以满足许多机器零件和工程结构件对力学性能提出的各种要求；尤其是在特殊环境中服役的零件，有许多特殊的性能要求，例如要求耐热、耐蚀、导磁、低膨胀等，纯金属更无法胜任，因此工业生产中广泛应用的金属材料是合金。合金的组织要比纯金属复杂，为了研究合金组织与性能之间的关系，就必须了解合金中各种组织的形成及其变化规律。合金相图正是研究这些规律的有效工具。

一种金属元素同另一种或几种其他元素，通过熔化或其他方法结合在一起所形成的具有金属特性的物质称为合金。其中组成合金的独立的、最基本的单元称为组元。组元可以是金属、非金属元素或稳定化合物。由两个组元组成的合金称为二元合金，例如工程上常用的铁碳合金、铜镍合金、铝铜合金等。二元以上的合金称多元合金。合金的强度、硬度、耐磨性等力学性能比纯金属高许多，这正是合金的应用比纯金属广泛的原因。

在合金系中，相是指金属或合金中具有相同化学成分及结构并以界面相互分开的各个均匀的组成部分。因此，凡是化学成分相同、晶体结构与性质相同的物质，不管其形状是否相同，不论其分布是否一样，统称为一个相。组织是指用金相观察方法，在金属及合金内部看到的涉及晶体或晶粒的大小、方向、形状、排列状况等组成关系的构造情况。组织能够反映合金相的组成情况，包括相的数量、形状、大小、分布及各相之间的结合状态特征。相是组成组织的基本部分，但同样的相可以形成不同的组织。

合金相图是用图解的方法表示合金系中合金状态、温度和成分之间的关系。利用相图可以知道各种成分的合金在不同温度下有哪些相，各相的相对含量、成分以及温度变化时可能发生的变化。掌握相图的分析和使用方法，有助于了解合金的组织状态和预测合金的性能，也可按要求来研究配制新的合金。在生产中，合金相图可作为制订铸造、锻造、焊接及热处理工艺的重要依据。

4.1　相图的建立

不同成分的合金，晶体结构不同，物理化学性能也不同，所以当合金发生相变时，必然伴随有物理、化学性能的变化，因此测定各种成分合金相变的温度，可以确定不同相存在的温度和成分界限，从而建立相图。由于状态图是在极其缓慢的冷却条件下测定的，一般可认为是平衡结晶过程，故又称平衡图。

现有的合金相图大都是通过实验建立的，常用的方法有热分析法、膨胀法、射线分析法等。下面以铜镍合金为例，简单介绍用热分析法建立相图的过程。

（1）配制不同成分的铜镍合金。例如：

合金 I：100%Cu；

合金 II：75%Cu+25%Ni；

合金 III：50%Cu+50%Ni；

合金Ⅳ：25％Cu＋75％Ni；

合金Ⅴ：100％Ni。

（2）合金熔化后缓慢冷却，测出每种合金的冷却曲线，找出各冷却曲线上的临界点（转折点或平台）的温度，如图4.1所示。

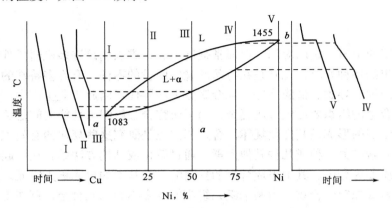

图 4.1　Cu－Ni 合金冷却曲线及相图建立

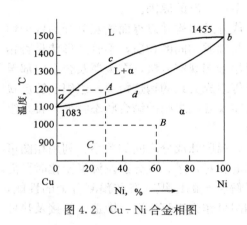

图 4.2　Cu－Ni 合金相图

（3）画出温度—成分坐标系，在各合金成分垂线上标出临界点温度。

（4）将具有相同意义的点连接成线，标明各区域内所存在的相，即得到 Cu－Ni 合金相图。

相图上的每个点、线、区都有一定的物理意义。图4.2为铜镍二元合金相图，它是一种最简单的基本相图。横坐标表示合金成分（一般为溶质的质量分数），左右两端点分别表示纯组元（纯金属）Cu 和 Ni，其余的为合金系的每一种合金成分，如 C 点的合金成分为含 20％Ni，含 80％Cu。坐标平面上的任一点（称为表象点）表示一定成分的合金在一定温度时的稳定相状态。例如，A 点表示，含 30％Ni 的铜镍合金在 1200℃时处于液相 L＋固相 α 的两相状态；B 点表示，含 60％Ni 的铜镍合金在 1000℃时处于单一 α 固相状态。

4.2　二元合金相图的基本类型

铜镍合金相图比较简单，实际上多数合金的相图很复杂。但是，任何复杂的相图都是由一些简单的基本相图组成的。下面介绍几种基本的二元相图。

4.2.1　匀晶相图

二元合金中，两组元在液态无限互溶，在固态也无限互溶，冷却时发生匀晶反应，这样形成单相固溶体的一类相图称为匀晶相图。具有这类相图的合金系有 Cu－Ni、Cu－Au、Au－Ag、Fe－Cr、Fe－Ni、W－Mo 等。这类合金在结晶时都是从液相结晶出固溶体，固态下呈单相固溶体，所以这种结晶过程称为匀晶转变。几乎所有的二元相图都包含有匀晶转变部分，因此掌握这一类相图是学习二元相图的基础。现以 Cu－Ni 合金相图为例进行分析。

1. 相图分析

Cu－Ni 相图为典型的匀晶相图，如图 4.3（a）所示。图 4.3（a）中上面一条线为液相线，该线以上合金处于液相；下面一条线为固相线，该线以下合金处于固相。液相线和固相线表示合金系在平衡状态下冷却时结晶的始点和终点以及加热时熔化的终点和始点。L 为液相，是 Cu 和 Ni 形成的液溶体；α 为固相，是 Cu 和 Ni 组成的无限固溶体。

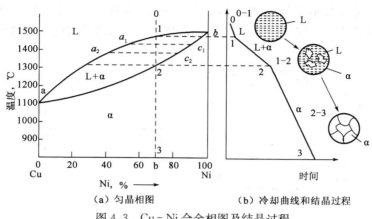

（a）匀晶相图　　　　　（b）冷却曲线和结晶过程

图 4.3　Cu－Ni 合金相图及结晶过程

图中有两个单相区：液相线以上的 L 液相区和固相线以下的 α 固相区。还有一个两相区：液相线和固相线之间的 L＋α 两相区。

2. 合金的结晶过程

以 b 点的成分 Cu－Ni 合金（Ni 含量为 $b\%$）为例来分析合金结晶过程。该合金的冷却曲线和结晶过程如图 4.3（b）所示。首先利用相图画出该成分合金的冷却曲线，在 1 点温度以上，合金为液相 L。缓慢冷却至 1－2 点温度之间时，合金发生匀晶反应，从液相中逐渐结晶出 α 固溶体。2 点温度以下，合金全部结晶为 α 固溶体。其他成分合金的结晶过程也完全类似。

从匀晶相图中可以看出：

（1）与纯金属一样，固溶体从液相中结晶出来的过程中，也包括有形核与长大两个过程，且固溶体更趋于呈树枝状长大。

（2）固溶体结晶在一个温度区间内进行，即为一个变温结晶过程。

（3）在两相区内，温度一定时，两相的成分（即 Ni 含量）与相对质量是确定的。

（4）固溶体结晶时成分是变化的（L 相沿 $a_1 \rightarrow a_2$ 变化，α 相沿 $c_1 \rightarrow c_2$ 变化），缓慢冷却时由于原子的扩散充分进行，形成的是成分均匀的固溶体。如果冷却较快，原子扩散不能充分进行，则形成成分不均匀的固溶体。

3. 枝晶偏析

在实际生产条件下，由于冷却速度较快，先结晶的树枝晶轴含高熔点组元（Ni）较多，后结晶的树枝晶枝干含低熔点组元（Cu）较多。结果造成在一个晶粒之内化学成分的分布不均。这种现象称为枝晶偏析。枝晶偏析对材料的力学性能、抗腐蚀性能、工艺性能都不利。生产上为了消除其影响，常把合金加热到某一高温（低于固相线 100℃ 左右），并进行长时间保温，使原子充分扩散，以获得成分均匀的固溶体。这种处理称为扩散退火。

4. 杠杆定律

在两相区结晶过程中，两相的成分和相对量都在不断变化，杠杆定律就是确定相图中两相区内两平衡相的成分和相对量的重要工具。

仍以 Cu - Ni 合金相图为例，建立过程如下：

（1）过该温度时的合金表象点作水平线，分别与相区两侧分界线相交，两个交点的成分坐标即为相应的两平衡相成分。例如图 4.4（a）中，过 b 点的水平线与相区分界线交于 a、c 点，a、c 点的成分坐标值即为含 Ni $b\%$ 的合金在 T_1 温度时液、固相的平衡成分。含 Ni $b\%$ 的合金在 T_1 温度处于两相平衡共存状态时，两平衡相的相对质量也是确定的。

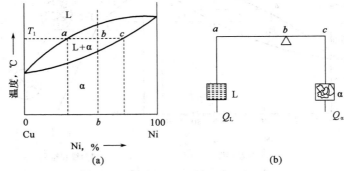

图 4.4　杠杆定律的证明及力学比喻

（2）图 4.4（a）中，表象点 b 所示合金含 $b\%$Ni，T_1 时液相 L（含 $a\%$Ni）和固相 α（含 $c\%$Ni）两相平衡共存。设该合金质量为 Q，液相、固相质量为 Q_L、Q_α。

显然，由质量平衡可得：合金中 Ni 的质量等于液、固相中 Ni 质量之和，即

$$Q \cdot b\% = Q_L \cdot a\% + Q_\alpha \cdot c\% \tag{4.1}$$

合金总质量等于液、固相质量之和，即

$$Q = Q_L + Q_\alpha \tag{4.2}$$

二式联立得：

$$(Q_L + Q_\alpha) \cdot b\% = Q_L \cdot a\% + Q_\alpha \cdot c\% \tag{4.3}$$

化简整理后得：

$$\frac{Q_L}{Q_\alpha} = \frac{b\% - c\%}{a\% - b\%} = \frac{bc}{ab} \text{ 或 } Q_L \cdot ab = Q_\alpha \cdot bc \tag{4.4}$$

因该式与力学的杠杆定律表达式相同，如图 4.4（b）所示，所以把 $Q_L \cdot ab = Q_\alpha \cdot bc$ 称为二元合金的杠杆定律。杠杆两端为两相成分点 $a\%$、$c\%$，支点为该合金成分点 $b\%$。从上面计算也可以看出：

$$Q_L = bc/(ac), Q_\alpha = ab/(ac) \tag{4.5}$$

必须指出，杠杆定律只适用于相图中的两相区，即只能在两相平衡状态下使用。

4.2.2　共晶相图

两组元在液态无限互溶，在固态有限互溶，并在结晶时发生共晶转变的相图，称为共晶相图。由一种液相在恒温下同时结晶出两种固相的反应称为共晶反应。所生成的两相混合物（层片相间）称为共晶体。具有这类相图的合金系有 Pb - Sn、Pb - Sb、Pb - Bi、Al - Si、Ag - Cu 等。

现以 Pb - Sn 合金相图为例，对共晶相图及其合金的结晶过程进行分析。

1. 相图分析

Pb-Sn合金相图，如图4.5所示，相图主要由以下部分构成。

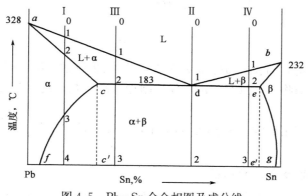

图4.5 Pb-Sn合金相图及成分线

1）点

a点是Pb的熔点；b点是Sn的熔点；c点是Sn在α固溶体中的最大溶解度点；e点是Pb在β固溶体中的最大溶解度点；d点为共晶点，表示此点成分（共晶成分）的合金冷却到此点所对应的温度（共晶温度）时，同时结晶出c点成分的α相和e点成分的β相：

$$L_d \underset{\text{恒温}}{\rightleftharpoons} \alpha_c + \beta_e \tag{4.6}$$

2）线

adb为液相线；$acdeb$为固相线；cf线是α固溶体中Sn的溶解度极限曲线；eg线是β固溶体中Pb的溶解度极限曲线；cde线是共晶反应线，是这个相图中最重要的线，只要成分在ce之间的合金溶液冷却到cde温度都会发生共晶反应。

3）相与相区

合金系有三种单相：Pb与Sn形成的液溶体L相，Sn溶于Pb中的有限固溶体α相，Pb溶于Sn中的有限固溶体β相。

相图中有三个单相区（L、α、β相区）；三个两相区（L+α、L+β、α+β相区）；一条L+α+β的三相并存线（水平线cde）。

2. 典型合金的结晶过程

根据Pb-Sn合金相图，分析四种不同的合金结晶过程，如图4.5所示。

1）合金Ⅰ的结晶过程

合金Ⅰ的平衡结晶过程，如图4.6所示。1点以上是液相，液态合金冷却到1点温度以后，发生匀晶转变开始结晶，至2点温度液态合金完全结晶成α固溶体，2-3点冷却过程中，α相不变。从3点温度开始，由于Sn在α中的溶解度沿cf线降低，从α中析出β_{II}，到室温时α中Sn含量逐渐变为f点。最后合金得到的

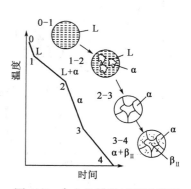

图4.6 合金Ⅰ结晶过程示意图

组织为 α+β$_{II}$。其组成相是 f 点成分的 α 相和 g 点成分的 β 相。运用杠杆定律，两相的相对质量为

$$
\begin{cases}
w_\alpha = \dfrac{4g}{fg} \times 100 \\[2mm]
w_\beta = \dfrac{4f}{fg} \times 100 \ \text{或} \ w_\beta = 1 - w_\alpha
\end{cases}
\tag{4.7}
$$

合金的室温组织由 α 和 β$_{II}$ 组成，α 和 β$_{II}$ 即为组织组成物。组织组成物是指合金组织中那些由相组成物组成的物质，具有一定形成机制和特殊形态。组织组成物可以是单相或两相混合物。

合金 I 的室温组织组成物 α 和 β$_{II}$ 皆为单相，所以它的组织组成物的相对质量与组成相的相对质量相等。

2）合金 II（共晶合金）的结晶过程

合金 II 为共晶合金，其结晶过程如图 4.7 所示。合金从液态冷却到 1 点温度后，发生共晶反应：

$$
L_d \underset{}{\overset{183\,℃}{\rightleftharpoons}} \alpha_c + \beta_e
\tag{4.8}
$$

经一定时间到 1′ 时反应结束，液体全部转变为共晶体（α$_c$+β$_e$）。从共晶温度冷却至室温时，共晶体中的 α$_c$ 和 β$_e$ 均发生二次结晶，从 α 中沿 cf 析出 β$_{II}$，从 β 中沿 eg 析出 α$_{II}$。α 的成分由 c 点变为 f 点，β 的成分由 e 点变为 g 点；两种相的相对质量依杠杆定律变化。由于析出的 α$_{II}$ 和 β$_{II}$ 都相应地同 α 和 β 相连在一起，共晶体的形态和成分不发生变化，不用单独考虑。合金的室温组织全部为共晶体，即只含一种组织组成物（共晶体）；其组成相仍为 α 和 β 相。

3）合金 III（亚共晶合金）的结晶过程

合金 III 是亚共晶合金，其结晶过程如图 4.8 所示。合金冷却到 1 点温度后，发生匀晶反应生成 α 固溶体，此乃初生 α 固溶体。从 1 点到 2 点温度的冷却过程中，某一温度下的液固两相相对含量可由照杠杆定律计算得到，初生 α 的成分沿 ac 线变化，液相成分沿 ad 线变化；初生 α 逐渐增多，液相逐渐减少。当刚冷却到 2 点温度时，合金由 c 点成分的初生 α 相和 d 点成分的液相组成。然后剩余液相进行共晶反应，但初生 α 相不变化。经一定时间到 2′

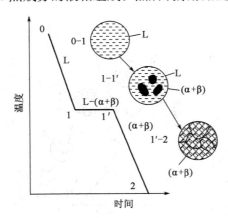

图 4.7　共晶合金结晶过程示意图

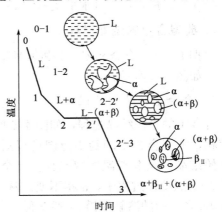

图 4.8　亚共晶合金结晶过程示意图

点共晶反应结束时，合金转变为 $\alpha_c+(\alpha_c+\beta_e)$。从共晶温度继续往下冷却，初生 α 中不断析出 β_{II}，成分由 c 点降至 f 点；此时共晶体如前所述，形态、成分和总量保持不变。

合金的组成相为 α 和 β，它们的相对质量为

$$\begin{cases} w_\alpha = \dfrac{3g}{fg} \times 100 \\[2mm] w_\beta = \dfrac{3f}{fg} \times 100 \end{cases} \tag{4.9}$$

合金的组织组成物为：初生 α、β_{II} 和共晶体 $(\alpha+\beta)$。它们的相对质量须应用两次杠杆定律求得。根据结晶过程分析，合金在刚冷到 2 点温度而尚未发生共晶反应时，由 α_c 和 L_d 两相组成，它们的相对质量为

$$\begin{cases} w_{\alpha_c} = \dfrac{2d}{cd} \times 100\% \\[2mm] w_{L_d} = \dfrac{2c}{cd} \times 100\% \end{cases} \tag{4.10}$$

其中，液相在共晶反应后全部转变为共晶体 $(\alpha+\beta)$，因此，这部分液相的质量就是室温组织中共晶体 $(\alpha+\beta)$ 质量，即

$$w_{\alpha+\beta} = w_{L_d} = \dfrac{2c}{cd} \times 100\% \tag{4.11}$$

初生 α_c 冷却时不断析出 β_{II}，到室温后转变为 α_f 和 β_{II}。按照杠杆定律，β_{II} 占 $\alpha_f+\beta_{\mathrm{II}}$ 质量分数为 $\dfrac{fc'}{fg} \times 100\%$（注意，杠杆支点在 c' 点）；α_f 占的为 $\dfrac{c'g}{fg} \times 100\%$。由于 $\alpha_f+\beta_{\mathrm{II}}$ 的质量等于 α_c 的重量，即 $\alpha_f+\beta_{\mathrm{II}}$ 在整个合金中的质量分数为 $\dfrac{2d}{cd} \times 100\%$，所以在合金室温组织中，$\beta_{\mathrm{II}}$ 和 α_f 分别所占的相对质量为

$$\begin{cases} w_{\beta_{\mathrm{II}}} = \dfrac{fc'}{fg} \cdot \dfrac{2d}{cd} \times 100\% \\[2mm] w_{\alpha_f} = \dfrac{c'g}{fg} \cdot \dfrac{2d}{cd} \times 100\% \end{cases} \tag{4.12}$$

这样，合金 Ⅲ 在室温下的三种组织组成物的相对质量为

$$\begin{cases} w_\alpha = \dfrac{c'g}{fg} \cdot \dfrac{2d}{cd} \times 100\% \\[2mm] w_{\beta_{\mathrm{II}}} = \dfrac{fc'}{fg} \cdot \dfrac{2d}{cd} \times 100\% \\[2mm] w_{\alpha+\beta} = \dfrac{2c}{cd} \times 100\% \end{cases} \tag{4.13}$$

成分在 cd 之间的所有亚共晶合金的结晶过程均与合金 Ⅲ 相同，仅组织组成物和组成相的相对质量不同。成分越靠近共晶点，合金中共晶体的含量越多。

4）合金 Ⅳ（过共晶合金）的结晶过程

如图 4.5 中 Ⅳ 所示，合金 Ⅳ 的结晶过程可用下列流程表示：

$$L \longrightarrow L+\beta_{初} \longrightarrow L+(\alpha+\beta)+\beta_{初} \longrightarrow \beta_{初}+(\alpha+\beta)+\alpha_{\mathrm{II}} \tag{4.14}$$

它的结晶过程与亚共晶合金相似，也包括匀晶反应、共晶反应和二次结晶等三个转变阶段；不同之处是初生相为 β 固溶体，二次结晶过程为 $\beta \longrightarrow \alpha_{\mathrm{II}}$。所以室温组织为 $\beta+\alpha_{\mathrm{II}}+(\alpha+\beta)$。

3. 标注组织的共晶相图

我们研究相图的目的是要了解不同成分的合金室温下的组织构成。因此，根据以上分析，将组织标注在相图上，以便很方便地分析和比较合金的性能，并使相图更具有实际意义。标注组织的 Pb‑Sn 合金相图如图 4.9 所示。从图中可以看出，在室温下，f 点及其左边成分的合金的组织为单相 α，g 点及其右边成分的合金的组织为单相 β，f‑g 之间成分的合金的组织由 α 和 β 两相组成。即合金系的室温组织自左至右相继为：α、$\alpha+\beta_{\text{II}}$、$\alpha+\beta_{\text{II}}+(\alpha+\beta)$、$(\alpha+\beta)$、$\beta+\alpha_{\text{II}}+(\alpha+\beta)$、$\beta+\alpha_{\text{II}}$、$\beta$。

由于各种成分的合金冷却时所经历的结晶过程不同，组织中所得到的组织组成物及其数量是不相同的，这是决定合金性能最本质的方面。

4.2.3 包晶相图

包晶相图是因发生包晶转变而命名的。所谓包晶转变，是指在一定温度下，由一定成分的液相与一定成分的固相相互作用生成另一个一定成分的新固相的过程。在该过程中新固相依附与原固相生核，将原固相包围起来，通过消耗液相和原固相而长大，故称为包晶转变。具有这种相图的合金系主要有 Pt‑Ag、Ag‑Sn、Sn‑Sb 等。

现以 Pt‑Ag 合金相图为例，对包晶相图及其合金的结晶过程进行简要分析。

1. 相图分析

Pt‑Ag 相图如图 4.10 所示，主要由以下几个部分构成。

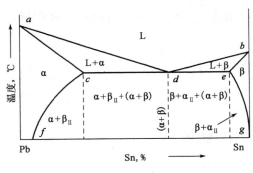

图 4.9　标注组织的共晶相图

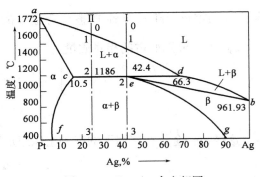

图 4.10　Pt‑Ag 合金相图

1）点

a 点为 Pt 的熔点；b 点为 Ag 的熔点；e 点为包晶点。

2）线

adb 为液相线，$aceb$ 为固相线，cf 及 eg 分别为 Ag 溶于 Pt 和 Pt 溶于 Ag 的溶解度曲线，ced 为线为包晶线。

3）相区

相图中有三个单相：液相 L、固相 α 及 β，α 为 Ag 溶于 Pt 的固溶体，β 为 Pt 溶于 Ag 的固溶体。

相图中有三个单相区：L、α、β；三个两相区：L+α、L+β、$\alpha+\beta$；还有一个 L、α 及

β 三相共存的水平线，即 *ced* 线。

e 点成分的合金冷却到 *e* 点所对应的温度（包晶温度）时发生以下反应：

$$\alpha_e + L_d \xrightleftharpoons{1186℃} \beta_e \qquad\qquad (4.15)$$

这种由一种液相与一种固相在恒温下相互作用而转变为另一种固相的反应称为包晶反应。

2. 典型合金的结晶过程

1）合金 I 的结晶过程

合金 I 的结晶过程如图 4.11 所示。液态合金冷却到 1 点温度以下时结晶出 α 固溶体，L 相成分沿 *ad* 线变化，α 相成分沿 *ac* 线变化。合金刚冷到 2 点温度而尚未发生包晶反应前，合金由 *d* 点成分的 L 相与 *c* 点成分的 α 相组成。此两相在 *e* 点温度时发生包晶反应，生成的 β 相包围 α 相而形成。反应结束后，L 相与 α 相正好全部反应耗尽，形成 *e* 点成分的 β 固溶体。温度继续下降时，从 β 中析出 α_{II}。最后室温组织为 $\beta + \alpha_{II}$。

2）合金 II 的结晶过程

合金 II 的结晶过程如图 4.12 所示。液态合金冷却到 1 点温度以下时结晶出 α 相，刚至 2 点温度时合金由 *d* 点成分的液相 L 和 *c* 点成分的 α 相组成，两相在 2 点温度发生包晶反应，生成 β 固溶体。与合金 I 不同，合金 II 在包晶反应结束之后，仍剩余有部分 α 固溶体。在随后的冷却过程中，β 和 α 中将分别析出 α_{II} 和 β_{II}，所以最终室温组织为 $\alpha + \beta + \alpha_{II} + \beta_{II}$。

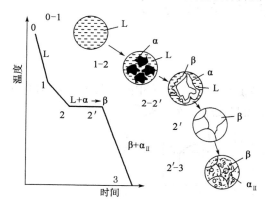

图 4.11　合金 I 结晶过程示意图

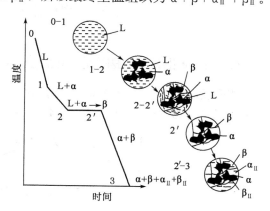

图 4.12　合金 II 结晶过程示意图

4.2.4　共析相图与形成稳定化合物的相图

除了上述三个基本相图以外，还经常用到一些特殊相图，如共析相图、含有稳定化合物的相图等。

1. 共析相图

如图 4.13 所示，其下半部分为共析相图，形状与共晶相图相似。*d* 点成分（共析成分）的合金（共析合金）从液相经匀晶反应生成 γ 相后，继续冷却到 *d* 点温度（共析温度）时，发生共析反应，共析反应的形式类似于共晶反应，而区别在于它是由一个固相（γ 相）在恒温下同时析出两个不同固相（*c* 点成分的 α 相和 *e* 点成分的 β 相）。

反应式为

$$\gamma_d \xrightleftharpoons{恒温} \alpha_c + \beta_e \qquad\qquad (4.16)$$

此两相的混合物称为共析体（层片相间）。合金系中各种成分合金的结晶过程分析与共晶相图类似。但因共析反应是在固态下进行的，所以共析产物比共晶产物要细密得多。

2. 形成稳定化合物的相图

在有些二元合金系中组元间可能形成稳定化合物。稳定化合物具有一定的化学成分、固定的熔点，且熔化前不分解，也不发生其他化学反应。图 4.14 为 Mg - Si 相图，稳定化合物在相图中是一条垂线，可以把它看作成一个独立组元而把相图分为两个独立部分。

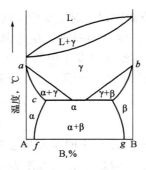

图 4.13 共析相图

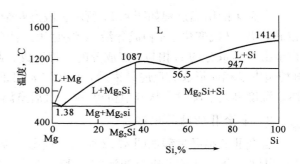

图 4.14 Mg - Si 合金相图

4.3 相图与合金性能的关系

4.3.1 相图与合金使用性能的关系

相图反映出不同成分合金室温时的组成相和平衡组织，而组成相的本质及其相对含量、分布状况又将影响合金的性能。图 4.15 表明了相图与使用性能的关系。

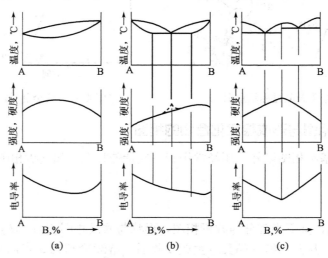

图 4.15 合金的使用性能与相图关系示意图

组织为固溶体的合金，由于固溶强化，随溶质元素含量的增加，合金的强度和硬度也随之增加。如果是无限互溶的合金，则在溶质质量为 50% 附近时其强度和硬度最高，性能与合金成分之间呈曲线关系，如图 4.15（a）所示。固溶体合金的导电率随着溶质组元含量的增加，晶格畸变增大，增加了合金中自由电子的运动阻力，导致合金的电导率减小。

从图 4.15（b）中可以看出，共晶系合金，其性能与合金成分大体呈直线关系，是两相性能的算术平均值，即合金的强度、硬度、电导率与成分呈直线关系。但两相十分细密时，合金的强度、硬度将偏离直线关系而出现峰值，如图 4.15（b）中虚线所示。

形成稳定化合物的合金，其性能成分曲线在化合物成分处出现拐点，如图 4.15（c）所示。

4.3.2 相图与工艺性能的关系

合金的工艺性能与相图也有密切的关系。图 4.16 为合金铸造性能与相图的关系示意图。合金的铸造性能主要表现为流动性、缩孔、裂纹、偏析等。液相线与固相线间隔越大，流动性越差，越容易产生偏析；在结晶过程中，若结晶树枝比较发达，则会阻碍液体流动，从而使流动性变差，并会在枝晶内部与枝晶之间产生分散缩孔，这对铸造不利。所以铸造合金常选共晶成分或靠近共晶成分的合金，或选择结晶温度间隔较小的成分的合金。

单相固溶体合金具有较好的塑性，变形抗力小，变形较均匀，故压力加工性能良好，但切削加工性能差。

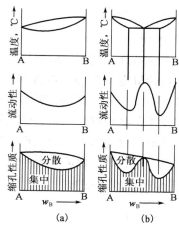

图 4.16 合金的铸造性能与相图关系示意图

形成两相混合物的合金的塑性不如单相固溶体合金好，特别是其中含有硬而脆的相，而且是沿着另一相的晶界呈网状分布时，其塑性更差。当合金中含有低熔点共晶体时，热压力加工性能更坏。因而在加热过程中，低熔点共晶体将被熔化，并沿晶界分布，故在压力加工时易发生断裂，这种现象称为"热脆"。但形成两相混合物的合金切削加工性能，通常均优于单相固溶体合金。

4.4 铁碳合金相图

在二元合金中，铁碳合金是现代工业使用最为广泛的合金，同时也是国民经济的重要物质基础。根据含碳量多少，可以分为碳钢和铸铁两类。含碳量在 0.0218%～2.11% 的铁碳合金称为碳钢。含碳量大于 2.11% 的铁碳合金成为铸铁。

铁碳合金相图是研究在平衡状态下铁碳合金成分、组织和性能之间的关系及其变化规律的重要工具，也是制定各种热加工工艺的依据。

铁碳合金相图是用实验方法做出的温度—成分坐标图。当铁碳合金的含碳量超过 6.69% 时，合金太脆无法应用，所以人们研究铁碳合金相图时，主要研究简化后的 $Fe-Fe_3C$ 相图。

4.4.1 铁碳合金相图的相

1. 基本相

1）铁素体

碳溶于 $\alpha-Fe$ 中形成的间隙固溶体，称为铁素体，用 F 或 α 表示；铁素体的晶格结构仍

能保持 α-Fe 体心立方晶格，碳原子位于晶格间隙处。虽然体心立方晶格原子排列不如面心立方紧密，但因晶格间隙分散，原子难以溶入。碳在 α-Fe 中的溶解度很低，727℃最大，为 0.0218%，室温时为 0.0008%；其强度和硬度很低，具有良好的塑性和韧性。

2）奥氏体

碳在 γ-Fe 中形成的间隙固溶体称为奥氏体，用 A 或 γ 表示。由于 γ-Fe 为面心立方结构，碳原子半径较小，溶碳能力较大，在 1148℃时可达 2.11%。随着温度的下降溶碳能力逐渐减小。在 727℃时溶碳量为 0.77%。奥氏体的力学性能与其溶碳量及晶粒大小有关。一般来说，奥氏体的硬度较低，而塑性较高，易于塑性成型，其硬度为 170～220HBS，延伸率 δ 为 40%～50%。

3）渗碳体

渗碳体是具有复杂晶格的间隙化合物，每个晶胞中有一个碳原子和三个铁原子，所以渗碳体的含碳量为 6.69%。渗碳体以 Fe_3C 表示。渗碳体的熔点约为 1227℃，脆性极大，硬度很高（>800HV），塑性和韧度几乎为零。

渗碳体在钢和铸铁中，一般呈片状、网状或球状存在。它的形状和分布对钢的性能影响很大，是铁碳合金的重要强化相。同时渗碳体又是一种亚稳定相，在一定的条件下会发生分解，形成石墨状的自由碳，即：$Fe_3C \longrightarrow 3Fe + C$（石墨）。

2. 两相机械混合物

1）珠光体

珠光体是铁素体和渗碳体的机械混合物，是交替排列的片层状组织，如同指纹。用 P 表示。其强度和硬度高，有一定的塑性。

2）莱氏体

莱氏体是奥氏体和渗碳体的机械混合物，称为莱氏体，常用符号 Ld 表示。其硬度很高，脆性很大。由于奥氏体在 727℃转变为珠光体，所以，室温时的莱氏体是由珠光体和渗碳体组成，为区分起见，将 727℃以上的莱氏体称为高温莱氏体，用符号 Ld 表示；将 727℃以下的莱氏体称为低温莱氏体，用符号 Ld′表示。低温莱氏体的白色基体为渗碳体，黑色麻点和黑色条状物为珠光体。低温莱氏体的硬度很高，脆性很大，耐磨性能好，常用来制造犁铧、冷轧辊等耐磨性要求高，工作时不受冲击的工件。

4.4.2 铁碳合金相图分析

1. 相图中的点、线、区

1）点

图 4.17 是 $Fe-Fe_3C$ 相图。相图中各点温度、含碳量及含义见表 4.1。字母符号属通用，一般不随意改变。

2）线

（1）相图中的 ABCD 为液相线；AHJECF 为固相线。

（2）水平线 HJB 为包晶反应线。碳含量在 0.09%～0.53%之间的铁碳含金在平衡结晶过程中均发生包晶反应。

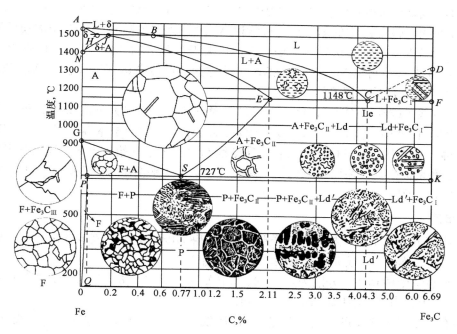

图 4.17 Fe－Fe₃C 相图

表 4.1 相图中各点的温度、含碳量及含义

符号	温度,℃	含碳量,%	说明
A	1538	0	纯铁的熔点
B	1495	0.53	包晶转变时液态合金的成分
C	1148	4.30	共晶点
D	1227	6.69	Fe₃C 的熔点
E	1148	2.11	碳在 γ－Fe 中的最大溶解度
F	1148	6.69	Fe₃C 的成分
G	912	0	α－Fe ⇌ γ－Fe 同素异构转变点
H	1495	0.09	碳在 δ－Fe 中的最大溶解度
J	1495	0.17	包晶点
K	727	6.69	Fe₃C 的成分
N	1394	0	γ－Fe ⇌ δ－Fe 同素异构转变点
P	727	0.0218	碳在 α－Fe 中的最大溶解度
S	727	0.77	共析点
Q	室温	0.0008	室温时碳在 α－Fe 中的最大溶解度

(3) 水平线 ECF 为共晶反应线。碳含量在 2.11%～6.69% 之间的铁碳合金，在平衡结晶过程中均发生共晶反应。

(4) 水平线 PSK 为共析反应线。碳含量在 0.0218%～6.69% 之间的铁碳合金，在平衡结晶过程中均发生共析反应。PSK 线在热处理中亦称 A₁ 线。

（5）GS 线是合金冷却时自 A 中开始析出 F 的临界温度线，通常称 A_3 线。

（6）ES 线是碳在 A 中的固溶线，通常称 A_{cm} 线。由于在 1148℃时 A 中溶碳量最大可达 2.11％，而在 727℃时仅为 0.77％，因此碳含量大于 0.77％的铁碳合金自 1148℃冷至 727℃ 的过程中，将从 A 中析出 Fe_3C。析出的渗碳体称为二次渗碳体（Fe_3C_{II}）。A_{cm} 线亦是从 A 中开始析出 Fe_3C_{II} 的临界温度线。

（7）PQ 线是碳在 F 中的固溶线。在 727℃时 F 中溶碳量最大可达 0.0218％，室温时仅为 0.0008％，因此碳含量大于 0.0008％的铁碳合金自 727℃冷至室温的过程中，将从 F 中析出渗碳体，称为三次渗碳体（Fe_3C_{III}）。PQ 线亦为从 F 中开始析出 Fe_3C_{III} 的临界温度线。

Fe_3C_{III} 数量极少，往往可以忽略。下面分析铁碳合金平衡结晶过程时，除工业纯铁外均忽略这一析出过程。

3）相区

相图中有五个基本相，相应有五个单相区，即液相区（L）、δ 固溶体区（δ）、奥氏体区（A 或 γ）、铁素体区（F 或 α）、渗碳体"区"（Fe_3C）。

图中还有 7 个两相区，分别为：$L+δ$、$L+A$、$L+Fe_3C$、$δ+A$、$F+A$、$A+Fe_3C$ 及 $F+Fe_3C$，它们分别位于两相邻的单相区之间。

图中有三个三相共存点和线：J 点和 HJB 线（$L+δ+A$）、C 点和 ECF 线（$L+A+Fe_3C$）、S 点和 PSK 线（$A+F+Fe_3C$）。

2. 相图中的恒温转变—包晶转变、共晶转变、共析转变

1）包晶转变（HJB 线）

HJB 线为包晶转变线，它所对应的温度（1495℃）称为包晶温度，J 点为包晶点。碳含量在 0.09％～0.53％之间的铁碳含金在平衡结晶过程中均发生包晶反应，反应式为

$$L_{0.53} + δ_{0.09} \xrightarrow{1495℃} A_{0.17} \tag{4.17}$$

2）共晶转变（ECF 线）

共晶转变发生于 1148℃，这个温度称为共晶温度，C 点为共晶点，其反应式为

$$L_{4.3} \xrightarrow{1148℃} A_{2.11} + Fe_3C \tag{4.18}$$

共晶转变同样是在恒温下进行的，共晶反应的产物是奥氏体和渗碳体的机械混合物，称为莱氏体，用字母 L_d 表示。L_d 中的渗碳体称为共晶渗碳体。凡含碳量在 2.11％～6.69％内的铁碳合金冷却至 1148℃时，将会发生共晶转变，形成莱氏体组织。在显微镜下观察，莱氏体组织是块状或粒状的奥氏体 A 分布在连续的渗碳体基体之上的。

3）共析转变（PSK 线）

PSK 线为共析转变线，它所对应的温度 727℃称为共析温度，用 A_1 表示。S 点称为共析点，其反应式为

$$A_{0.77} \xrightarrow{727℃} F_{0.0218} + Fe_3C \tag{4.19}$$

共析转变也是在恒温下进行的，反应产物是铁素体与渗碳体的混合物，称为珠光体，用 P 表示。P 中的渗碳体称为共析渗碳体。在显微镜下观察 P 的形态呈层片状。在放大倍数很高时，可清楚看到相间分布的渗碳体片（窄条）与铁素体片（宽条）。

P 的强度较高，塑性、韧度和硬度介于渗碳体和铁素体之间，其力学性能如下：

（1）抗拉强度（σ_b）为 770MPa；

（2）延伸率（δ）为 20%～35%；

（3）冲击韧度（α_k）为 30～40J/cm²；

（4）硬度（HB）为 180kgf/mm²。

4.4.3　典型铁碳合金结晶过程

铁碳合金相图上的各种合金，按其含碳量及组织的不同，常分为 3 类。

（1）工业纯铁（含碳量<0.0218%），其显微组织为铁素体。

（2）钢（含碳量为 0.0218%～2.11%），其特点是高温固态组织为具有良好塑性的奥氏体，因而宜于锻造。根据室温组织的不同，分为三种：

①亚共析钢（含碳量<0.77%），组织是铁素体和珠光体。

②共析钢（含碳量为 0.77%），组织为珠光体。

③过共析钢（含碳量>0.77%），组织是珠光体和二次渗碳体。

（3）白口铸铁（含碳量 2.11%～6.69%），其特点是液态结晶时都有共晶转变，因而有较好的铸造性能。它们的断口有白亮光泽，故称白口铸铁。根据室温组织的不同，白口铸铁又可分为 3 种：

①亚共晶白口铸铁（含碳量<4.3%），组织是珠光体、二次渗碳体和低温莱氏体。

②共晶白口铸铁（含碳量为 4.3%），组织是低温莱氏体。

③过共晶白口铸铁（含碳量 4.3%～6.69%），组织是低温莱氏体和一次渗碳体。

现以上述七种典型铁碳合金为例，图 4.18 分析其结晶过程和在室温下的显微组织。

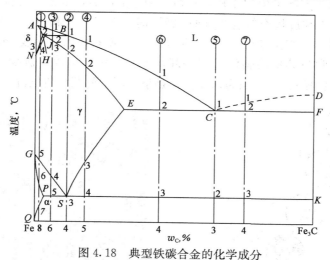

图 4.18　典型铁碳合金的化学成分

1. 工业纯铁

以含碳量为 0.01%的铁碳合金为例，在铁碳相图上的位置如图 4.18①所示，其冷却曲线和平衡结晶过程如图 4.19 所示。

合金在 1 点以上为液相 L。冷却至稍低于 1 点时，发生匀晶转变，开始从相 L 中结晶出 δ，至 2 点合金全部结晶为 δ。从 3 点起，δ 开始向奥氏体（A）转变，这一转变至 4 点结束。4-5 点间 A 冷却不变。冷却至 5 点时，从 A 中开始析出铁素体（F）。F 在 A 晶界处生核并长大，至 6 点时 A 全部转变为 F。在 6-7 点间 F 不变。铁素体冷却到 7 点时，碳在铁素体中的溶解量呈饱和状态，继续降温时，将析出少量沿 F 晶界分布的 Fe_3C_{III}。因此合金的室温平衡组织为 $F+Fe_3C_{III}$，显微组织如图 4.20 所示。

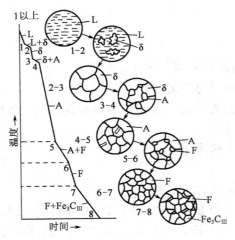

图 4.19　工业纯铁结晶过程示意图

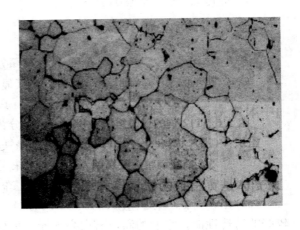

图 4.20　工业纯铁的显微组织（200×）

2. 共析钢

共析钢在铁碳相图上的位置如图 4.18 中②所示，共析钢冷却曲线和平衡结晶过程如图 4.21 所示。

合金冷却时，从 1 点起发生匀晶转变从相 L 中结晶出 A，至 2 点结晶结束，全部转变为 A。2 至 3 点为 A 的冷却过程冷却至 3 点即 727℃时，A 发生共析反应生成 P。珠光体中的渗碳体称为共析渗碳体。当温度由 727℃继续下降时，铁素体沿固溶线 PQ 改变成分，析出少量 Fe_3C_{III}。Fe_3C_{III} 常与共析渗碳体连在一起，不易分辨，且数量极少，可忽略不计。图 4.22 是共析钢的显微组织，该组织为珠光体，是呈片层状的两相机械混合物。

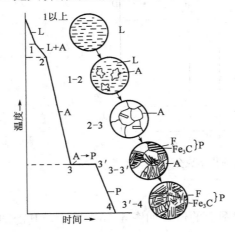

图 4.21　共析钢结晶过程示意图

图 4.22　共析钢的纤维组织图（400×）

因此共析钢的室温组织组成物为 P，而组成相为 F 和 Fe_3C，它们的相对质量为：

$$w_F = \frac{6.69-0.77}{6.69} \times 100\% \approx 88.5\%; w_{Fe_3C} \approx 1-w_F = 11.5\% \tag{4.20}$$

3. 亚共析钢

以含碳量为 0.4% 的铁碳合金为例，在铁碳相图上的位置如图 4.18 中③所示，其冷却曲线和平衡结晶过程如图 4.23 所示。

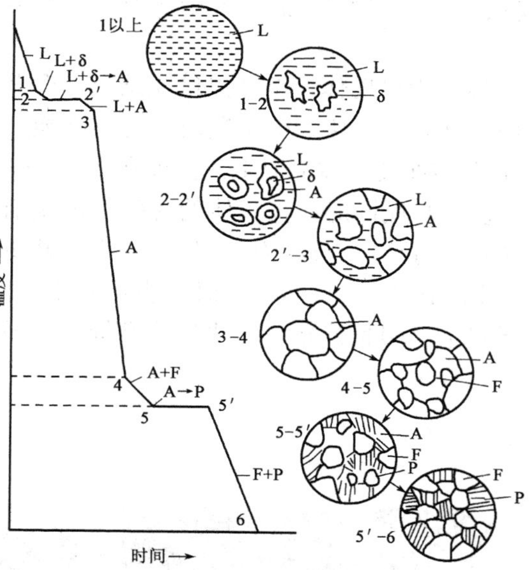

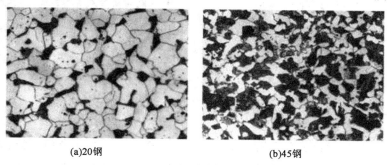

合金冷却时，从 1 点起发生匀晶转变从 L 中结晶出 δ，至 2 点即 1495℃时，L 成分的 w_C 变为 0.53%，δ 铁素体的 w_C 为 0.09%，此时在恒温下发生包晶反应生成 $A_{0.17}$，反应结束后尚有多余的 L。2 点以下，自 L 中不断结晶出 A，A 的浓度沿着 JE 线变化，至 3 点合金全部凝固成 A。温度由 3 点降至 4 点，是奥氏体单相冷却过程，没有相和组织的变化。继续降至 4 点时，由 A 中开始析出 F，F 在 A 晶界处优先生核并长大，而 A 和 F 的成分分别沿 GS 和 GP 线变化。至 5 点时，A 成分 w_C 变为 0.77%，F 成分 w_C 变为 0.0218%。此时未转变的 A 发生共析反应，转变为 P，而 F 不变化。从 5 继续冷却至 6 点，合金组织不发生变化，因此室温平衡组织为 F+P。F 呈白色块状；P 呈层片状，放大倍数不高时呈黑色块状。碳含量大于 0.6% 的亚共析钢，室温平衡组织中的 F 常呈白色网状，包围在 P 周围，如图 4.24 所示。

图 4.23 亚共析钢结晶过程示意图

(a)20钢　　　　(b)45钢

图 4.24 亚共析钢的显微组织（400×）

室温下，w_C 为 0.4% 的亚共析钢的组织组成物（F 和 P）的相对质量为

$$\begin{cases} w_P = \dfrac{0.4 - 0.02}{0.77 - 0.02} \times 100\% \approx 51\% \\ w_F = 1 - 51\% = 49\% \end{cases} \tag{4.21}$$

组成相（F 和 Fe_3C）的相对质量为

$$\begin{cases} w_F = \dfrac{6.69 - 0.4}{6.69} \times 100\% \approx 94\% \\ w_{Fe_3C} = 1 - 94\% = 6\% \end{cases} \tag{4.22}$$

由于室温下 F 的含碳量极微，若将 F 中的含碳量忽略不计，则钢中的含碳量全部在 P 中，所以亚共析钢的含碳量可由其室温平衡组织来估算。即根据 P 的含量可求出钢的含碳量为：$w_C \approx w_P \times 0.77\%$。由于 P 和 F 的密度相近，钢中 P 和 F 的含量（质量分数）可以近

似用对应的面积百分数来估算。

4. 过共析钢

以碳含量为 1.2% 的铁碳合金为例，在铁碳相图上的位置如图 4.18 中④所示，其冷却曲线和平衡结晶过程如图 4.25 所示。

合金冷却时，合金在 1－2 点之间按匀晶过程转变为奥氏体，至 2 点结晶结束，合金为单相奥氏体。2－3 点间为单相奥氏体的冷却过程。自 3 点开始，由于奥氏体的溶碳能力降低，奥氏体晶界处析出二次渗碳体，Fe_3C_{II} 呈网状分布在奥氏体晶界上。温度在 3－4 之间，随着温度不断降低，析出的二次渗碳体也逐渐增多，与此同时，奥氏体的含碳量也逐渐沿 ES 线降低，当冷却至 727℃ 即 4 点时奥氏体的成分达到 S 点（w_C 为 0.77%），发生共析反应，形成珠光体，而此时先析出的 Fe_3C_{II} 保持不变。在 4－5 点间冷却时组织不发生转变。因此室温平衡组织为 Fe_3C_{II}＋P。在显微镜下，Fe_3C_{II} 呈网状分布在层片状的 P 周围，显微组织如图 4.26 所示。

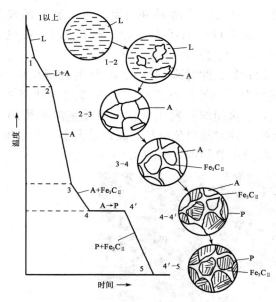 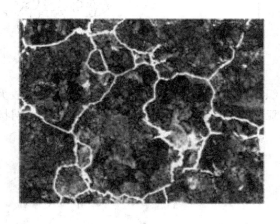

图 4.25　过共析钢结晶过程示意图　　　　　图 4.26　过共析钢的显微组织（400×）

室温下，w_C 为 1.2% 过共析钢的组成相为 F 和 Fe_3C；组织组成物为 P 和 Fe_3C_{II}，它们的相对质量为

$$\begin{cases} w_P = \dfrac{6.69-1.2}{6.69-0.77} \times 100\% \approx 92.7\% \\ w_{Fe_3C_{II}} = 1 - w_P = 7.3\% \end{cases} \tag{4.23}$$

5. 共晶白口铸铁

共晶白口铸铁在相图上的位置如图 4.18 中⑤所示，共晶白口铸铁的冷却曲线和平衡结晶过程如图 4.27 所示。

合金冷却到到 1 点发生共晶反应，由 L 转变为（高温）莱氏体 L_d，即

$$L_{4.3} \underset{}{\overset{1148℃}{\rightleftharpoons}} A_{2.11} + Fe_3C \tag{4.24}$$

转变结束后，合金组织全部为莱氏体 L_d，其中的奥氏体称为共晶奥氏体 $A_{共晶}$，而渗碳

体称为共晶渗碳体 $Fe_3C_{共晶}$。它们的相对含量为

$$
\begin{cases}
w_{A_{共晶}} = \dfrac{6.69-4.3}{6.69-2.11} \times 100\% \approx 52.2\% \\
w_{Fe_3C_{共晶}} = 1 - 52.2\% = 47.8\%
\end{cases}
\tag{4.25}
$$

在 1-2 点间，从共晶奥氏体中不断析出二次渗碳体 Fe_3C_{II}。Fe_3C_{II} 与共晶渗碳体 Fe_3C 无界线相连，在显微镜下无法分辨，但此时的莱氏体由 $A + Fe_3C_{II} + Fe_3C$ 组成。由于 Fe_3C_{II} 的析出，至 2 点时 A 的碳含量降为 0.77%，将发生共析反应转变为 P；高温莱氏体 Ld 转变成低温莱氏体 Ld′（$P + Fe_3C$）。从 2 至 3 点组织不变化。所以室温平衡组织仍为 Ld′，由黑色条状或粒状 P 和白色 Fe_3C 基体组成，如图 4.28 所示。

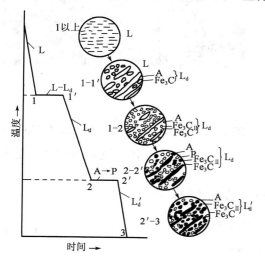

图 4.27　共晶白口铸铁结晶过程示意图

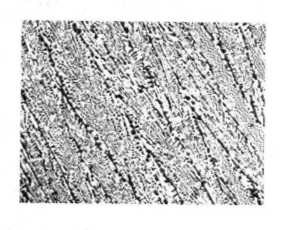

图 4.28　共晶白口铸铁的显微组织（400×）

共晶白口铸铁的组织组成物全为 Ld′，而组成相还是 F 和 Fe_3C，它们的相对质量可用杠杆定律求出。

6. 亚共晶白口铸铁

以碳含量为 3% 的铁碳合金为例，在铁碳相图上的位置如图 4.18⑥所示，其冷却曲线和平衡结晶过程如图 4.29 所示。

在 1-2 点之间，液体发生匀晶转变，结晶出初晶奥氏体，随着温度的下降，生成的奥氏体成分沿 JE 线变化，而液相的成分沿 BC 线变化，当温度降至 2 点时，初晶奥氏体成分为 E 点（w_C 为 2.11%），液相成分为 C 点（w_C 为 4.3%），在恒温（1148℃）下发生共晶转变，即

$$
L_{4.3} \xrightleftharpoons{1148℃} A_{2.11} + Fe_3C
\tag{4.26}
$$

L 转变为高温莱氏体，此时初晶奥氏体保持不变，因此共晶转变结束时的组织为初生奥氏体和莱氏体。当温度冷却至在 2-3 区间时，从初晶奥氏体和共晶奥氏体中都析出二次渗碳体。随着二次渗碳体的析出，奥氏体的成分沿着 ES 线不断降低，当温度降至 3 点（727℃）时，所有奥氏体成分 w_C 均变为 0.77%，奥氏体发生共析反应转均变为珠光体；高温莱氏体 Ld 也转变为低温莱氏体 Ld′。在 3 至 4 点，冷却不引起转变。因此室温平衡组织为 $P + Fe_3C_{II} + Ld′$。网状 Fe_3C_{II} 分布在粗大块状 P 的周围，Ld′ 则由条状或粒状 P 和 Fe_3C 基体组成，如图 4.30 所示。

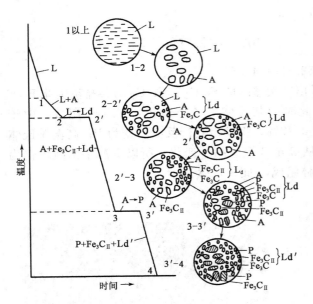

图 4.29　亚共晶白口铸铁结晶过程示意图

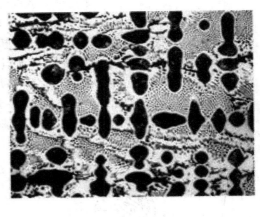

图 4.30　亚共晶白口铸铁的显微组织（400×）

室温下，亚共晶白口铸铁的组成相为 F 和 Fe_3C。组织组成物为 P、Fe_3C_{II} 和 Ld'。它们的相对质量可以利用两次杠杆定律求出。

室温下，亚共晶白口铸铁的组成相为 F 和 Fe_3C 的相对质量为

$$\begin{cases} w_F = \dfrac{6.69-3.0}{6.69} \times 100\% \approx 55.2\% \\ w_{Fe_3C} = 1-55\% = 45.8\% \end{cases} \tag{4.27}$$

室温下，亚共晶白口铸铁的组织组成物的计算如下，以 w_C 为 3% 的铁碳合金为例。

先求合金钢冷却到 2 点温度时初生 $A_{2.11}$ 和 $L_{4.3}$ 的相对质量：

$$\begin{cases} w_{A_{2.11}} = \dfrac{4.3-3.0}{4.3-2.11} \times 100\% \approx 59.4\% \\ w_{L_{4.3}} = 1-59\% = 40.6\% \end{cases} \tag{4.28}$$

$L_{4.3}$ 通过共晶反应全部转变为 Ld，并随后转变为低温莱氏体 Ld'，所以

$$w_{Ld'} = w_{L_d} = w_{L_{4.3}} \approx 40.6\% \tag{4.29}$$

再求 3 点温度时（共析转变前）由初生 $A_{2.11}$ 析出的 Fe_3C_{II} 及共析成分的 $A_{0.77}$ 的相对质量：

$$\begin{cases} w_{Fe_3C_{II}} = \dfrac{2.11-0.77}{6.69-0.77} \times 59\% \approx 13.4\% \\ w_{A_{0.77}} = \dfrac{6.69-2.11}{6.69-0.77} \times 59\% \approx 46\% \end{cases} \tag{4.30}$$

由于 $A_{0.77}$ 发生共析反应转变为 P，所以 P 的相对质量就是 46%。

7. 过共晶白口铸铁

过共晶白口铸铁的结晶过程与亚共晶白口铸铁大同小异，唯一的区别是：其先析出相是一次渗碳体（Fe_3C_I）而不是 A，而且因为没有先析出 A，进而其室温组织中除 Ld' 中的 P 以外再没有 P，即室温下组织为 $Ld' + Fe_3C_I$，组成相也同样为 F 和 Fe_3C，它们的质量分数的计算仍然用杠杆定律计算。

4.4.4 含碳量对铁碳合金组织和性能的影响

1. 含碳量对平衡组织的影响

从图 4.31 中可以清楚地看出随着碳含量的变化，室温下铁碳合金组织变化的规律：

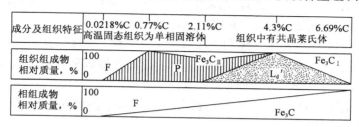

图 4.31　铁碳合金中相与组织的变化规律

$$F \rightarrow F+P \rightarrow P \rightarrow P+Fe_3C_{\text{II}} \rightarrow P+Fe_3C_{\text{II}}+Ld' \rightarrow Ld' \rightarrow Ld'+Fe_3C_{\text{I}}$$

从以上变化可以看出，铁碳合金的室温组织随碳质量分数的增加，铁素体的相对量减少，而渗碳体的相对量增加。当含碳量增高时，组织中不但渗碳体的数量增加，而且渗碳体的存在形式也在变化，即由分布在铁素体的基本内（如珠光体）变为分布在奥氏体的晶界上（Fe_3C_{II}）。最后当形成莱氏体时，渗碳体已作为基体出现。

根据铁碳相图，铁碳合金的室温组织均由 F 和 Fe_3C 两相组成，两相的相对重量由杠杆定律确定。随着碳含量的增加，F 的相对质量逐渐降低，而 Fe_3C 的相对质量呈线性增加。

2. 含碳量对铁碳合金力学性能的影响

不同含碳量的铁碳合金具有不同的组织，因而具有不同的性能。在铁碳合金中，渗碳体是硬而脆的强化相，而铁素体则是柔软的韧性相。铁碳合金的力学性能取决于铁素体和渗碳体的相对量及它们的相对分布情况。含碳量对碳钢力学性能的影响如图 4.32 所示。

硬度主要取决于组织中组成相的硬度及相对量，而组织形态的影响相对较小。随着碳含量的增加，Fe_3C 增多，所以合金的硬度呈直线关系增大。

强度是一个对组织形态很敏感的性能。如果合金的基体是铁素体，则随渗碳体数量的增多及分布越均匀，材料的强度也就越高。但是，当渗碳体相，分布在晶界上，特别是作为基体时，材料的强度将大大降低。

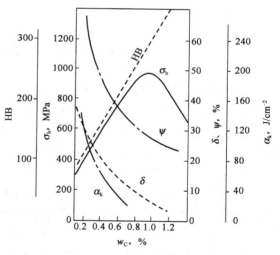

图 4.32　铁碳合金力学性能与含碳量之间的关系

合金的塑性变形全部由 F 提供，所以随着碳含量的增大，当 F 量不断减小时，合金的塑性在连续下降，这也是高碳钢和白口铸铁脆性高的主要原因。

铁碳合金的冲击韧性对组织及其形态最为敏感，当含碳量增加时，脆性的渗碳体越多，不利的形态越严重，韧性下降较快，下降的趋势比塑性更急剧。

工业纯铁含碳量很低，室温组织可认为是由单相铁素体构成，故其塑性、韧度很好，强度和硬度很低。

亚共析钢室温组织是由铁素体和珠光体组成的。随着含碳量的增加，组织小的珠光体量也相应增加，钢的强度和硬度直线上升，而塑性指标相应降低。

共析钢的缓冷组织由片层状的珠光体构成。由于渗碳体是一个强化相，这种片层状的分布使珠光体具有较高的硬度和强度，但塑性指标较低。

过共析钢缓冷后的组织由珠光体和二次渗碳体所组成。随含碳量的增加，脆性的二次渗碳体数量也相应增加，到约 w_C 为 0.9% 时 Fe_3C_{II} 沿晶界形成完整的网，强度便迅速降低，且脆性增加。所以工业用钢的含碳量一般不大于 1.4%。

$w_C > 2.11\%$ 的白口铸铁，由于组织中渗碳体量太多，性能硬而脆，难以切削加工，在机械工程中很少直接应用。

习　题

一、名词解释

相、组织、组织组成物、相图、合金系、组元、匀晶转变、共晶转变、共析转变、奥氏体、铁素体、珠光体、莱氏体、渗碳体

二、综合题

1. 一个二元共晶反应如下：

$$L(w_B = 75\%) \longrightarrow \alpha(w_B = 15\%) + \beta(w_B = 95\%)$$

（1）求 $w_B = 50\%$ 的合金完全凝固时初晶 α 与共晶（$\alpha + \beta$）的质量百分数，以及共晶体中 α 相与 β 相的质量百分数；

（2）若已知显微组织中 β 初晶与（$\alpha + \beta$）共晶各占一半，求该合金成分。

2. 已知组元 M（熔点为 500℃）和组元 N（熔点为 900℃）在液态时无限互溶，在固态时，M 在 N 中不溶解，而 N 在 M 中部分溶解，在 350℃ 时，最大溶解度为 20%，室温下的溶解度为 5%。在 350℃ 时，含 70%N 的液态合金发生共晶反应，要求：（1）画出 M—N 二元合金相图，并以组织分区进行标注；（2）写出共晶反应式。（6 分）

3. 什么是 Fe_3C_I、Fe_3C_{II}、Fe_3C_{III}、$Fe_3C_{共析}$ 和 $Fe_3C_{共晶}$？在显微镜下它们的形态有何特点？请指出 Fe_3C_{II}、Fe_3C_{III} 的最大百分含量的成分点。

4. 画出简化的 $Fe-Fe_3C$ 合金相图（以组织的形式分区进行标注），并回答下列问题：

（1）PSK 线和 C 点的含义，并写出在 C 点发生的反应式；

（2）ECF 线和 S 点的含义，并写出在 S 点发生的反应式；

（3）现有含碳量为 0.45%、1.0% 的铁碳合金，请分别计算两种合金在室温时相组成的相对含量和组织组成的相对含量，并画出两种合金室温下的组织示意图。

5. 已知某铁碳合金 728℃ 时有奥氏体 75%，渗碳体 25%。求此合金的含碳量和室温时的组织组成物和相组成物的百分比。

第5章 金属热处理

金属热处理是将金属材料在固态下通过加热、保温、冷却，以改变金属整体或表层的组织结构，从而获得所需性能的工艺。通过热处理可提高零件的强度、硬度及耐磨性并可改善钢的塑性和切削加工性，充分发挥金属材料的潜力，延长机器零件的使用寿命和节约金属材料。适当的热处理可以消除铸锻焊等热加工工艺造成的部分缺陷，细化晶粒、消除偏析、降低内应力，从而使材料的组织和性能更均匀。

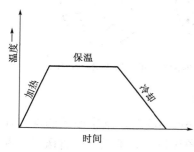

图 5.1 热处理工艺曲线示意图

热处理时金属组织转变的规律称为热处理原理，根据热处理原理制定的温度、时间及冷却方式、介质等参数称为热处理工艺，通常用热处理过程中温度与时间的曲线表示，如图 5.1 所示。

金属热处理可分为普通热处理、表面热处理和特殊热处理。普通热处理的主要特点是对工件整体进行加热，改变零件整体的组织和性能。表面热处理是仅对工件表层改变其化学成分、组织和性能的热处理工艺。特殊热处理包括形变热处理和真空热处理等。

5.1 钢的热处理原理

在实际热处理时，加热或冷却过程并不是极其缓慢，有过冷或过热现象，即需要有一定的过热或过冷，组织转变才能进行。因此，钢在实际加热时的临界转变温度分别用 Ac_1、Ac_3、Ac_{cm} 表示，在实际冷却时的临界转变温度分别用 Ar_1、Ar_3、Ar_{cm} 表示，如图 5.2 所示。由于加热或冷却速度直接影响转变温度，其通常以 $30 \sim 50 \, ℃/h$ 的速度加热或冷却时测得的。

5.1.1 钢在加热时的组织转变

钢在室温下组织基本由铁素体相和渗碳体相构成，热处理加热目的是获得均匀的奥氏体组织，此奥氏体的形成过程称为奥氏体化。

1. 奥氏体的形成过程

钢在加热时奥氏体的形成过程是一个形核和长大的过程。共析钢奥氏体化过程可分为 4 个阶段，如图 5.3 所示。

第一阶段是奥氏体晶核形成，在 Ac_1 温度，珠光体处于不稳

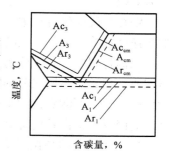

图 5.2 碳钢的临界温度

定状态，通常首先在铁素体和渗碳体相界上形成奥氏体晶核。第二阶段是奥氏体长大，在奥氏体晶核的两侧，铁素体不断向奥氏体转变和渗碳体不断向奥氏体内溶解，使得奥氏体晶粒

不断长大。在奥氏体长大过程中，碳原子在奥氏体和铁素体中扩散是奥氏体化的重要条件。第三阶段是剩余渗碳体溶解，由于铁素体向奥氏体转变的速度，比渗碳体向奥氏体溶解速度快得多，因而铁素体首先消失，而剩余渗碳体不断向奥氏体内溶解，直到全部溶解，得到单一奥氏体组织。第四阶段是奥氏体成分均匀化，剩余渗碳体刚溶解完成时奥氏体中的碳浓度仍然是不均匀的，在原渗碳体处的含碳量要高些。在其后的保温过程中，碳原子逐渐从高碳区向低碳区扩散，使奥氏体成分均匀化。由于碳原子扩散的速度缓慢，碳钢奥氏体化后必须有一定的保温时间。

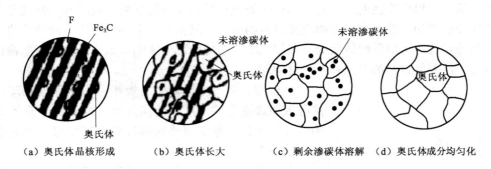

F　Fe₃C　　　　　未溶渗碳体　　　未溶渗碳体

奥氏体　　　奥氏体　　　　奥氏体

（a）奥氏体晶核形成　（b）奥氏体长大　（c）剩余渗碳体溶解　（d）奥氏体成分均匀化

图 5.3　共析钢奥氏体的形成过程

亚共析钢的原始组织是片状珠光体＋铁素体，当加热至 Ac_1 温度时，钢中原始的珠光体就转变为奥氏体，随着温度的进一步升高，铁素体不断溶入奥氏体中，奥氏体的含碳量不断降低，至 Ac_3 温度时，铁素体完全消失，最终得到单一的奥氏体组织。过共析钢的原始组织是片状珠光体＋渗碳体。当加热至 Ac_1 温度时，钢中珠光体转变奥氏体，随着温度的进一步升高，渗碳体不断溶入奥氏体中，奥氏体的含碳量不断增高，直到 Ac_{cm} 温度时，渗碳体完全溶入奥氏体中，得到单一的奥氏体组织。

2. 奥氏体晶粒尺寸及其影响因素

奥氏体晶粒尺寸对冷却后钢的性能有重要的影响。一般来说，奥氏体晶粒越小，冷却转变的组织越细，钢的强度、塑性、韧性越高。因而在加热时，总是希望得到细小的奥氏体晶粒。生产中一般采用标准晶粒度等级图，由比较的方法来测定奥氏体晶粒大小。晶粒度通常分为 8 级，1～4 级为粗晶粒度，5～8 级为细晶粒度。

钢在奥氏体化过程中，奥氏体刚形成时的晶粒度称为起始晶粒度。起始晶粒度的大小受加热速度影响，加热速度越快，则起始晶粒度越大，晶粒越细小。

保温过程中，奥氏体的晶粒相互合并而长大。加热温度越高，保温时间越长，晶粒长大越明显。但是，不同成分的钢奥氏体长大的倾向是不一样的。为了比较奥氏体化后晶粒的长大倾向，通常要测定钢的本质晶粒度。其方法是：把钢加热到（930±10）℃，并保温 3～8h 后，此时具有的晶粒度称为钢的本质晶粒度。

决定钢性能的晶粒度是钢的实际晶粒度，即在具体的热处理加热过程中，奥氏体化后得到的最终晶粒度。该晶粒度不仅与钢的成分有关，也取决于具体的热处理工艺。影响钢奥氏体晶粒大小的因素有：

（1）加热温度和保温时间。奥氏体晶粒大小与原子扩散有密切关系，所以加热温度越高，保温时间越长，奥氏体晶粒就越大。

（2）加热速度。在加热温度相同时，加热速度越快，奥氏体的实际形成温度越高，其形核率和长大速度越大，奥氏体起始晶粒度越大，晶粒越细小。因而，在实际生产中，常利用快速加热、短时保温来获得细小的奥氏体晶粒。

（3）钢的化学成分。在一定范围内，随着奥氏体中碳含量增加，晶粒长大倾向增大，但碳含量超过一定值后，碳能以未溶碳化物状态存在，反而使晶粒长大倾向减小。另外，在钢中，用 Al 脱氧或加入 Ti、Zr、V、Nb 等强碳化物形成元素时，奥氏体晶粒长大倾向减小；而 Mn、P、C、N 等元素促使奥氏体晶粒长大。

（4）钢的原始组织。通常来说，钢的原始组织越细，碳化物弥散度越大，则奥氏体的晶粒越小。

5.1.2　钢在冷却时的组织转变

当奥氏体被冷却至 A_1 线以下时会发生组织转变，在不同冷却速度和转变温度下可转变为不同组织，性能上也有很大的差别。热处理工艺中冷却方式通常有等温冷却和连续冷却两种。

等温冷却就是钢在奥氏体化后，先以较快的冷却速度冷到 A_1 线以下一定的温度，进行保温，使奥氏体在该温度下发生组织转变。连续冷却就是奥氏体化后的钢，在温度连续下降的过程中发生组织转变。

1. 过冷奥氏体的等温转变图（TTT 曲线）

将钢制成若干试样，将其加热到 A_1 线以上使其奥氏体化，然后将试样分别投入到 A_1 线以下不同温度的恒温盐浴中保温，测出奥氏体转变量与其对应的转变时间，获得不同温度保温时转变量与转变时间的关系曲线，称为等温转变图，也称 TTT 曲线。

1）共析钢的等温转变图

共析钢的等温转变图如图 5.4 所示。因曲线形状类似字母 C，也称作 C 曲线。在 C 曲线中，A_1 线以上是奥氏体稳定存在区；在 A_1 线以下、转变开始线以左的区域是奥氏体的不稳定存在区称为过冷奥氏体区，此区中的过冷奥氏体要经一段孕育期才开始发生组织转变；在转变终了线的右方是转变产物区；在两条曲线之间是转变过渡区，过冷奥氏体和转变产物同时存在；水平线 M_s 为马氏体转变开始温度线，M_f 为马氏体转变终了温度线，在 M_s - M_f 之间为马氏体转变温度区。

过冷奥氏体在各个温度进行等温转变时，都要经过一段孕育期，即纵坐标到转变开始线之间的时间间隔。孕育期越长，表示过冷奥氏体越稳定。对于共析钢，在 550℃时孕育期最短，被称为 C 曲线的"鼻尖"。在 550℃以上，随过冷度增加孕育期缩短；在 550℃以下，随过冷度增加孕育期增加。

2）影响 C 曲线的因素

钢的化学成分和奥氏体化过程会对 C 曲线的位置和形状产生重要影响。

（1）含碳量的影响。亚共析或过共析钢高温下的单相奥氏体在 A_3 或 A_{cm} 以下等温冷却会首先析出铁素体或二次渗碳体。因此，与共析钢相比，在 C 曲线上多了一条先共析相析出线，如图 5.5 所示。对于碳钢，共析钢的过冷奥氏体最稳定，C 曲线最靠右。含碳量增加或减少都使 C 曲线左移，即过冷奥氏体越易于分解，稳定性越低。

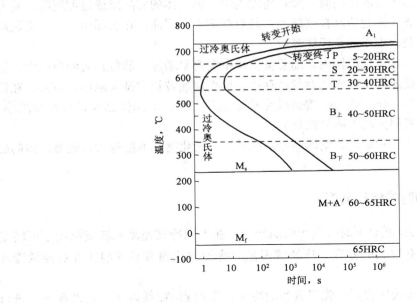

图 5.4　共析钢等温转变图

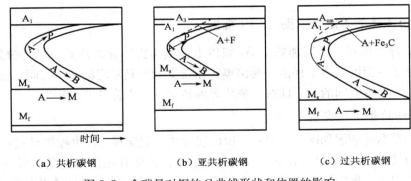

（a）共析碳钢　　　　　（b）亚共析碳钢　　　　（c）过共析碳钢

图 5.5　含碳量对钢的 C 曲线形状和位置的影响

　　（2）合金元素的影响。除钴外，所有能溶于奥氏体的合金元素均使 C 曲线右移，即增加过冷奥氏体的稳定性。强碳化物形成元素（如铬、钼、钨、钒等）还会使曲线的形状发生变化，如图 5.6 所示。

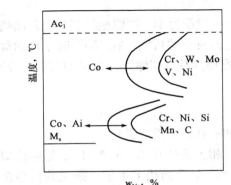

图 5.6　强碳化物形成元素对 C 曲线的影响

　　（3）奥氏体化温度和保温时间的影响。由于高温和长时间保温会导致奥氏体晶粒长大，晶界减少，奥氏体成分趋于均匀，未溶碳化物数量减少，这些都不利于过冷奥氏体的分解转变，故使 C 曲线向右移动。

2. 过冷奥氏体等温转变产物和性能

　　共析钢过冷奥氏体是非稳定组织，在不同的温度区间等温，将发生三种不同类型的转变，即 A_1 至"鼻尖"之间称为高温转变区，其转变产物是珠光体，也称珠光体转变；"鼻尖"至 M_s 之间称为中温转变区，转变产物是贝氏体，也称贝氏体转变；M_s 以下称为低温转变区，转变产物是马氏体，也称马氏体转变。

1）珠光体

珠光体是铁素体和渗碳体片层相间的机械混合物。珠光体片层间的距离与过冷奥氏体的转变温度有关，转变温度越低，片层间的距离就越小。根据片层厚薄不同，可细分为三种：

（1）珠光体（P）。在 A_1 至 650℃之间形成，片层距离较大，一般在光学显微镜下放大500 倍即可分辨出层片状特征。

（2）索氏体（S）。在 650℃至 600℃之间形成，片层较细，平均层间距离为 0.1～0.3μm，要用高倍显微镜（1000 倍以上）才能分辨。强度、硬度、塑性、韧性均较珠光体高（25～30HRC）。

（3）托氏体（屈氏体）（T）。在 600℃至 550℃之间形成，片层更细，平均层间距离小于 0.1μm，只能在电子显微镜下放大 2000 倍以上才能分辨出其层片结构。其强度、硬度更高（35～40HRC）。

索氏体、屈氏体与珠光体并无本质上的差别，其显微组织如图 5.7 所示，都是珠光体类型的组织，只是形态上有粗细之分，它们之间的界限也是相对的。片间距越小，钢的强度、硬度越高，同时塑性和韧性稍有改善。

（a）珠光体（×400）　　　　（b）索氏体（×2000）　　　　（c）托氏体（×12000）

图 5.7　珠光体、索氏体、屈氏体的显微组织

2）贝氏体

贝氏体（B）是含碳过饱和的铁素体与渗碳体或其他碳化物的混合物。根据组织形态不同，可分为上贝氏体（$B_上$）和下贝氏体（B_F）。

上贝氏体是在 550℃至 350℃之间等温转变形成的，呈羽毛状，在高倍电镜下为不连续棒状的渗碳体分布于铁素体条之间，如图 5.8（a）所示，由于韧性低，生产上很少采用。

下贝氏体是在 350℃至 M_s（230℃）之间等温转变形成的，呈竹叶状，在高倍电镜下为细片状的碳化物分布于铁素体针上，并与铁素体针长轴呈 55°～60°，如图 5.8（b）所示。下贝氏体中的碳化物细小、分布均匀，不仅具有较高的强度和硬度（45～55HRC），还有良好的韧性和塑性，即具有良好的综合力学性能，是生产上常用强化组织之一。

3）马氏体

当冷却速度极大时，奥氏体被过冷到 M_s 以下，此时仅产生 γ-Fe 向 α-Fe 的晶格转变，而碳原子由于无法扩散而留在 α-Fe 中，形成碳在 α-Fe 中的过饱和固溶体，这种组织称马氏体，用 M 表示。由于含碳量的过饱和，使得 α 固溶体晶格的 c 轴被拉长，形成体心正方（$a=b\neq c$、$\alpha=\beta=\gamma=90°$）晶格。c/a 之比称为马氏体晶格的正方度，如图 5.9 所示。

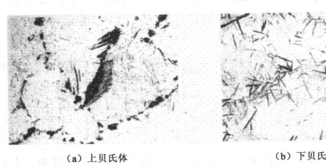

（a）上贝氏体　　　　　　　　（b）下贝氏体

图 5.8　上贝氏体和下贝氏体的微观组织

马氏体组织形态可分为板条状和针状两大类。板条状马氏体为一束束的细条状组织，每束内条与条呈平行排列，板条内的亚结构主要为高密度的位错，因而又称为位错马氏体。针状马氏体显微组织为针状，亚结构主要是孪晶，因而又称为孪晶马氏体。马氏体形态主要取决于其含碳量。含碳量低于 0.2% 时，形成板条状马氏体，强度高、韧性好；含碳量高于 1.0% 时，基本上为针状马氏体，强度和硬度高，但韧性差；含碳量在 0.2%～1.0% 之间为板条状马氏体与针状马氏体的混合组织。针状马氏体的显微组织如图 5.10 所示。

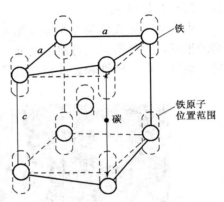

图 5.9　马氏体中固溶碳引起的晶格畸变

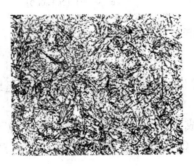

（a）针状马氏体　　　　　　　（b）板条状马氏体

图 5.10　马氏体微观组织

过饱和的碳使 α-Fe 的晶格产生严重畸变，产生强烈的强化作用，因而硬度很高（62～65HRC）。马氏体性能的主要特点是高硬度。马氏体的硬度取决于其含碳量，含碳量越高，其晶格的正方度就越大，则马氏体的强度和硬度越高。马氏体强化是钢的主要强化手段之一，广泛应用于工业生产。马氏体的塑性和韧性主要取决于其亚结构的形式，板条状马氏体具有较好的塑性和韧性，而针状马氏体脆性大，因此马氏体含碳量增加，硬度和强度随之提高，但脆性也增大。

过冷奥氏体向马氏体转变过程是一个形核和长大的过程，因为铁和碳原子都不发生扩散，因而马氏体的含碳量与过冷奥氏体相同。由于没有扩散，晶格的转变是以切变机制进行的，切变使切变部分的形状和体积发生变化，引起相邻奥氏体随之变形，在表面上产生浮凸。同时切变使马氏体形成速度极快，瞬间形核，瞬间长大。在 M_s - M_f 温度区间，马氏体转变随温度下降，转变量增加，冷却中止，转变停止，过冷奥氏体并不能全部转变为马氏体，甚至在 M_f 以下或多或少地保留部分奥氏体，称为残余奥氏体，用 A' 表示。马氏体转变后的残余奥氏体随含碳量增加而增加，高碳钢淬火后残余奥氏体可达 $10\% \sim 15\%$。

3. 过冷奥氏体的连续冷却转变图（CCT 曲线）

实际生产中，热处理的冷却多采用连续冷却，过冷奥氏体连续冷却转变图对于实际生产确定热处理工艺和选材更具意义。过冷奥氏体的连续冷却转变图又称 CCT 曲线，是通过测定不同冷却速度下过冷奥氏体的转变量和转变时间的关系获得的。

共析钢的连续冷却转变图（CCT 曲线）如图 5.11 所示。它没有贝氏体转变区，在珠光体转变区下多了一条转变终止线，但连续冷却曲线碰到转变终止线时，过冷奥氏体中止向珠光体转变，余下的奥氏体一直保持到 M_s 以下转变为马氏体。与 TTT 曲线相比，CCT 曲线位于其右下方。

对连续冷却的奥氏体，存在一临界冷却速度 v_k，即当冷却速度小于 v_k 时，奥氏体就会分解形成珠光体；而当冷却速度大于 v_k 时，奥氏体就不能分解为珠光体而转变成马氏体。显然，v_k 越小，过冷奥氏体越稳定，越易获得马氏体。

由于钢在冷却介质中的冷却速度不是恒定值，且受环境因素和操作方式影响较大，因而

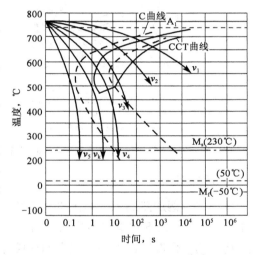

图 5.11 共析钢的 CCT 曲线

CCT 曲线既难以测定，也难以使用。生产中往往用 C 曲线来近似地代替 CCT 曲线，对过冷奥氏体的连续冷却组织进行定性分析。当缓慢冷却时（v_1，炉冷），过冷奥氏体转变为珠光体，室温组织为 P；冷却较快时（v_2，空冷），过冷奥氏体转变为索氏体，室温组织为 S。采用油冷时（v_4），过冷奥氏体先有一部分转变为托氏体，剩余的奥氏体在冷却到 M_s 以下转变为马氏体，室温组织为 T＋M＋A'。当冷却速度（v_5，水冷）大于 v_k 时，过冷奥氏体将在 M_s 以下直接转变为马氏体，室温组织为 M＋A'。

过共析钢的 CCT 曲线无贝氏体转变区，比共析钢的 CCT 曲线多了一个奥氏体析出渗碳体转变区。由于渗碳体析出，是奥氏体碳含量下降，因而 M_s 线右端升高。亚共析钢 CCT 曲线有贝氏体转变区，还多了一个奥氏体向铁素体转变区。由于铁素体析出，使奥氏体含碳量升高，因而 M_s 线右端下降。

5.2 钢的普通热处理

5.2.1 钢的退火

退火是将钢件加热到高于或低于钢相变点的适当温度，保温一定时间，随后在炉中或埋入导热性较差的介质中缓慢冷却，以获得接近平衡状态组织的热处理工艺。

退火的目的是降低硬度，利于切削加工；细化晶粒，改善组织，提高力学性能；消除内应力，并为下道淬火工序做好准备；提高钢的塑性和韧度，便于进行冷冲压或冷拉拔等加工。

根据工件钢材的成分和退火目的的不同，常用退火工艺可分为以下几种，如图 5.12 所示。

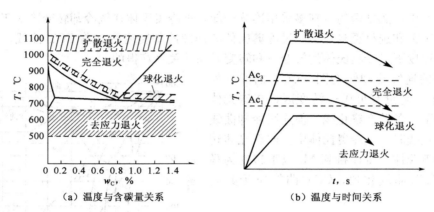

（a）温度与含碳量关系　　（b）温度与时间关系

图 5.12　碳钢各种退火的工艺规范示意图

1. 完全退火

将亚共析钢加热到 Ac_3 以上 $30 \sim 50$℃，保温一定时间后随炉缓慢冷却，或埋入石灰中冷却，至 500℃ 以下在空气中冷却，如图 5.12（a）所示。所谓"完全"，是指退火时钢件被加热到奥氏体化温度以上获得完全的奥氏体组织，并在冷至室温时获得接近平衡状况的铁素体和片状珠光体组织。完全退火的目的是使铸造、锻造或焊接所产生的粗大组织细化、所产生的不均匀组织得到改善、所产生的硬化层得到消除，以便于切削加工。

完全退火主要用于处理亚共析组织的碳钢和合金钢的铸件、锻件、热轧型材和焊接结构，也可作为一些不重要件的最终热处理。

2. 球化退火

球化退火的加热温度不宜过高，一般在 Ac_1 温度以上 $20 \sim 30$℃，采用随炉加热。保温时间也不能太长，一般以 $2 \sim 4h$ 为宜。冷却方式通常采用炉冷，或者 Ar1 以下 20℃ 左右进行较长时间的等温处理。在其加热保温过程中，网状渗碳体不完全溶解而断开，成为许多细小点状渗碳体弥散分布在奥氏体基体上。在随后缓冷过程中，以细小渗碳体质点为核心，形成颗粒状渗碳体，均匀分布在铁素体基体上，成为球状珠光体。

球化退火主要用于消除过共析碳钢及合金工具钢中的网状二次渗碳体及珠光体中的片状

渗碳体。由于过共析钢的层片状珠光体较硬，再加上网状渗碳体的存在，不仅给切削加工带来困难，使刀具磨损增加，切削加工性变差，而且还易引起淬火变形和开裂。为了克服这一缺点，可在热加工之后安排一道球化退火工序，使珠光体中的网状二次渗碳体和片状渗碳体都球化，以降低硬度、改善切削加工性，并为淬火作组织准备。

对存在严重网状二次渗碳体的过共析钢，应先进行一次正火处理，使网状渗碳体溶解。然后再进行球化退火。

3. 等温退火

将钢件加热到 Ac_3 以上（对亚共析钢）或 Ac_1 以上（对共析钢和过共析钢）30～50℃，保温后较快地冷却到稍低于 Ac_1 的温度，进行等温保温，使奥氏体转变成珠光体，转变结束后，取出钢件在空气中冷却。等温退火与完全退火目的相同，但可将整个退火时间缩短大约一半，而且所获得的组织也比较均匀。

等温退火主要用于奥氏体比较稳定的合金工具钢和高合金钢等。

4. 去应力退火

将钢件随炉缓慢加热（100～150℃/h）至 500～650℃，保温一定时间后，随炉缓慢冷却（50～100℃/h）至 300～200℃以下再出炉空冷，称为去应力退火。

去应力退火又称低温退火，主要用于消除铸件、锻件、焊接件、冷冲压件及机加工件中的残余应力，以稳定尺寸、减少变形。钢件在低温退火过程中无组织变化。

5. 再结晶退火

将钢件加热到再结晶温度以上 150～250℃，即 650～750℃范围内，保温后炉冷，通过再结晶使钢材的塑性恢复到冷变形以前的状况。这种退火也是一种低温退火，用于处理冷轧、冷拉、冷压等产生加工硬化的钢材。

5.2.2 钢的正火

正火是将钢件加热至 Ac_3（对于亚共析钢）或 Ac_{cm}（对于共析和过共析钢）以上 30～50℃，经保温后从炉中取出，在空气中冷却的热处理工艺。

正火与完全退火的作用相似，都可得到珠光体型组织。但二者的冷却速度不同，退火冷却速度慢，获得接近平衡状态的珠光体组织；而正火冷却速度稍快，过冷度较大，得到的是珠光体类组织，组织较细。因此，同一钢件在正火后的强度与硬度较退火后高，并且随钢的碳含量增加，用这两种方法处理的强度和硬度的差别更大。

正火的主要目的是细化晶粒，提高力学性能。对于低碳钢和低合金钢，正火可提高硬度，改善切削加工性；对于过共析钢，正火可消除网状二次渗碳体，利于球化退火的进行。

5.2.3 钢的淬火

淬火是将钢奥氏体化后快速冷却获得马氏体组织的热处理工艺。淬火的目的主要是为了获得马氏体，提高钢的硬度和耐磨性。它是强化钢材最重要的热处理方法之一。

1. 淬火温度

淬火温度即钢奥氏体化温度，是淬火的主要工艺参数之一。碳钢的淬火温度可利用铁碳合金相图来选择，为了防止奥氏体晶粒长大，保证获得细马氏体组织，淬火温度一般规定在临界点以上 30～50℃，如图 5.13 所示。

亚共析钢的淬火温度为 $Ac_3 + 30～50$℃。淬火组织为马氏体，含碳量（质量分数）超过 0.5% 后还有少量残余奥氏体。淬火温度过高则组织易粗大，使组织强度硬度降低。亚共析钢在 $Ac_1～Ac_3$ 之间加热，由于组织中部分铁素体未奥氏体化，存在自由铁素体，淬火后室温组织为马氏体和铁素体。钢的强度、硬度降低，但韧性得到改善。这种淬火称为亚温淬火。

共析钢和过共析钢的淬火温度为 $Ac_1 + 30～50$℃，淬火后组织为细马氏体、二次渗碳体和少量残余奥氏体。弥散分布的少量二次渗碳体可阻止奥氏体晶粒的长大，有利于提高钢的硬度和耐磨性。如果将钢加热到 Ac_{cm} 以上，则淬火后会获得较粗的马氏体和较多的残余奥氏体，这不仅降低了钢的硬度、耐磨性和韧性，而且温度高会增大淬火变形和开裂的倾向。

大多数合金元素都有阻碍奥氏体晶粒长大的作用，所以合金钢的淬火温度一般可以高些，这有利于合金元素在奥氏体中的溶解，获得较好的淬火效果。

2. 淬火介质

1）理想冷却曲线

冷却是淬火工艺的另一个重要因素。淬火要得到马氏体，从 C 曲线上看，淬火冷却速度必须大于临界冷却速度 v_k，但快冷不可避免地会造成很大的内应力，往往引起工件变形和开裂。

要想既得到马氏体又避免变形开裂，理想的冷却曲线应如图 5.14 所示，因为要淬火得到马氏体，只要在 C 曲线鼻尖附近快冷，使冷却曲线不碰上 C 曲线，而在 M_s 点附近和鼻尖以上则应尽量慢冷，以减少马氏体转变时产生的内应力和热应力。到目前这种理想淬火冷却曲线还找不到相应的冷却介质。

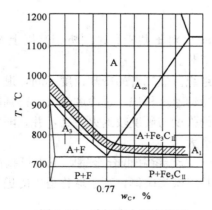

图 5.13　碳钢淬火温度范围

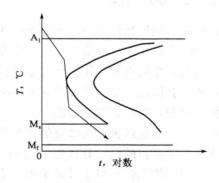

图 5.14　理想淬火冷却曲线示意图

2）淬火介质

常用的淬火介质是水、盐水、油、熔盐。常用淬火介质的冷却能力见表 5.1。

水是经济且冷却能力较强的淬火介质。它的缺点是在 650～550℃ 范围内冷却能力不够强，而在 300～200℃ 范围内又太大，所以主要用于形状简单、截面尺寸较大的碳钢件。在水中加入一些盐可明显提高水在高温区的冷却能力。

表 5.1　常用淬火介质的冷却能力

淬火冷却介质	冷却能力，℃/s	
	650～550℃	300～200℃
水（18℃）	600	270
10%NaCl 水溶液（18℃）	1100	300
10%NaOH 水溶液（18℃）	1200	300
10%Na$_2$CO$_3$ 水溶液（10℃）	600	270
矿物机油	150	30
菜籽油	200	35
熔盐（200℃）	350	10

从表 5.1 中可以看出，油在低温区有比较理想的冷却能力，但在高温区的冷却能力太低，因此油主要适用于合金钢或小尺寸碳钢工件的淬火。

熔融状态的盐也常用作淬火介质，它的冷却能力介于油和水之间高温区，它的冷却能力比油高，但比水低，低温区比油还低，可见熔盐是最接近理想的，但它的工作条件差，使用温度高，只能用于分级淬火和等温淬火的形状复杂和变形要求严格的小件。高分子淬火介质如聚乙烯醇等也是工业上常用的。

3. 淬火方法

由于淬火介质不能完全满足淬火质量的要求，所以热处理工艺方面就要考虑从淬火方法上去加以解决，常用的淬火方法如图 5.15 所示。

1）单液淬火

单液淬火是将钢件奥氏体化后在一种介质中连续冷却获得马氏体组织的淬火方法。这种方法操作简单，易实现机械化，但是用水淬火只适用于形状简单的工件，而用油淬火则只适用于小件。

2）双液淬火

双液淬火是将钢件先淬入一种冷却能力较强的介质中避免珠光体转变，然后再淬入另一种冷却能力较弱的介质中，发生马氏体转变。这种淬火法利用两种介质的优点，获得较理想的冷却条件，但这种方法操作复杂，难以控制。

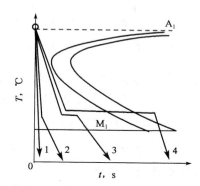

图 5.15　各种淬火方法示意图
1—单液淬火；2—双液淬火；
3—分级淬火；4—等温淬火

3）分级淬火

分级淬火是将钢件奥氏体化后淬入稍高于 M$_s$ 温度的熔盐中，保持到工件内外温度趋于一致后取出，使其缓慢冷却，发生马氏体转变。由于工件整个截面几乎同时发生转变，这种方法不仅减少了由工件内外温差造成的热应力，也降低了马氏体相变不均匀所造成的组织应力。它的优点是显著地减少变形和开裂的可能性，并提高了淬火钢的韧性。但受到熔盐冷却能力和容量的限制，只适用于小零件。

4）等温淬火

等温淬火是将钢件奥氏体化后淬入高于 M$_s$ 温度的熔盐中等温保持，获得下贝氏体组织。经这种淬化处理的工件强度高，塑性高，韧性好，同时淬火应力小，变形小，它多用于处理形状复杂和要求较高的小零件。

4. 钢的淬透性

淬透性是钢的主要热处理性能，对正确制定热处理工艺和合理选材具有重要意义。

1）钢的淬透性及其表示方法

钢的淬透性是指钢在淬火后能获得淬透层深度的性质，衡量在淬火时获得马氏体的能力，淬透层越深，淬透性越好，获得马氏体能力越强。其大小采用规定条件下淬透层深度来表示，一般规定由工件表面到半马氏体区（即马氏体与珠光体型组织各占50%的区域）的深度作为淬透层深度。因为在含50%马氏体处，硬度值变化显著（图5.16），容易测定，而且金相组织也容易鉴定。因此淬火件表面至心部马氏体组织占50%处的距离为淬透层深度。淬透性与淬硬性不同，淬硬性是指钢淬火后所能达到的最高硬度，即硬化能力，主要决定于马氏体的含碳量。

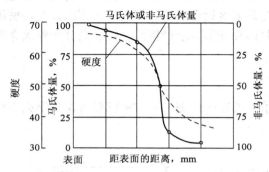

图 5.16　淬火工件截面上马氏体量与硬度的关系

淬硬层深度要获得马氏体，冷却速度必须大于临界冷却速度 v_k。淬火时，同一工件表面和心部的冷却速度是不相同的，其淬硬层深度与工件尺寸、淬火介质有关。而淬透性与工件尺寸、淬火介质无关，是在工件尺寸、淬火介质相同时，不同材料淬硬层深度来比较材料获得马氏体组织的能力。淬透性常用末端淬火法测定（GB/T 225—2006《钢淬透性的末端淬火试验方法（Jominy 试验）》）。

生产实际中，常用临界直径来表示淬透性。临界直径是指圆形钢棒在介质中冷却时，中心被淬成半马氏体的最大直径，用 d_c 表示。在相同条件下，d_c 越大，钢的淬透性越好。

2）影响淬透性的因素

影响淬透性的决定因素是临界冷却速度 v_k。临界冷却速度越小，钢的淬透性就越大。临界冷却速度取决于 C 曲线的位置，因而影响 C 曲线的因素都是影响临界冷却速度的因素，所以，化学成分与奥氏体化条件是影响淬透性的主要因素。

化学成分中使 C 曲线右移的元素增加奥氏体的稳定性，使钢的临界冷却速度减小，其淬透性越好，反之，则淬透性越差。

奥氏体化温度越高，保温时间越长，则晶粒越粗大，成分越均匀，因而过冷奥氏体越稳定，C 曲线越向右移，淬火临界冷却速度越小，钢的淬透性也越好。

3）淬透性的实际应用

力学性能是机械设计中选材的主要依据，而钢的淬透性又直接影响其热处理后的力学性能。因此选材时，必须充分了解钢材的淬透性。

淬透性不同的钢材淬火后沿截面的组织和力学性能差别很大。经高温回火后，完全淬透的钢整个截面是碳化物球化的回火索氏体，力学性能较均匀。未淬透的钢虽然整个截面上的硬度接近一致，但由于内部是碳化物为片状的索氏体，强度较低、冲击韧性更低。

截面较大或形状较复杂以及受力情况特殊的重要零件，要求截面的力学性能均匀的零件，应选用淬透性好的钢。而承受扭转或弯曲载荷的轴类零件，外层受力较大，心部受力较小，可选用淬透性较低的钢种，只要求淬透层深度为轴半径的 $1/3 \sim 1/2$ 即可，这样，既满足了性能要求又降低了成本。

截面尺寸不同的工件，实际淬透深度是不同的。截面小的工件，表面和中心的冷却速度均可能大于临界冷却速度 v_k，并可以完全淬透。截面大的工件只可能表层淬硬，截面更大的工件甚至表面都淬不硬。这种随工件尺寸增大而热处理强化效果逐渐减弱的现象称为尺寸效应，在设计中必须予以注意。

5.2.4 钢的回火

回火是指钢件淬硬后加热至 Ac_1 点以下某一温度，保温一定时间，然后冷却到室温的热处理工艺。

淬火钢一般不宜直接使用，必须进行回火，其主要目的是：减少或消除淬火时产生的内应力，提高材料的塑性；调整硬度和韧性，获得工艺所要求的良好综合力学性能；稳定工件的尺寸，使钢的组织在工件使用过程中不发生变化。

对于未经淬火的钢，回火是没有意义的。经过淬火的钢件为避免在放置过程中发生变形或开裂，应及时进行回火。

1. 回火的分类及应用

根据回火温度范围，一般将回火分为低温回火、中温回火和高温回火三种。

1）低温回火

回火温度范围为 $150 \sim 250℃$。回火后的组织为回火马氏体，基本上保持了淬火后的高硬度（一般为 $58 \sim 64HRC$）和高耐磨性。主要用于处理各种高碳工具钢、模具、滚动轴承、渗碳、表面淬火的零件及低碳马氏体钢和中碳低碳合金超高强度钢。

2）中温回火

回火温度范围为 $250 \sim 500℃$。回火后的组织为回火屈氏体。回火屈氏体的硬度一般为 $35 \sim 45HRC$，具有较高的弹性极限和屈服点。它们的屈强比（σ_s/σ_b）较高，一般能达到 0.7 以上，同时也具有一定的韧性，主要用于处理各种弹性元件。

3）高温回火

回火温度范围为 $500 \sim 650℃$，高温回火得到回火索氏体组织。其综合力学性能优良，在保持较高强度的同时，具有良好的塑性和韧性，硬度一般为 $25 \sim 35HRC$。

通常将各种钢件淬火及高温回火的复合热处理工艺称为调质处理。它广泛用于要求综合力学性能优势的各种机械零件，如轴、齿轮坯、连杆、高强度螺栓等。

2. 淬火钢回火时的组织转变

随着回火温度的升高，淬火钢的组织发生以下 4 个阶段的变化。

1）马氏体的分解

淬火钢在 $100℃$ 以下回火时，内部组织的变化并不明显，硬度基本上也不下降。当回火温度大于 $100℃$ 时，马氏体开始分解。马氏体中的碳以 ε 碳化物（$Fe_{2.4}C$）的形式析出，使过饱和度减小。ε 碳化物是极细的并与母相保持共格（相同晶格）的薄片。这种组织称为回火马氏体，硬度略有下降。

2）残余奥氏体的转变

回火温度在 200～300℃时，马氏体分解为回火马氏体。此时，体积缩小并降低了对残余奥氏体的压力，使其在此温度区内转变为下贝氏体。残余奥氏体从 200℃开始分解，到 300℃基本完成，得到的下贝氏体并不多，所以此阶段的主要组织仍为回火马氏体。此时硬度有所下降。

3）回火屈氏体的形成

在回火温度 250～400℃阶段，因碳原子的扩散能力增加，碳化物充分析出，过饱和固溶体转变为铁素体。同时亚稳定的 ε 碳化物也逐渐转变为稳定的渗碳体，并与母相失去共格联系，淬火时晶格畸变所存在的内应力大大消除。此阶段到 400℃时基本完成，形成尚未再结晶的铁素体和细颗粒状的渗碳体的混合物，称回火屈氏体。此时硬度继续下降。

4）渗碳体的聚集长大和铁素体再结晶

回火温度达到 400℃以上时，渗碳体逐渐聚集长大，形成较大的粒状渗碳体，到 600℃以上时，渗碳体迅速粗化。同时，在 450℃以上铁素体开始再结晶，失去针状形态而成为多边形铁素体。这种由多边形铁素体和粒状渗碳体组成的混合物，称为回火索氏体。图 5.17 为钢的硬度随回火温度的变化曲线。

3. 回火脆性

回火时组织变化必然引起力学性能变化，总的趋势是随着回火温度的提高，钢的强度、硬度下降，塑性、韧性提高。但钢的韧性并不总是连续提高的，而在 250～400℃和 450～650℃两个温度区间内出现明显的下降，如图 5.18 所示。这种随回火温度提高韧性下降的现象称为钢的回火脆性。根据回火脆性出现的温度范围，可将其分为低温回火脆性和高温回火脆性两类。

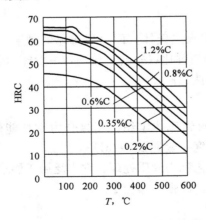

图 5.17　钢的硬度随回火温度的变化

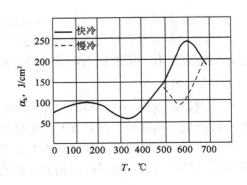

图 5.18　钢的冲击韧性随回火温度的变化

1）低温回火脆性

低温回火脆性是指发生在 250～400℃的脆性，也称第一类回火脆性。几乎所有的钢在 300℃左右回火时都程度不同地产生这种脆性，并且回火后的冷却速度对脆性的产生与否不起作用。其产生的原因尚不明了，但普遍认为在 250℃以上回火时，ε 碳化物转变为薄片状渗碳体，并且沿马氏体晶界析出，破坏了马氏体之间的连续性，使其韧性下降。

这类回火脆性一旦产生，消除后再也不会发生。如发生低温回火脆性的钢在较高温度下进行回火，这种脆性将消除并不会重新产生，即使再次在 300℃ 左右回火，也不会出现脆性。因此，这种回火脆性又称为不可逆回火脆性。

为避免这类回火脆性的产生，应采取的措施为：

（1）不在脆化温度范围内回火，通常钢都不在中温回火区域回火，只有弹簧钢及热锻模具钢除外。

（2）采用含 Si 的钢，因为 Si 能把脆化温度向高温推移。

（3）采用等温淬火得到下贝氏体组织，但它只适用于中碳以上的钢。

2）高温回火脆性

高温回火脆性是指发生在 450～650℃ 的脆性，也称第二类回火脆性或可逆回火脆性。这类脆性消除后，还会发生。如在 450～650℃ 回火保温后快速冷却，脆化现象会消失或受到抑制，若将已消除脆性的钢件重新加热到 450～650℃ 回火保温后缓慢冷却，脆化现象会再次出现。

这类回火脆性是由于杂质和合金元素在晶界处偏聚所造成的。因此，中碳合金钢易产生高温回火脆性。为避免这类回火脆性的产生，应采取的措施为：

（1）回火后快速冷却，抑制杂质和合金元素在晶界处偏聚。

（2）选用含 Mo、W 等元素的钢，阻止杂质元素的扩散，削弱它们在晶界处的偏聚。

5.3 钢的表面热处理

有些零件的工作表面要求具有高的硬度和耐磨性，而心部要求有足够的韧性和塑性，如汽车、拖拉机的传动齿轮、曲轮轴和曲轴等，多采用表面热处理。

表面热处理是指仅对工件表面进行热处理以改变其组织和性能的工艺。表面热处理可以归纳为表面淬火和化学热处理两类。

5.3.1 表面淬火

表面淬火是将钢件表面进行快速加热，使其表面组织转变为奥氏体，然后快速冷却，表面层转变为马氏体的一种局部淬火的方法。

表面淬火的目的在于获得高硬度的表面层和有利的残余应力分布，以提高工件的耐磨性或疲劳强度。表面淬火的快速加热方法有电感应、火焰、电接触、浴炉、激光等。我国目前最常用的有电感应加热、火焰加热和激光加热。

1. 电感应加热

感应加热的基础是电磁感应、集肤效应和热传导三项基本原理。

图 5.19 为感应加热表面淬火示意图。感应线圈中通以交流电时，即在线圈内部和空间产生一个和电流相同频率的交变磁场。如果磁场中有钢件存在，则在钢件内部产生感应电流而被加热。由于交流电的集肤效应，感应电流在工件截面上的分布是不均匀的，表面的电流密度最大，而中心几乎为零。

感应加热表面淬火的加热速度极快，一般只需几秒或几十秒，而且淬火加热温度高

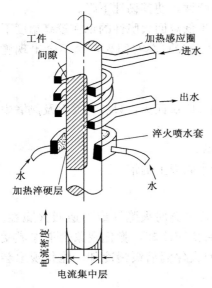

图 5.19 感应加热表面淬火示意图

（Ac_3 以上 80~150℃），因此奥氏体形核多且不易长大，淬火后能获得细隐针马氏体。表面硬度比一般淬火高 2~3HRC，且脆性较低、疲劳强度较高，一般工件可提高 20%~30%。工件表面不易氧化脱碳，而且变形也小。淬硬层深度易于控制，操作易于实现机械化自动化生产。感应加热表面淬火一般用于中碳钢或中碳低合金钢，也可用于高碳工具钢或铸铁。为了给感应表层加热准备合适的原始组织，并保证心部良好的力学性能，一般在表面淬火前先进行正火或调质。表面淬火后需进行低温回火，减少淬火应力和降低脆性。

2. 火焰加热

火焰表面淬火是应用氧—乙炔（或其他可燃气）火焰，对零件表面进行加热，随之淬火冷却的工艺。这种方法和其他表面加热淬火法比较，其优点是设备简单、成本低。但生产率低，质量较难控制，因此只适用于单体、小批量生产或大型零件，例如大型齿轮、轴、轧辊等的表面淬火。

3. 激光加热

激光加热表面淬火是一种新型的高能量密度的强化方法。它利用激光束扫描工作表面，使工件表面迅速加热到钢的临界点以上，当激光束离开工件表面时，由于基体金属的大量吸热而表面迅速冷却，因此无需冷却介质。

5.3.2 化学热处理

化学热处理是将钢件放入一定的化学介质中加热和保温，使介质中的活性原子渗入工件表面，使表面化学成分发生变化，从而改变金属的表面组织和性能的工艺过程。

化学热处理的目的是使工件心部有足够的强度和韧性，而表面具有高的硬度和耐磨性；增高工件的疲劳强度；提高工件表面抗蚀性、耐热性等性能。

根据渗入的元素不同，化学热处理分为渗碳、渗氮、碳氮共渗、渗硼和渗硫等。

1. 渗碳

渗碳是向钢的表面渗入碳原子，使其表面达到高碳钢的含碳量（质量分数）。渗碳主要有固体渗碳和气体渗碳两种方法，应用广泛的是气体渗碳法。

气体渗碳法是将工件放入密封的加热炉中如图 5.20 所示，加热到 900~950℃，然后滴入煤油、甲醇、甲烷等碳氢化合物，它们在炉膛内分解出活性碳原子，被工件表面吸收，并逐渐溶入奥氏体，向内扩散形成渗碳层。渗碳层的厚度决定于渗碳时间。气体渗碳可按每小时渗入 0.2mm 计，一般渗碳层的厚度在 0.5~2mm 之间。渗碳以后零件表面含碳量（质量分数）约为 0.8%~1.0%，

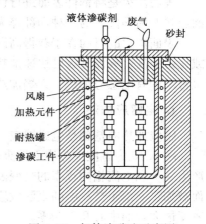

图 5.20 气体渗碳法示意图

由表面至内部，含碳量（质量分数）逐渐降低。渗碳时，工件上不允许渗碳部分（如装配孔或螺纹），应采用镀铜保护。

渗碳后，为了获得外硬内韧的性能要求，必须进行淬火与低温回火，表面硬度达60～65HRC。

渗碳工艺主要用于低碳钢或低碳合金钢制成的齿轮、活塞销、轴类等重要零件，能够满足表面硬而耐磨，心部强而韧，具有较高的疲劳极限的性能要求。

2. 渗氮（氮化）

渗氮是将氮原子渗入钢件表面，形成以氮化物为主的渗氮层，以提高渗层的硬度、耐磨性、抗蚀性、疲劳强度等多种性能。渗氮种类很多，有气体渗氮法、盐浴氮化法、软氮化、离子氮化等。

气体渗氮法应用较广泛，这种方法是利用氨在500～560℃加热时分解出活性氮原子，被零件表面吸收并向内部扩散形成氮化层。氮化层的化学稳定性高，与渗碳层相比硬度、耐磨性高，抗蚀性也较高。氮化层的高硬度（1000～1100HV相当于70HRC）可以维持到500℃，而渗碳层硬度在200℃以上就明显下降。由于氮化的加热温度较低，所以变形很小。渗氮以后不再进行热处理，因此，为保证零件内部的力学性能，在氮化前要进行调质处理。氮化的主要缺点是时间太长，要得到0.2～0.5mm的氮化层，氮化时间约需30～50h。另外，氮化层较脆、较薄，所以不能承受太大的接触压力。所用的钢材也受到限制，需使用含Al、Cr、Mo、Ti、V等元素的合金钢。

氮化常用于在交变载荷下工作的各种结构零件，尤其是要求耐磨性和高精密度及在高温下工作的零件，如内燃机的曲轴、齿轮、量规、铸模、阀门等。

3. 碳氮共渗

钢件表面同时渗入碳和氮原子，形成碳氮共渗层，以提高工件的硬度、耐磨性和疲劳强度的处理方法，又称为氰化。

高温碳氮共渗（820～920℃）以渗碳为主，渗后直接淬火，加低温回火。气体中含有一定氮时，碳的渗入速度比相同的温度下单独渗碳的速度高，而且在处理温度和时间相同时，碳氮共渗层要厚于渗碳层。

低温碳氮共渗（软氮化520～580℃）以渗氮为主，主要用于硬化层要求薄、载荷小但变形要求严格的各种耐磨件以及刃具、量具、模具等。

4. 渗硼

钢件置于渗硼介质中（800～1000℃），保温1～6h，使活性硼原子渗入表层，获得高硬度（1200～1800HV），高耐磨性和良好的耐热性的表层。目前已有用结构钢渗硼代替工具钢制造刃具、模具，还可用一般碳钢渗硼代替高合金耐热钢、不锈钢制造受热、受蚀零件。为提高工件心部的性能，渗硼后应进行调质处理。

5. 渗硫

渗硫是向工件表层渗入硫的过程。低温（150～250℃）电解渗硫可降低摩擦系数，提高抗咬合性能，但不提高硬度，适用于碳素工具钢、渗碳钢、低合金工具钢、轴承钢等制造的工件。中温硫氮（硫氰）共渗（520～600℃、1～3h）可获得减磨、耐磨与抗疲劳性能。对刀具和模具具有良好的强化效果，特别是对钻头、铰头、铣刀、推刀和铲刀片等刀具的使用寿命提高显著。

5.4 钢的特殊热处理

5.4.1 可控气氛热处理

为防止氧化、脱碳等缺陷，向热处理炉中充入中性气氛或还原气氛，对工件进行保护加热处理，或同时进行渗碳、渗氮、碳氮共渗等化学热处理称为可控气氛热处理。热处理时在无氧气氛中加热是减少金属氧化消耗，确保制件表面质量。可控气氛是实现无氧化加热的最主要措施。正确有效控制热处理炉内的炉气成分，可为一些热处理过程提供元素来源，金属零件和炉气通过界面反应，致使其表面可以获得，也可失去某些元素。也可对加热过程的工件提供保护。可控气氛热处理可使零件不被氧化，不脱碳、不增碳，保证零件表面耐磨性和抗疲劳性。此外，也可减少零件热处理后的机加工余量及表面的清理工作。缩短生产周期，节能、省时，提高经济效益。目前，可控气氛热处理技术已趋于成熟，在大批量生产条件下应用最为普遍的技术之一。

目前，按原料分类，可分为吸热式气氛、放热式气氛、滴注式气氛等。

1. 吸热式气氛

吸热式气氛是指气体反应中需要吸收外热源的能量，使反应正方向发生的热处理气氛。所以，吸热式气氛的制备，需要采用催化剂的高温反应炉产生化学反应。而一般吸热式气氛包含 CO、CO_2、N_2、H_2O、H_2。

以可燃气体（天然气，液化石油气，城市煤气）为原料气，将原料气与空气按一定比例混合，送入发生器进行加热，然后将反应产物迅速冷却，即制得吸热式气氛。吸热式气氛主要作用在于渗碳气氛和高碳钢的保护气氛。

2. 放热式气氛

放热式气氛原料常采用天然气、乙炔、丙烷等，将原料按一定比例与空气混合，然后送入燃烧室进行不完全燃烧，并使燃烧产物迅速冷却，最后将水除掉后所得的一种气氛。放热式气氛为制备气氛中最便宜的一种，它的主要作用在于防止工件在热处理时被氧化，现目前一般用于低碳钢的光亮退火和中碳钢的光亮淬火等工艺中。

放热式气氛可分为浓型放热式气氛和淡型放热式气氛，浓型放热式气氛一般用于低碳钢的光亮加热，而淡型放热式气氛一般用于铜、黄铜和铜镍合金的光亮处理。

3. 滴注式气氛

滴注式气氛主要是指将混合的液体有机化合物滴入或者将液体与空气混合后喷入热处理炉内所获得的气氛。它的性质与吸热式气氛相近，可用于碳钢光亮淬火和渗碳等热处理工艺。目前主要用于渗碳、碳氮共渗、软氮化等。但是由于其成本较高、气氛成分又不易控制，因此限制了其推广。

5.4.2 形变热处理

形变热处理是指将塑性变形的形变强化和相变强化结合，获得最终性能的一种综合方法。塑性变形使金属中的缺陷密度发生了改变。若在变形期间或变形之后合金发生相变，那么变形时缺陷组态及缺陷密度的变化对新相形核动力学及新相的分布影响很大。反之，新相的形成往往又对位错等缺陷密度的运动起钉扎、阻滞作用，使金属中的缺陷稳定。因此，形变热处理强化不能简单视为形变强化及相变强化的叠加，也不是任何变形与热处理的组合，而是变形与相变既相互影响又互相促进的一种工艺。合理的形变热处理工艺有利于发挥材料潜力，是金属材料强韧化的一种重要方法。

变形时导入的位错，为降低能量往往通过滑移、攀移等运动组合成二维或三维的位错网络。因此，与常规热处理相比，形变热处理后金属的主要组织特征是具有高的位错密度以及由位错网络形成的亚结构。形变热处理所带来的形变强化的实质是亚结构强化。形变热处理主要分为低温形变热处理、高温形变热处理、预形变热处理。时效型合金形变热处理工艺图如图 5.21 所示。

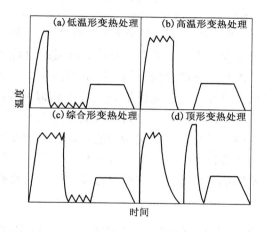

图 5.21　时效型合金形变热处理工艺图

1. 低温形变热处理

低温形变热处理又称为形变时效。最广泛的处理方式有：（1）淬火—冷变形—人工时效；（2）淬火—自然时效—冷变形—人工时效；（3）淬火—人工时效—冷变形—人工时效。冷变形造成的位错网格，使脱溶相形核更为广泛和均匀，有利于合金的强度性能和塑性，有时也可提高抗蚀性。冷变形对时效过程的影响规律较为复杂。它与淬火、变形和时效规程有关，也与合金本质性能有关，对同种合金来说，与时效沉淀相类型有关。换句话说，主要依靠形成弥散过渡相而强化的合金，时效前冷变形会使合金强度提高。这类合金淬火后，经冷变形再加热到时效温度时，脱溶与回复过程同时发生。脱溶将因冷变形而加速，脱溶相质点将因冷变形而更加弥散。与此同时，脱溶质点也阻碍多边形等回复过程。若多变化工程已发生，则因位错分布及密度的变化，脱溶相质点的分布及密度也会发生相应的改变。

2. 高温形变热处理

高温形变热处理一般直接淬火后进行时效。因为合金塑性区与理想的淬火温度范围可能相同也可能不同。总的在于应自理想固溶处温度下淬火冷却。其具体的形变与淬火工艺如图 5.22 所示。目前，高温形变热处理所得到的组织需满足三个条件：（1）热变形终了的组织无再结晶；（2）热变形后可防止再结晶；（3）固溶体必须是过饱和的。若前两个条件不能满足，则高温热处理就无法实现。

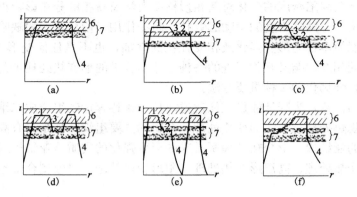

图 5.22　高温形变热处理工艺

1—淬火加热与保温；2—压力加工；3—冷至变形温度；4—快冷；
5—重新淬火加热短时保温；6—淬火加热温度范围；7—塑性区

　　进行高温热处理时，由于在淬火态下存在亚结构，时效时过炮和固溶体便更加均匀，最终强度获得了提高。此外，固溶体分解比较均匀，则晶粒碎化以及晶界弯折使合金经高温形变热处理后其塑性不会降低。另外，由于晶界呈现锯齿形状以及亚晶界被沉淀质点所钉扎，致使合金具有更高的组织热稳定性，有利于提高合金的耐热强度。目前，影响高温形变热处理的因素包含：（1）合金本性。具有高堆垛层错能的金属，易于发生动态回复因而阻碍再结晶过程的进行，故此金属便可进行高温热处理。（2）热变形条件，包括变形温度、变形速度及热变形量。同种合金在不同热变形条件下进行高温变形热处理将有不同效果。

3. 预形变热处理

　　预形变热处理是在淬火、时效之前预先进行热变形，即将热变形及固溶体分成两道工序。具体的工艺如图 5.22（d）所示。虽然这种工艺较高温热处理复杂，但是由于变形与淬火加热分成两道工序，工艺条件易于控制，在生产中易于实现，因此，此工艺早已运用于实际的生产中。实现预形变热处理的三个条件：（1）热变形时无动态再结晶；（2）热变形后无亚动态或静态再结晶；（3）固溶处理时亦不发生再结晶。这些条件得以保证就可达到亚结构强化的目的。最后通过随后的时效，实现亚结构强化与相变强化的有利结合。

5.4.3　真空热处理

　　真空热处理是指在 $1.33 \times 10^{-2} \sim 1.33 \mathrm{Pa}$ 真空度的介质中对工件进行的热处理工艺。真空热处理具有无氧化、无脱碳、无元素贫化的特点，可以实现光亮热处理，可以使零件脱脂、脱气，避免表面污染和氢脆；同时可以实现加热和冷却，减少热处理变形。提高材料性能；还具有便于自动化、柔性化和清洁热处理等优点，此工艺在最近几年得到了迅速发展。

　　20 世纪 20 年代末，随着电真空技术的发展，出现了真空热处理工艺，当时还仅用退火和脱气。由于设备的限制，这种工艺较长时间未能获得大的进展。20 世纪六七十年代，陆续研制成功气冷式真空热处理炉、冷壁真空油淬炉和真空加热高压气淬炉等，使真空热处理工艺得到了新的发展。在真空中进行渗碳，在真空中等离子场的作用下进行渗碳、渗氮或渗其他元素的技术进展，又使真空热处理进一步扩大了应用范围。

金属零件在真空中的热处理能防止氧化脱碳并具有脱气效应，但金属元素可能蒸发。为防止氧化脱碳，真空热处理炉的加热室在工作时处于接近真空状态，仅存在微量一氧化碳和氢气等，由于它们对于加热的金属呈现还原性，所以不发生氧化脱碳的反应；同时还能使已形成的氧化膜还原，因此加热后的金属工件表面可以保持原来的金属光泽和良好的表面性能。

脱气效应：金属零件在真空环境中加热时，金属中的有害气体，例如钛合金中的氢和氧，会在高温下逸出，有利于提高金属的机械性能。金属元素蒸发：各种元素都有自身的蒸气压，如果环境中的压力低于某种元素的蒸气压，这种元素就会蒸发。表5.2所示为各元素在不同温度下的蒸气压。

表5.2　各种金属在不同温度下的蒸气压

金属	不同蒸气压下的平衡温度，℃					熔点，℃
	10^{-2}Pa	10^{-1}Pa	1Pa	10Pa	133Pa	
Cu	1035	1141	1273	1422	1628	1038
Ag	848	936	1047	1184	1353	961
Be	1029	1130	1246	1395	1582	1284
Mg	301	331	343	515	605	651
Ca	463	528	605	700	817	851
Ba	406	546	629	730	858	717
Zn	248	292	323	405	—	419
Cd	180	220	264	321	—	321
Hg	−5.5	13	48	82	126	−38.9
Ae	808	889	996	1123	1179	660
Li	377	439	514	607	725	179
Na	195	238	291	356	437	98
K	123	161	207	265	338	64
In	746	840	952	1088	1260	157
C	2288	2471	2681	2926	3214	—
Si	1116	1223	1343	1485	1670	1410
Ti	1249	1384	1546	1742	—	1721
Zr	1660	1861	2001	2212	2549	1830
Sn	922	1042	1189	1373	1609	232
Pb	548	625	718	832	975	328
V	1586	1726	1888	2079	2207	1697
Nb	2355	2539	—	—	—	2415
Ta	2599	2820	—	—	—	2996
Bi	536	609	693	802	934	271
Cr	992	1090	1205	1342	1504	1890
Mo	2095	2290	2533	—	—	2625
Mn	791	873	980	1103	1251	1244
Fe	1195	1330	1447	1602	1783	1535
W	2767	3016	3309	—	—	3410
Ni	1257	1371	1510	1679	1884	1455
Pt	1744	1904	2090	2313	2582	1774
Au	1190	1316	1465	1646	1867	1063

在真空热处理时，应根据钢中所含合金元素的蒸气压来选择加热时的真空度或温度，以避免合金元素蒸发。表面净化 实现无氧化和少脱碳加热，具体的各种金属氧化物的分解压力如图 5.23 所示。

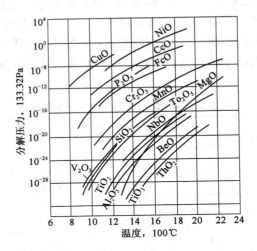

图 5.23　各种金属氧化物的分解压力

各个材料在真空热处理时的真空度见表 5.3。

表 5.3　各材料在真空热处理时的真空度

材料	真空热处理时真空度，Pa
合金工具钢、结构钢、轴承钢（淬火温度在 900℃ 以下）	$1 \sim 10^{-1}$
含 Cr、Mn、Si 等合金钢（在 1000℃ 以上加热）	10（回填高纯氮）
不锈钢（析出硬化型合金）、Fe、Ni 基合金，钴基合金	$10^{-1} \sim 10^{-2}$
钛合金	10^{-2}
高速钢	1000℃ 以上充 $666 \sim 13.2$
Cu 及其合金	$133 \sim 13.3$
高合金钢回合	$1.3 \sim 10^{-2}$

真空热处理可用于退火、脱气、固溶热处理、淬火、回火和沉淀硬化等工艺。在通入适当介质后，也可用于化学热处理。真空中的退火、脱气、固溶处理主要用于纯净程度或表面质量要求高的工件，如难熔金属的软化和去应力、不锈钢和镍基合金的固溶处理、钛和钛合金的脱气处理、软磁合金改善磁导率和矫顽力的退火，以及要求光亮的碳钢、低合金钢和铜等的光亮退火。真空中的淬火有气淬和液淬两种。气淬即将工件在真空加热后向冷却室中充以高纯度中性气体（如氮）进行冷却。适用于气淬且具有高速钢和高碳高铬钢等马氏体临界冷却速度较低的材料。液淬是将工件在加热室中加热后，移至冷却室中充入高纯氮气并立即送入淬火油槽，快速冷却。如果需要高的表面质量，工件真空淬火和固溶热处理后的回火和沉淀硬化仍应在真空炉中进行。

真空渗碳是将工件装入真空炉中，抽真空并加热，使炉内净化，达到渗碳温度后通入碳氢化合物（如丙烷）进行渗碳，经过一定时间后切断渗碳剂，再抽真空进行扩散。这种方法可实现高温渗碳（1040℃），缩短渗碳时间。渗层中不出现氧化，也不存在渗碳层表面的含碳量低于次层的问题，并可通过脉衡方式真空渗碳，使盲孔和小孔获得均匀渗碳层。

零件经真空热处理后，具有畸变小，质量高，且工艺本身操作灵活，无公害等优点。因此真空热处理不仅是某些特殊合金热处理的必要手段，而且在一般工程用钢的热处理中也获得应用，特别是工具、模具和精密耦件等，经真空热处理后使用寿命较一般热处理有较大的提高。例如某些模具经真空热处理后，其寿命比原来盐浴处理的高 40%～400%，而有许多工具的寿命可提高 3～4 倍左右。此外，真空加热炉可在较高温度下工作，且工件可以保持洁净的表面，因而能加速化学热处理的吸附和反应过程。因此，某些化学热处理，如渗碳、渗氮、渗铬、渗硼，以及多元共渗都能得到更快、更好的效果。

习　题

一、名词解释

马氏体、淬透性、淬硬性、调质处理、回火脆性、二次硬化

二、综合题

1. 比较退火状态下的 45 钢、T8 钢和 T12 钢的硬度、强度和塑性的高低，并简述原因。

2. 同样形状的两块铁碳合金，其中一块是退火状态的 15 钢，一块是白口铸铁，用什么方法可迅速区分它们？

3. 以共析钢为例说明奥氏体的形成过程，并讨论为什么奥氏体全部形成后，还会有部分的渗碳体未溶解？

4. 什么是奥氏体的起始晶粒度、实际晶粒度和本质晶粒度？

5. 什么是过冷奥氏体？简述过冷奥氏体转变的过程及组织。

6. 就碳素钢而言，在共析钢、亚共析钢和过共析钢中，哪种钢等温转变图的位置最靠右？

7. 简述马氏体相变的主要特征。

8. 低碳马氏体、中碳马氏体和高碳马氏体的形貌如何？

9. 为什么中、高碳马氏体具有高硬度、高强度？

10. 试比较贝氏体转变、马氏体转变和珠光体转变的异同。

11. 什么是临界冷却速度？如何根据连续冷却转变图确定临界冷却速度？

12. 简述淬火碳素钢回火过程中可能出现的组织转变。

13. 什么是钢的淬透性和淬硬性？它们的影响因素是什么？

第6章　工业用钢和铸铁

钢铁是工业中使用最广、用量最大的金属材料。工业用钢中碳素钢价格便宜、便于冶炼、容易加工，且通过热处理可使其性能改善，能满足很多生产上的要求。但是，工业的急速发展，对钢铁材料的性能提出了更高要求，碳钢已不能满足要求。为了提高性能，在碳钢的基础上加入一种或几种合金元素，获得以铁为基体的合金即合金钢。为此，需要正确了解钢铁的分类、牌号、性能及用途，以便合理选择、使用钢铁。

6.1　钢的分类和编号

钢材品种繁多、性能各异，为了便于生产、使用和管理，可对钢进行分类及编号。

6.1.1　钢的分类

1. 按用途分类

钢按用途可分为结构钢、工具钢和特殊性能钢三类。

（1）结构钢包括制造各种工程结构用钢和机器零件用钢。工程结构用钢，又称为工程用钢或构件用钢，用于船舶、桥梁、车辆、压力容器等；机器零件用钢包括渗碳钢、调质钢、弹簧钢、滚动轴承钢等，用于轴、齿轮、各种连接件等。

（2）工具钢是用于制造各种加工工具的钢种。

（3）特殊性能钢是指具有特殊物理性能或化学性能的钢种，包括不锈钢、耐热钢、耐磨钢、电工钢等。

2. 按化学成分分类

钢按化学成分可分为碳素钢和合金钢两类。

（1）碳素钢根据含碳量分为含碳量≤0.25%的低碳钢、含碳量为0.25%～0.6%的中碳钢、含碳量>0.6%的高碳钢。

（2）合金钢根据合金元素总量分为合金元素总量≤5%的低合金钢、合金元素总量为5%～10%的中合金钢、合金元素总量>10%的高合金钢。

另外，根据钢中主要合金元素种类，钢也可分为锰钢、铬钢、铬镍钢、硼钢等。

3. 按显微组织分类

（1）钢按平衡状态或退火状态组织，可分为亚共析钢、共析钢、过共析钢。

（2）钢按正火状态组织，可分为珠光体钢、贝氏体钢、马氏体钢、奥氏体钢、铁素体钢等。

4. 按质量分类

钢的质量主要是指钢中的磷、硫的含量。钢根据磷、硫的含量可分为普通钢（w_P≤

0.045%、$w_S \leqslant 0.050\%$)、优质钢 ($w_P \leqslant 0.035\%$、$w_S \leqslant 0.035\%$)、高级优质钢 ($w_P \leqslant 0.035\%$、$w_S \leqslant 0.030\%$)。

6.1.2 钢的编号方法

我国钢的编号一般由化学元素符号、汉语拼音字母和阿拉伯数字三部分组成。化学元素符号表示钢中所含的合金元素种类；汉语拼音字母表示钢的种类、用途、特性和工艺方法等；阿拉伯数字用来表示合金元素的含量或钢性能的数值。

1. 碳素钢（非合金钢）

1）普通碳素结构钢

普通碳素结构钢（简称普钢）。普通碳素结构钢的牌号由代表屈服强度的拼音字母"Q"、屈服强度数值（钢材厚度或直径 $\leqslant 16mm$）、质量等级符号（A、B、C、D 四级）和脱氧方法（F、B、Z、TZ）等四部分按顺序组成。例如，Q235－AF 表示屈服强度为 235MPa、沸腾钢、质量等级为 A 级的碳素结构钢。F、B、Z、TZ 依次表示沸腾钢、半镇静钢、镇静钢、特殊镇静钢，一般情况下符号 Z 与 TZ 在牌号表示中可省略。

2）优质碳素结构钢

优质碳素结构钢，简称优质碳结构钢或优钢。优质碳素结构钢的牌号用两位数字表示，这两位数字表示钢的平均含碳量，以 0.01% 为单位。例如，45 钢表示平均含碳量为 0.45%。高级优质碳素结构钢在牌号后面加"A"表示，特级优质碳素结构钢则在牌号后面加"E"表示。沸腾钢则加"F"表示。钢的含锰量为 $0.70\% \sim 1.00\%$ 时，在牌号后面加锰元素符号"Mn"。

3）碳素工具钢

碳素工具钢的牌号是在 T 的后面附以数字来表示，数字代表钢中碳的平均质量分数，以 0.1% 为单位。例如，T12 表示碳的平均质量分数为 1.2% 的碳素工具钢。如果是高级优质碳素工具钢，则在数字后面加"A"。例如 T12A 表示平均碳的质量分数为 1.2% 的高级优质碳素工具钢。

4）碳素铸钢

碳素铸钢的牌号由代表铸钢的拼音字母"ZG"和两组数字组成，前一组数字表示最低屈服强度，后一组数字表示最低抗拉强度。例如，ZG200－400 表示最低屈服强度为 200MPa、最低抗拉强度为 400MPa 的碳素铸钢。

2. 合金钢

1）合金结构钢

合金结构钢的牌号采用"二位数字＋元素符号＋数字"表示。前面两位数字表示钢的平均碳含量，以 0.01% 为单位；元素符号表示钢所含的合金元素；后面数字表示该元素的质量分数。当合金元素的含量小于 1.5% 时，牌号中只标明元素符号，而不标明含量；如果含量大于 1.5%、2.5%、3.5% 等，则相应地在元素符号后面标注 2、3、4 等。例如 60Si2Mn（或 60 硅 2 锰），表示平均含碳量为 0.6%、含硅量约为 2%、含锰量小于 1.5%。

2）合金工具钢

合金工具钢的牌号表示方法与合金结构钢相似，其区别在于用一位数字表示平均碳含量，以 0.1% 为单位。当碳含量大于或等于 1.00% 时则不予标出。例如，9SiCr（或 9 硅铬），其中平均碳含量为 0.9%，Si、Cr 的含量都小于 1.5%；Cr12MoV 表示平均碳含量大于 1.00%，铬含量约为 12%，Mo、V 的含量都小于 1.5% 的合金工具钢。

除此之外，还有一些特殊专用钢，为表示钢的用途在钢号前面冠以汉语拼音，而不标出含碳量。例如，GCr15 为滚珠轴承钢，"G" 为 "滚" 的汉语拼音字首。还应注意：在滚珠轴承钢中，铬元素符号后面的数字表示铬含量的千分数，其他元素仍用质量分数表示。例如，GCr15SiMn 表示铬含量为 1.5%，硅、锰含量均小于 1.5% 的滚珠轴承钢。

合金钢一般均为优质钢。合金结构钢若为高级优质钢，则在钢号后面加 "A"，如 38CrMoAlA。合金工具钢一般都是高级优质钢，所以其牌号后面可不再标 "A"。

6.2 钢中常存元素与合金元素

6.2.1 钢中常存元素及其作用

实际使用的碳钢，除了铁和碳元素，由于冶炼方式、条件等因素的影响，都残留有其他元素，如硅、锰、硫、磷、氢、氧、氮等。这些元素称为常存元素，对钢的性能有一定的影响。

1. 硅和锰

硅和锰被称为有益元素。硅溶入铁素体中，产生固溶强化作用；此外，硅有较强的脱氧能力，可有效清除 FeO，提高钢的质量。在室温下，锰大部分溶入铁素体中形成固溶体，产生一定的强化作用，同时锰还能形成合金渗碳体。锰的脱氧能力较好，能很大程度上减少钢中的 FeO，还能与硫化合生成 MnS，减轻硫的有害作用。

2. 硫和磷

硫和磷在钢中属于有害元素。硫在钢中常以 FeS 的形式存在，FeS 与 Fe 形成低熔点的共晶体，分布在奥氏体的晶界上，当钢材进行热加工时，共晶体过热甚至熔化，减弱了晶粒间的联系，使钢材强度降低，韧性下降，即热脆。磷能溶于 $\alpha-Fe$ 中，但有碳存在时，磷在 $\alpha-Fe$ 中的溶解度急剧下降。磷的偏析倾向十分严重，在组织中析出脆性很大的化合物 Fe_3P，并且偏聚于晶界上，使钢的脆性增加，韧脆转化温度升高，即发生冷脆。因此，对钢中的硫和磷都要严格控制，其含量是钢质量的重要评价指标。

钢在冶炼时还会吸收和溶解一部分气体，如氧气、氢气、氮气等，给钢的性能带来不利的影响。尤其是氢气，它使钢变脆（称为氢脆），也能使钢产生微裂纹（称为白点）。

6.2.2 钢中合金元素及其作用

1. 合金元素在钢中的分布

在碳钢中加入一种或几种元素，形成合金钢，用以提高钢性能，所加的元素称为合金元素。钢中常加入的合金元素有硅、锰、铬、镍、钼、钨、钒、钛、铌、锆、铝、硼、稀土等。这些元素或溶于钢中的相，或形成新相。

（1）合金元素溶入基体中，形成固溶体，起固溶强化作用。合金元素溶入铁素体对其性能的影响如图 6.1 所示。可以看出，硅、锰的固溶强化效果最显著，但应控制在一定含量内。

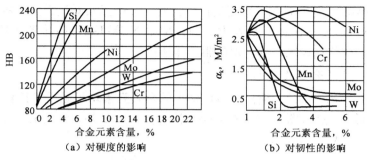

（a）对硬度的影响　　　　（b）对韧性的影响

图 6.1　合金元素对铁素体性能的影响（退火状态）

（2）合金元素碳化形成碳化物，或溶入碳化物中形成合金碳化物。合金元素与碳的亲和能力不同，由强到弱的顺序为：Hf→Zr→Ti→Ta→Nb→V→W→Mo→Cr→Mn→Fe。当碳化物形成元素含量较高时，可形成复杂碳化物，如 Cr_7C_3、$Cr_{23}C_6$。其中的中强或强碳化物形成元素则多形成简单而稳定的碳化物，如 VC、NbC、TiC 等。碳化物是钢中重要的组成相之一，其类型、形态、数量、大小及分布对性能会产生重要的影响。

此外，合金元素有时也形成非金属夹杂物，有时也以单质形式分布。合金元素在钢中如何分布，主要取决于合金元素的本质，即合金元素与铁和碳的相互作用。

2. 合金元素对钢组织及其转变的影响

1）合金元素对相图的影响

Cr、Mo、W、Ti、Si、Al、B 等可使 Fe—Fe_3C 相图中的奥氏体相区缩小，如图 6.2（a）所示。Ni、Mn、Co、Cu、Zn、N 等元素可使奥氏体相区扩大，如图 6.2（b）所示。缩小奥氏体相区的元素将增高 A_3、A_1 温度，在一定条件下可使奥氏体相区消失，得到单相铁素体；扩大奥氏体相区的元素将降低 A_3、A_1 温度，在一定条件下可使奥氏体相区扩大到室温而得到单相奥氏体。同时，大部分合金元素还能使 Fe—Fe_3C 相图中的 S 左移，即降低了共析点的含碳量及碳在奥氏体中的最大溶解度，从而使含碳量相同的碳钢和合金钢具有不同的组织。

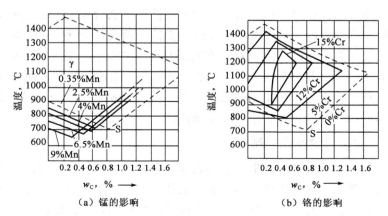

（a）锰的影响　　　　（b）铬的影响

图 6.2　合金元素对奥氏体区的影响

2）合金元素对钢在加热时奥氏体化的影响

钢中大部分合金元素，特别是强碳化物形成元素，都可减缓奥氏体的形成过程，从而提高奥氏体化加热温度，同时延长了保温时间。此外，合金元素对奥氏体晶粒度也有不同的影响。例如，P、Mn 促使奥氏体晶粒长大，Ti、Nb、N 等可强烈阻止奥氏体晶粒长大，W、Mo、Cr 等对奥氏体晶粒长大起到一定的阻碍作用。

3）合金元素对淬透性的影响

实践证明，除 Co、Al 外，能溶入奥氏体中的合金元素均可减慢奥氏体的分解速度，使 C 曲线右移并降低 M_s 点（图 6.3），提高钢的淬透性。除 C 外，常用来提高淬透性的合金元素是 Cr、Mn、Ni、W、Mo、V、Ti。

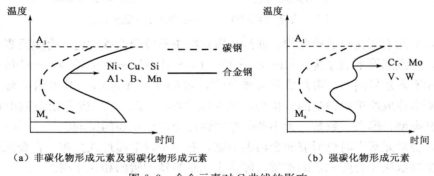

（a）非碳化物形成元素及弱碳化物形成元素　　（b）强碳化物形成元素

图 6.3　合金元素对 C 曲线的影响

4）合金元素对回火转变的影响

多数合金元素均能提高钢的回火稳定性。由于合金元素能使铁碳原子扩散速度减慢，使淬火钢回火时马氏体分解减慢，析出的碳化物也难于聚集长大，保持一种较细小、分散的状态，从而使钢具有一定的回火稳定性。

高合金钢在 500～600℃ 范围回火时，其硬度并不降低，反而升高，这种现象称为二次硬化。产生二次硬化的原因是合金钢在该温度范围内回火时，析出细小、弥散的特殊化合物，如 Mo_2C、W_2C、VC 等。这类碳化物硬度很高，在高温下非常稳定，难以聚集长大，提高了合金强度和硬度。例如，具有高热硬性的高速钢就是依据 W、Mo、V 的这种特性来实现的。

在某一温度下对淬火钢进行回火时，会发生脆性增大的现象，称为回火脆性。在 350℃ 附近回火时发生的脆性，称为第一类回火脆性。无论碳钢或合金钢，都会发生这种脆性，这种脆性产生后无法消除，所以应尽量避免在此温度区间内回火。在 500～650℃ 回火时，将发生第二类回火脆性，主要出现在合金结构钢（如铬钢、锰钢等）中。当出现第二类回火脆性时，可将其加热至 500～600℃，经保温后，快冷予以消除。对于不能快冷的大型结构件，加入适量的 W 或 Mo 可防止第二类回火脆性的发生。

3. 合金元素对钢力学性能的影响

合金元素在钢中固溶于基体、形成碳化物等，通过对钢组织的影响，产生对力学性能的影响。合金元素主要通过固溶强化、第二相弥散强化、细化晶粒强化等机制使钢强度增加。

（1）固溶强化。合金元素溶于铁素体，有固溶强化作用，可使钢的强度、硬度提高，但也使韧性、塑性下降。

（2）第二相弥散强化。一些强碳化物形成元素如钛、铌、钒、钨、钼等，可通过热处理形成细小、弥散分布的碳化物质点，使钢的强度、硬度提高，起到明显的弥散强化作用。

（3）细化晶粒强化。强碳化物形成元素钛、铌、钒及强氮化物形成元素铝可形成高熔点碳化物、氮化物质点，阻碍奥氏体晶粒长大，从而细化铁素体晶粒。细化晶粒可提高钢的强度、硬度，也可提高钢的塑性、韧性。

6.3　碳　素　钢

6.3.1　普通碳素结构钢

普通碳素结构钢，简称普钢，其产量约占钢总产量的 $70\%\sim80\%$，其中大部分用作钢结构，少量用作机器零件。由于这类钢易于冶炼、价格低廉，性能也能满足一般工程构件的要求，所以在工程上用量很大。

普钢对化学成分要求不甚严格，钢的磷、硫含量较高（$w_P\leqslant0.045\%$，$w_S\leqslant0.050\%$），但必须保证其力学性能。普钢通常以热轧状态供应，一般不经热处理强化，必要时可进行锻造、焊接等热加工，亦可通过热处理调整其力学性能。表 6.1 为碳素结构钢的牌号、化学成分、力学性能及用途。

表 6.1　普通碳素结构钢的化学成分和力学性能

牌号	等级	化学成分，%			脱氧方法	力学性能			用途
		w_C	w_S	w_P		R_{el} MPa	R_m MPa	A %	
Q195	—	0.06～0.12	≤0.050	≤0.045	F、b、Z	195	315～390	≥33	用于制造承受载荷不大的金属结构件、铆钉、垫圈、地脚螺栓、冲压件及焊接件
Q215	A	0.09～0.15	≤0.050	≤0.045	F、b、Z	215	335～410	≥31	
	B	—	≤0.045					—	
Q235	A	0.14～0.22	≤0.050	≤0.045	F、b、Z	235	375～460	≥26	用于制造金属结构件、钢板、钢筋、型钢、螺栓、螺母、短轴、心轴；Q235C、Q235D 可用于制造重要焊接结构件
	B	0.12～0.20							
	C	≤0.18	≤0.040	≤0.040	Z				
	D	≤0.17	≤0.035	≤0.035	TZ				
Q255	A	0.18～0.28	≤0.50	≤0.045	Z	255	410～510	≥24	用于制造键、销、转轴、拉杆、链轮、链环片等
	B		≤0.45						
Q275	—	0.28～0.38	≤0.050	≤0.045	Z	275	490～610	≥20	

6.3.2 优质碳素结构钢

优质碳素结构钢，简称优钢，广泛用于较重要的机械零件。优质碳素结构钢既要保证其力学性能，又要保证其化学成分，钢中的磷、硫含量较低（S、P 含量均不大于 0.035%）。这类钢使用前一般都要进行热处理。部分优质碳素结构钢的力学性能和用途见表 6.2。

表 6.2 部分优质碳素结构钢的力学性能和用途

牌号	力学性能					用途
	R_{el}，MPa	R_m，MPa	A，%	Z，%	A_K，J	
08	195	325	33	60	—	这类低碳钢由于强度低、塑性好，易于冲压与焊接，一般用于制造受力不大的零件，如螺栓、螺母、垫圈、小轴、销子、链等。经过渗碳或氰化处理后，可用于制造表面要求耐磨、耐腐蚀的机械零件
10	205	335	31	55	—	
15	225	375	27	55	—	
20	245	410	25	55	—	
25	275	450	23	50	71	
30	295	490	21	50	63	这类中碳钢综合力学性能和切削加工性均较好，可用于制造受力较大的零件，如主轴、曲轴、齿轮、连杆、活塞销等
35	315	530	20	45	55	
40	335	570	19	45	47	
45	355	600	16	40	39	
50	375	630	14	40	31	
55	380	645	13	35	—	这类钢有较高的强度、弹性和耐磨性，主要用于制造凸轮、车轮、板弹簧、螺旋弹簧和钢丝绳等
60	400	675	12	35	—	
65	410	695	10	30	—	
70	420	715	9	30	—	

注：表中力学性能是正火后的试验测定值，但 A_K 值试样应进行调质处理。

6.3.3 碳素铸钢

碳素铸钢适用于一些形状复杂、难以用压力加工方法成型的零件。碳素铸钢的含碳量一般在 0.15%～0.60% 范围内，铸造工艺性差，易出现浇不足、晶粒较粗大及缩孔缩松等缺陷，偏析严重、内应力较大，使钢的塑性和韧性下降。一般要通过退火或正火来消除内应力、细化晶粒，从而改善材料性能。碳素铸钢的化学成分、力学性能和用途见表 6.3。

6.3.4 碳素工具钢

碳素工具钢可分为优质碳素工具钢和高级优质碳素工具钢两类。碳素工具钢的含碳量一般在 0.65%～1.35%，随着碳含量的增加，钢的硬度无明显变化，但耐磨性增加、韧性下降。

碳素工具钢的预备热处理一般为球化退火，其目的是降低硬度以便于切削加工，并为淬火作组织准备。但若锻造组织不良（如出现网状碳化物等缺陷），则应在球化退火之前先进行正火处理，以除去网状碳化物。其最终热处理为淬火＋低温回火（回火温度一般 180～200℃），正常组织为隐晶回火马氏体＋细粒状渗碳体＋少量残余奥氏体。

碳素工具钢的优点是成本低、冷热加工工艺性好，在手用工具和机用低速切削工具上有较广泛的应用。与合金工具钢相比，碳素工具钢的淬透性低、组织稳定性差且热硬性差、综合力学性能欠佳，故一般只用于尺寸不大、形状简单、要求不高的低速切削工具。其中，T7、T8钢适于制造承受一定冲击而韧性较高的工具，如大锤、手锤、冲头、凿子、木工工具、剪刀等；T10、T10A钢应用较广；T11钢适于制造冲击较小，要求高硬度、高耐磨性的工具，如丝锥、板牙、小钻头、冷冲模、手工锯条等；T12、T13钢的硬度和耐磨性很高，但韧性较差，用于制造不受冲击的工具，如锉刀、刮刀、剃刀、量具等。

表 6.3 碳素铸钢的成分、力学性能和用途

牌号	化学成分，%			室温下力学性能					用　途
	w_C	w_{Si}	w_{Mn}	R_{el} 或 $\sigma_{0.2}$ MPa	R_m MPa	A %	Z %	A_{KV} J	
ZG200 - 400	0.20		0.80	200	400	25	40	30	有良好的塑性、韧度和焊接性能。用于制造受力不大、要求韧度高的各种机械零件，如机座、变速箱壳等
ZG230 - 450	0.30	0.50		230	450	22	32	25	有一定强度和较好的塑性、韧性和焊接性。用于制造受力不大、要求韧度较高的各种机械零件，如砧座、外壳、轴承盖、底板等
ZG270 - 500	0.40		0.90	270	500	18	25	22	有较高强度和较好的塑性，铸造性能良好，焊接性能尚好，切削性好。用于制造轧钢机机架、轴承座、连杆、曲轴、缸体等
ZG310 - 570	0.50			310	570	15	21	15	强度和切削性良好，塑性、韧度较低。用于制造载荷较高的零件，如大齿轮，缸体、制动轮、辊子等
ZG340 - 640	0.60	0.60		340	640	10	18	10	有高的强度、硬度和耐磨性，切削性良好，焊接性较差，流动性好。用于制造起重运输机齿轮、棘轮、联轴器等重要零件

6.4 合金钢

6.4.1 合金结构钢

合金结构钢按用途可分为工程结构用钢和机械零件用钢。工程结构用钢要求有足够的强度、韧性，也能满足一定的工艺要求。机械零件用钢是在优质或高级优质碳素结构钢的基础上加入合金元素制成的合金钢，主要用于制造各种机械零件。机械零件用钢一般都要经过热处理才能发挥其性能特点，根据用途和热处理工艺特点，可以分为低合金高强度结构钢、渗碳钢、调质钢、弹簧钢、滚动轴承钢等。

1. 低合金高强度结构钢

低合金高强度结构钢，也称低合金高强钢，是在低碳钢的基础上加入少量合金元素（总合金含量<5%）而得到的，具有较高强度，主要用于制造桥梁、船舶、车辆、锅炉、高压容器、输油输气管道、大型钢结构等。

低合金钢中，碳的质量分数一般不超过 0.20%，以提高韧性、满足焊接和冷塑性成型要求。加入以 Mn 为主的合金元素，并加入铌、钛或钒等附加元素，来提高材料的性能。在需要有些抗腐蚀能力时，加入少量的铜（≤0.4%）和磷（0.1%左右）等。

一般低合金高强钢的屈服强度在 300MPa 以上，同时有足够的塑性、韧性和良好的焊接性能。在低温下工作的构件，必须具有良好的韧性，大型工程结构大都采用焊接制造，所以这类钢具有良好的焊接性能。此外，许多大型结构在大气、海洋中使用，还要求有较高的抗腐蚀能力。这类钢一般在热轧、空冷状态下使用，不需要专门的热处理。若为改善焊接区性能，可进行正火。

常用的低合金高强度结构钢的牌号、力学性能，以及新旧牌号的对照和用途见表 6.4。

表 6.4　低合金高强度结构钢的力学性能

牌号	等级	厚度>16~35mm R_{el}, MPa ≥	R_m MPa	A, % ≥	A_{KV}, J +20℃ ≥	旧　标　准	用途
Q295	A	275	390~570	23	34	09MnV、9MnNb、09Mn2、12Mn	用于制造车辆的冲压件、冷弯型钢、螺旋焊管、拖拉机轮圈、低压锅炉气包、中低压化工容器、输油管道、储油罐、油船等
	B	275	390~570	23			
Q345	A	325	470~630	21	34	12Mn、14MnNb、16Mn、18Nb、16MnRE	用于制造船舶、铁路车辆、桥梁、管道、锅炉、压力容器、石油储罐、起重及矿山机械、电站设备厂房钢架等
	B	325	470~630	21			
	C	325	470~630	22			
	D	325	470~630	22			
	E	325	470~630	22			
Q390	A	370	490~650	19		15MnTi、16MnNb、10MnPNbRE、15MnV	用于制造中高压锅炉气包、中高压石油化工容器、大型船舶、桥梁、车辆、起重机及其他较高载荷的焊接结构件等
	B	370	490~650	19			
	C	370	490~650	20			
	D	370	490~650	20			
	E	370	490~650	20			
Q420	A	400	520~680	18	34	15MnVn、14MnVTiRE	用于制造大型船舶、桥梁、电站设备、起重机械、机车车辆、中高压锅炉及容器及其大型焊接结构件等
	B	400	520~680	18			
	C	400	520~680	19			
	D	400	520~680	19			
	E	400	520~680	19			

牌号	等级	厚度＞16～35mm R_{el}，MPa ≥	R_m MPa	A，%	A_{KV}，J +20℃	旧 标 准	用 途
				≥			
Q460	C	440	550～720	17			可淬火加回火后用于制造大型挖掘机、起重运输机械、钻井平台等
	D	440	550～720	17			
	E	440	550～720	17			

2. 渗碳钢

渗碳钢通常是指经渗碳处理后使用的钢。渗碳钢主用于制造要求高耐磨性、并承受动载荷的零件，如汽车、拖拉机中的变速齿轮、内燃机上的凸轮轴、活塞销等。

1）成分特点

含碳量不超过 0.25%。钢中含有的合金元素，如锰、铬、镍、钨、钒、钛、硅等，渗碳后在表面形成碳化物，提高硬度和耐磨性。钛和钒还可以阻止奥氏体晶粒粗化。钢中含有的非碳化物形成元素镍、硅等提高基体淬透性、强度和韧性，并使渗碳层的碳浓度变化平缓。

2）热处理特点

在渗碳前一般采用正火处理作为预备热处理，对高淬透性的渗碳钢，则采用空冷淬火＋高温回火，以获得回火索氏体组织，改善切削加工性能。一般渗碳热处理温度为 930℃。渗碳后进行淬火并低温回火作为最终热处理。20CrMnTi 钢齿轮在 930℃ 渗碳后，可以预冷到 870℃ 直接淬火，预冷中渗碳层析出部分二次渗碳体，油淬后减少渗碳体层中残留奥氏体，提高耐磨性和接触疲劳强度，而心部有较高的强度和韧性。

渗碳后的钢件，经淬火和低温回火后，表面硬度可达 58～64HRC，具有高的耐磨性。而心部组织则视钢的碳含量及淬透性高低而定，全部淬透时可得到低碳马氏体（40～48HRC），具有较高的强度和韧性。在多数未淬透的情况下，得到珠光体或铁素体等组织，具有良好塑性与韧性的同时，有一定的强度。

常用渗碳钢的牌号、化学成分、力学性能、用途见表 6.5。

3. 调质钢

调质钢通常是指经调质后使用的钢，一般为中碳钢或中碳合金钢，主要用于承受较大变动载荷或各种复合应力的零件，如制造汽车、拖拉机、机床和其他机器上各种重要零件（齿轮、轴类件、连杆、高强度螺栓等）。

1）成分特点

碳含量中等，通常在 0.25%～0.50%，要求以强度、硬度、耐磨性为主的零件，碳含量偏上限；要求具有较高塑性、韧性的零件，碳含量偏下限。调质钢中主加合金元素是 Mn、Si、Cr、Ni、Mo、B 等，主要作用是提高钢的淬透性，并能强化铁素体，起固溶强化作用。辅加元素有 Mo、W、V、Al、Ti 等，其中 Mo、W 的作用是防止或减轻第二类回火脆性，并增加回火稳定性；V、Ti 的作用是细化晶粒；Al 能加速渗氮过程。

表 6.5 常用渗碳钢的牌号、化学成分、力学性能及用途

种类	钢号	化学成分, %			力学性能				用途
		w_C	w_{Mn}	w_{Si}	R_{el} MPa	R_m MPa	Z %	A_K (α_k) J (J/cm^2)	
低淬透性合金渗碳钢	20Mn2	0.17~0.24	1.40~1.80	0.17~0.37	590	785	40	47 (60)	代替20Cr
	15Cr	0.12~0.18	0.40~0.70	0.17~0.37	490	735	45	55 (70)	用于制造船舶主机螺钉、活塞销、凸轮及心部韧性高的渗碳零件
	20Cr	0.18~0.24	0.50~0.80	0.17~0.37	540	835	40	47 (60)	用于制造机床齿轮、齿轮轴、蜗杆活塞销及汽门顶杆
	20MnV	0.17~0.24	1.30~1.60	0.17~0.37	590	785	40	55 (70)	代替20Cr
中淬透性合金渗碳钢	20CrMnTi	0.17~0.23	0.80~1.10	0.17~0.37	853	1080	45	55 (70)	用于制造汽车、拖拉机的齿轮、凸轮、是 Cr-Ni 钢代用品
	20Mn2B	0.17~0.24	1.50~1.80	0.17~0.37	785	980	45	55 (70)	代替 20Cr、20CrMnTi
	12CrNi3	0.10~0.17	0.30~0.60	0.17~0.37	685	930	50	71 (90)	用于制造大齿轮、轴
	20CrMnMo	0.17~0.23	0.90~1.20	0.17~0.37	885	1175	45	55 (70)	代替含镍较高的渗碳钢，用于制造大型拖拉机齿轮、活塞销等
	20MnVB	0.17~0.23	1.20~1.60	0.17~0.37	885	1080	45	55 (70)	代替 20CrNi、20CrMnTi
高淬透性合金渗碳钢	12Cr2Ni4	0.10~0.16	0.30~0.60	0.17~0.37	835	1080	50	71 (90)	用于制造大齿轮、轴
	20Cr2Ni4	0.17~0.23	0.30~0.60	0.17~0.37	1080	1175	45	63 (80)	用于制造大型渗碳齿轮、轴及飞机发动机齿轮
	18Cr2Ni4WA	0.17~0.19	0.30~0.60	0.17~0.37	835	1175	45	78 (100)	同 12Cr2Ni4，用于制造高级渗碳零件

2）热处理特点

调质钢锻造毛坯应进行预备热处理，以降低硬度，便于切削加工。预备热处理一般采用正火或退火。对淬透性低的调质钢可采用正火，能节约处理时间；淬透性高的钢，若采用正火，其后须加高温回火。例如40CrNiMo钢正火后硬度在400HBS以上，经正火＋高温回火后硬度降低到207～240HBS，满足了切削要求。调质钢的最终热处理为淬火后高温回火，回火温度一般为500～600℃，以获得回火索氏体组织，使钢件具有高强度、高韧性相结合的良好综合力学性能。

常用调质钢牌号、化学成分、热处理、性能与用途见表6.6。

4. 弹簧钢

弹簧钢主要制造各种弹簧和弹性元件。弹簧是机器和仪表中的重要零件，主要在冲击、振动和周期性扭转、弯曲等交变应力下工作。弹簧利用其弹性变形吸收和释放能量，所以要有高的弹性极限；为防止在交变应力下发生疲劳和断裂，弹簧应具有高的疲劳强度和足够的塑性和韧性；在某些环境下，还要求弹簧具有导电、无磁、耐高温和耐腐蚀性等性能。

1）成分特点

常用的弹簧材料是碳素钢或合金钢。碳素弹簧钢含碳量在0.60％～1.05％范围。合金弹簧钢的碳质量分数一般为0.50％～0.64％，常加入Si、Mn、Cr、W、Mo、V等合金元素。Si、Mn的主要作用是提高淬透性，并使铁素体得到强化，使屈强比和弹性极限提高；Si使弹性极限提高的作用很突出，但易产生表面脱碳；Mn能增加淬透性，但也使钢的过热和回火脆性倾向增大。另外，弹簧钢中还加入Cr、W、Mo、V等，可减少硅锰弹簧钢脱碳和过热的倾向，同时可进一步提高弹性极限、屈强比、耐热性和耐回火性。V能细化晶粒，提高韧性。

2）热处理特点

弹簧钢一般采用淬火加中温回火处理，以获得回火托氏体组织。对弹簧丝直径或弹簧钢板厚度大于10～15mm的螺旋弹簧或板弹簧，通常在热态下成型，即把钢加热到比淬火温度高50～80℃热卷成型，利用成型后的余热立即淬火并中温回火。对于截面尺寸＜8～10mm的弹簧常采用冷拔钢丝冷卷成型，不再进行淬火，只需在250～300℃进行一次去应力退火，以防弹簧变形。

常用弹簧钢的牌号、化学成分、性能、热处理及用途见表6.7。

5. 滚动轴承钢

滚动轴承钢主要用来制造滚动轴承的滚动体、内外套圈等，也用于制造精密量具、冷冲模、机床丝杠等耐磨件。

轴承钢在工作时承受很高的交变接触压力，同时滚动体与内外套筒之间还产生强烈的摩擦，并受到冲击载荷的作用以及大气和润滑介质的腐蚀作用。这就要求轴承钢必须具有高而均匀的硬度和耐磨性，高的抗压强度和接触疲劳强度，足够的韧性和对大气、润滑油的耐蚀能力。

1）成分特点

滚动轴承钢的碳含量通常在0.95％～1.15％，铬含量在0.4％～1.65％。高碳是为了获得高的强度和硬度、耐磨性，铬的作用是提高淬透性，增加回火稳定性。为进一步提高淬透性，还可以加入Si、Mn等合金元素，以适于制造大型轴承。轴承钢的纯度要求极高，P、S含量限制极严（w_S＜0.020％、w_P＜0.027％）。

表 6.6　常用调质钢的牌号、化学成份、热处理、力学性能及用途

种类	牌号	化学成分,%			热处理		力学性能				用途
		w_C	w_{Mn}	w_{Si}	淬火温度 ℃	回火温度 ℃	R_{el} MPa	R_m MPa	Z %	A_K (α_k) J (J/cm²)	
低淬透性合金调质钢	45Mn2	0.42~0.49	1.40~1.80	0.17~0.37	840 油	550 水、油	735	685	45	47 (60)	用于制造万向接头轴、蜗杆、齿轮、连杆、摩擦盘
	40Cr	0.37~0.45	0.50~0.80	0.17~0.37	850 油	520 水、油	785	980	45	47 (60)	用于制造重要调质零件,如齿轮、轴、曲轴、连杆、螺栓
	35SiMn	0.32~0.40	1.10~1.40	1.10~1.40	900 水	570 水、油	735	885	45	47 (60)	代替 40Cr 作调质零件
	42SiMn	0.39~0.45	1.10~1.40	1.10~1.40	880 油	590 水、油	735	885	40	47 (60)	与 35SiMn 同,并可用于制造淬火零件
	40MnB	0.37~0.44	1.10~1.40	0.17~0.37	850 油	500 水、油	785	980	45	47 (60)	代替 40Cr
	40CrMn	0.37~0.45	0.90~1.20	0.17~0.37	840 油	550 水、油	835	980	45	47 (60)	代替 42CrMo,用于制造高速载荷而冲击不大的零件
	40CrNi	0.37~0.44	0.50~0.80	0.17~0.37	820 油	500 水、油	785	980	45	55 (70)	用于制造汽车、拖拉机、机床、轴齿轮连接轴、电动机轴
中淬透性合金调质钢	42CrMo	0.38~0.45	0.50~0.80	0.17~0.37	850 油	560 水、油	930	1080	45	63 (80)	代替含 Ni 较高的调质钢
	30CrMnSr	0.27~0.34	0.90~1.20	0.80~1.10	880 油	520 水、油	885	1080	45	39 (50)	用于制造高载荷砂轮轴、联轴器、离合器等调质件
	35CrMo	0.32~0.40	0.40~0.70	0.17~0.37	850 油	550 水、油	835	980	45	63 (80)	代替 40CrNi,用于制造大断面齿轮与轴、汽轮发电机转子

种类	牌号	化学成分，%			热处理		力学性能				用途
		w_C	w_{Mn}	w_{Si}	淬火温度 ℃	回火温度 ℃	R_{el} MPa	R_m MPa	Z %	A_K J (α_K J/cm²)	
中淬透性合金调质钢	38CrMoAlA	0.35~0.42	0.20~0.45	0.30~0.60	940 水、油	640 水、油	835	980	50	71 (90)	用于制造高级氮化钢，如镗床镗杆、蜗杆、高压阀门
高淬透性调质钢	37CrNi3	0.34~0.41	0.17~0.37	0.30~0.60	820 油	800 水、油	980	1130	80	47 (60)	用于制造活塞销、凸轮轴、齿轮、重要螺栓拉杆

表 6.7 常用弹簧钢的牌号、化学成分、热处理及力学性能

种类	牌号	化学成分，%					热处理		力学性能（不小于）			
		w_C	w_{Si}	w_{Mn}	w_{Cr}	w_V	淬火温度 ℃	回火温度 ℃	R_{el} MPa	R_m MPa	A %	Z %
碳素弹簧钢	65	0.62~0.70	0.17~0.37	0.50~0.80	—	—	840 油	500	800	1000	9	35
	85	0.82~0.90	0.17~0.37	0.50~0.80	—	—	820 油	480	1000	1150	6	30
	65Mn	0.62~0.70	0.17~0.37	0.90~1.20	—	—	830 油	540	800	1000	8	30
合金弹簧钢	55Si2MnB	0.52~0.60	1.50~2.00	0.60~0.90	—	—	870 油	480	1200	1300	6	30
	60Si2Mn	0.56~0.64	1.50~2.00	0.60~0.90	—	—	870 油	480	1200	1300	5	25
	50CrVA	0.46~0.54	0.17~0.37	0.50~0.80	0.80~1.10	0.10~0.20	850 油	500	1150	1300	10 (δ_5)	40
	60Si2CrVA	0.56~0.64	1.40~1.80	0.40~0.70	0.90~1.20	0.10~0.20	850 油	410	1700	1900	6 (δ_5)	20

2）热处理特点

滚动轴承钢的热处理包括预备热处理、球化退火和最终热处理（淬火与低温回火）。球化退火的目的是为获得球状珠光体组织，以降低钢的硬度，有利于切削加工，并为淬火作好组织准备。淬火低温回火可获得极细的回火马氏体和均匀、细小的粒状合金碳化物及少量残余奥氏体组织，硬度为 61～65HRC。对于精密轴承，为了稳定组织，可在淬火后进行冷处理（−60～−80℃），以减少残余奥氏体量，然后再进行低温回火和磨削加工，最后再进行一次稳定尺寸的时效处理（在 120～130℃保温 10～20h），以彻底消除内应力。

常用滚动轴承钢的牌号、化学成分、热处理及用途见表 6.8。最有代表性的是 GCr15，用于制造中、小型轴承，也常用来制造冷冲模、量具、丝锥等；GCr15SiMn，用于制造大型轴承。

表 6.8　常用滚动轴承钢的牌号、化学成分、热处理及用途

牌号	化学成分，%				热处理		回火后硬度 HRC	用途
	w_C	w_{Cr}	w_{Si}	w_{Mn}	淬火温度 ℃	回火温度 ℃		
GCr9	1.00～1.10	0.90～1.20	0.15～0.35	0.25～0.45	810～830 水、油	150～170	62～64	用于制造直径＜20mm 的滚珠、滚柱及滚针
GCr9SiMn	1.00～1.10	0.90～1.20	0.45～0.75	0.95～1.25	810～830 水、油	150～160	62～64	用于制造壁厚＜12mm、外径＜250mm 的套圈，直径为 25～50mm 的钢球，直径＜22mm 的滚子
GCr15	0.95～1.05	1.40～1.65	0.15～0.35	0.25～0.45	820～840 水、油	150～160	62～64	与 GCr9SiMn 相同
GCr15SiMn	0.95～1.05	1.40～1.60	0.45～0.75	0.95～1.25	820～840 水、油	150～170	62～64	用于制造套圈、钢球、滚子

6.4.2　合金工具钢

合金工具钢是在碳素工具钢的基础上，加入合金元素（Si、Mn、Cr、V 等）制成的。由于合金元素的加入，提高了材料的热硬性、耐磨性，改善了材料的热处理性能。合金工具钢常用来制造各种切削刃具、模具、量具，因此分为刃具钢、模具钢、量具钢。

1. 刃具钢

切削时刃具受切削力作用且产生大量的热量，还要承受一定的冲击和震动。对刃具钢的性能要求是高的抗弯、抗压强度，高硬度、高耐磨性，足够的塑性和韧性。还需具有在高温下保持高硬度的能力，称为热硬性或红硬性。

合金刃具钢分为低合金刃具钢和高速钢。

1）低合金刃具钢

低合金刃具钢中碳的质量分数一般为 0.9%～1.1%，并加入 Cr、Mn、Si、W、V 等合金元素，这类钢的最高工作温度不超过 300℃。主要热处理是机械加工前退火、加工后淬火

和低温回火。

常用合金刃具钢的牌号、化学成分、热处理及用途见表 6.9。典型钢种是 9SiCr，广泛用于制造各种低速切削的刃具如板牙、丝锥等，也常用作冷冲模。8MnSi 钢符合我国资源，由于其中不含 Cr 而且价格较低，其淬透性、韧性和耐磨性均优于碳素工具钢。

表 6.9 常用合金工具钢的牌号、化学成分、热处理及用途

| 牌号 | 化学成分，% | | | | | 试样淬火 | | 退火 HBS ≥ | 用途 |
	w_C	w_{Mn}	w_{Si}	w_{Cr}	$w_{其他}$	淬火温度 ℃	HRC ≥		
Cr06	1.30~1.45	≤0.40	≤0.40	0.50~0.70	—	780~810 水	64	241~187	用于制造锉刀、刮刀、刻刀、刀片、剃刀
Cr2	0.95~1.10	≤0.40	≤0.40	1.30~1.65	—	830~860 油	62	229~179	用于制造车刀、插刀、铰刀、冷轧辊等
9SiCr	0.85~0.95	0.30~0.60	1.20~1.60	0.95~1.25	—	830~860 油	62	241~179	用于制造丝锥、板牙、钻头、铰刀、冷冲模等
8MnSi	0.75~0.85	0.80~1.10	0.30~0.60	—	—	800~820 油	62	≤229	用于制造长铰刀、长丝锥
9Cr2	0.85~0.95	≤0.40	≤0.40	—	Cr1.30~1.70	820~850 油	62	217~179	用于制造尺寸较大的铰刀、车刀等刃具

为改善刃具的切削效率和提高耐用度，生产上经常采用表面强化处理。表面强化处理主要有化学热处理和表面涂层处理两大类。前者包括蒸气处理、气体软氮化、离子氮化、氧氮化、多元共渗等；后者处理方法很多，发展也很快，如 PVD、CVD、激光重熔等，主要是在金属表面形成耐磨的碳化钛、氧化钛等覆层。

2）高速钢

高速钢的碳含量在 0.7% 以上，最高可达 1.5% 左右，铬含量大约 4%，加入一定的 W、Mo，保证高的热硬性，加入 V 提高耐磨性。

高速钢的加工、热处理工艺复杂，其要点如下：高速钢铸态组织中含有大量粗大共晶碳化物，呈鱼骨状分布，可大大降低钢的性能。这些碳化物不能用热处理来消除，因此高速钢的锻造具有成型和改善碳化物形态和分布的双重作用。锻造后进行球化退火，便于机械加工，并为淬火作组织准备。球化退火后的基体为索氏体基体和均匀分布的细小粒状碳化物。高速钢的导热性很差，淬火温度又很高，所以淬火加热时必须进行预热。高速钢淬火后的组织为隐针马氏体、残余合金碳化物和大量残余奥氏体。高速钢通常在二次硬化峰值温度或稍高一些的温度（550~570℃）下，回火三次。W18Cr4V 钢淬火后约有 30% 残余奥氏体，经一次回火后约剩 15%~18%，二次回火后降到 3%~5%，第三次回火后仅剩 1%~2%。W18Cr4V 钢热处理工艺曲线如图 6.4 所示。

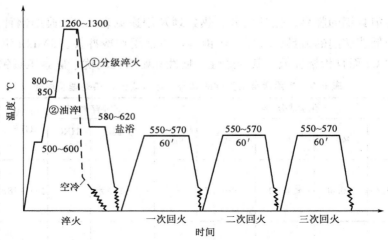

图 6.4　W18Cr4V 钢热处理工艺曲线示意图

　　我国常用的高速钢的牌号、化学成分、热处理、性能见表 6.10。钨系 W18Cr4V 钢是发展最早、应用最广泛的高速工具钢，它具有较高的热硬性，过热和脱碳倾向小，但碳化物较粗大，韧性较差。钨钼系 W6Mo5Cr4V2 钢用钼代替了部分钨。钼的碳化物细小，韧性较好，耐磨性也较好，但热硬性稍差，过热与脱碳倾向较大。近年来我国研制的含钴、铝等高速工具钢已用于生产，其淬火回火后硬度可达 60～70HRC，热硬性高，但脆性大，易脱碳，不适宜制造薄刃刀具。

2. 模具钢

　　模具钢分为冷模具钢和热模具钢。冷模具钢用于制造各种冷冲模、冷镦模、冷挤压模和拉丝模等，工作温度不超过 200～300℃。热模具钢用于制造各种热锻模、热挤压模和压铸模等，工作时型腔表面温度可达 600℃以上。

　　常用模具钢的牌号、化学成分、热处理、性能及用途见表 6.11。

　　冷模具工作时，承受很大压力、弯曲力、冲击载荷和摩擦。主要损坏形式是磨损，也常出现崩刃、断裂和变形等失效现象。因此冷模具钢应具有高硬度、高耐磨性、足够的韧性与疲劳抗力、热处理变形小等基本性能。冷模具钢的碳含量分数多在 1.0% 以上，有时高达 2.0% 以上；加入 Cr、Mo、W、V 等合金元素，强化基体，形成碳化物，提高硬度和耐磨性等。

　　热模具钢在工作中承受很大的冲击载荷、强烈的摩擦、剧烈的冷热循环，存在较大的热应力，以及高温氧化，常出现崩裂、塌陷、磨损、龟裂等失效现象。因此热模具钢的主要性能要求是：高的热硬性和高温耐磨性；高的抗氧化能力；高的热强性和足够的韧性；高的热疲劳抗力，以防止龟裂破坏。此外，由于热模具一般较大，还要求有较高的淬透性和导热性。热模具钢的碳含量分数一般为 0.3%～0.6%；加入 Cr、Ni、Mn 等元素，提高钢的淬透性，提高强度等性能；加入 W、Mo、V 等元素，防止回火脆性，提高热稳定性及红硬性；适当提高 Cr、Mo、W 在钢中的含量，可提高钢的抗热疲劳性。热模具钢的最终热处理一般为淬火后高温（或中温）回火，以获得均匀的回火索氏体组织，硬度在 40HRC 左右，并具有较高的韧性。

3. 量具钢

　　量具钢用于制造各种测量工具，如卡尺、千分尺、螺旋测微仪、块规和塞规等。

表6.10 常用高速钢的牌号、化学成分、热处理

种类	牌号	化学成分,%						热处理			硬度		红硬性① HRC
		w_C	w_{Mn}	w_W	w_{Mo}	w_V	$w_{其他}$	预热温度℃	淬火温度℃	回火温度℃	退火 HBS	淬火+回火 HRC≥	
钨系	W18Cr4V (18-4-1)	0.70~0.80	3.80~4.40	17.50~19.00	≤0.30	1.00~1.40	—	820~870	1270~1850	550~570	≤255	63	61.5~62
钨钼系	CW6Mo5Cr4V2	0.95~1.05	3.80~4.40	5.50~6.75	4.50~5.50	1.75~2.20	—	730~840	1190~1210	540~560	≤255	65	—
	W6Mo5Cr4V2 (6-5-4-2)	0.80~0.90	3.80~4.40	5.50~6.75	4.50~5.50	1.75~2.20	—	730~840	1210~1230	540~560	≤255	64	60~61
	W6Mo5Cr4V3 (6-5-4-3)	1.10~1.20	3.80~4.40	6.00~7.00	4.50~5.50	2.80~3.30	—	840~885	1200~1240	560	≤255	64	64
超硬系	W13Cr4V2Co8	0.75~0.85	3.80~4.40	17.50~19.00	0.50~1.25	1.80~2.40	Co7.00~9.50	820~870	1270~1290	540~560	≤285	64	64
	W6Mo5Cr4V2Al	1.05~1.20	3.80~4.40	5.50~6.75	4.50~5.50	1.75~2.20	Al0.80~1.20	850~870	1220~1250	540~560	≤269	65	65

注: ①红硬性是将淬火回火试样在600℃加热4次、在每次1h的条件下测定的。

表6.11 常用模具钢的牌号、成分、热处理及用途

类别	钢号	化学成分,%							热处理					用途
									淬火			回火		
		w_C	w_{Mn}	w_{Si}	w_{Cr}	w_W	w_V	w_{Mo}	淬火温度 ℃	冷却介质	硬度 HRC	回火温度 ℃	硬度 HRC	
冷模具钢	Cr12	2.00~2.30	≤0.35	≤0.40	11.5~13.0	—	—	—	980	油	62~65	180~220	60~62	用于制造冷冲模冲头、冷切剪刀、钻套、量规冶金粉模、拉丝模、落料模、木工工具
									1080	油	45~50	500~520	59~60	
	Cr12MoV	1.45~1.70	≤0.35	≤0.40	11.0~12.5	—	0.15~0.30	0.40~0.60	1030	油	62~63	160~180	61~62	用于制造冷切剪刀、圆锯、切边模、缝口模、标准工具与量规、拉丝模等
									1120	油	41~50	510(三次)	60~61	
热模具钢	5CrNiMo	0.50~0.60	0.50~0.80	≤0.35	0.50~0.80	镍 1.40~1.80	—	0.15~0.30	830~860	油	≥47	530~550	HB364~402	用于制造料压模、大型锻模等
	5CrMnMo	0.50~0.60	1.20~1.60	0.25~0.60	0.60~0.90	—	—	0.15~0.30	820~850	油	≥50	560~580	HB324~364	用于制造中型锻模等
	6SiMnV	0.55~0.65	0.90~1.20	0.80~1.10			0.15~0.30		820~860	油	≥56	490~510	HB374~444	用于制造中、小型锻模等
	3Cr2W8V	0.30~0.40	0.20~0.40	≤0.35	2.20~2.70	7.50~9.00	0.20~0.50		1050~1100	油	>50	560~580(三次)	44~48	用于制造高应力压模、螺钉或铆钉热压模、热剪切刀、压铸模等

量具钢在使用过程中主要受磨损，要求材料有较高的硬度（不小于56HRC）、耐磨性和尺寸稳定性。

量具钢的化学成分与低合金刃具钢相似，为高碳（0.9%～1.5%）并且常加入 Cr、W、Mn 等元素。

量具钢的热处理关键在于保证量具的尺寸稳定性，因此，常采用下列措施：尽量降低淬火温度，以减少残余奥氏体量；淬火后立即进行 $-70 \sim -80℃$ 的冷处理，使残余奥氏体尽可能地转变为马氏体，然后进行低温回火；精度要求高的量具，在淬火、冷处理和低温回火后还需进行时效处理。

6.4.3　特殊性能钢

特殊性能钢是指具有特殊的物理、化学性能的钢，主要包括不锈钢、耐热钢和耐磨钢。

1. 不锈钢

不锈钢是指在腐蚀性介质中具有高度化学稳定性的合金钢。能在酸、碱、盐等腐蚀性较强的介质中使用的钢，又进一步称为耐蚀钢。

腐蚀是由外部介质引起金属破坏的过程。腐蚀分两类：一类是化学腐蚀，指金属与介质发生纯化学反应而破坏，例如钢的高温氧化、脱碳、在燃气中腐蚀等；另一类是电化学腐蚀，指金属在酸碱盐等溶液中，由于原电池的作用而引起的腐蚀。

对于金属材料，电化学腐蚀是出现最多、破坏性最大腐蚀形式。钢在介质中，由于本身各部分电极电位的差异，在不同区域产生电位差。电位低的区域为阳极，电位高的区域为阴极。电介质溶液在这两个区发生不同的反应，在阳极发生氧化反应：$Fe \longrightarrow Fe^{2+} + 2e$，即铁原子变成离子进入溶液；在阴极，介质中的氢离子接受阳极流来的电子发生还原反应：$2H^+ + 2e = H_2$。显然，这种腐蚀是形成了原电池作用的结果，电位较低的阳极区不断被腐蚀，而电位较高的阴极区受到保护。不幸的是，金属的电极电位较低，总是成为阳极而被腐蚀。钢的腐蚀原电池是由于电化学不均匀引起的，钢的组织和成分不均匀，在介质中会产生原电池，发生电化学腐蚀。合金中不同相之间的电位差越大，阳极的电极电位越低，其腐蚀速度越快。

在材料中加入合金元素，提高本身的耐蚀性是控制腐蚀的重要途径。在钢中加入 Cr、Ni、Si 等元素，提高金属的电极电位，可有效地提高耐蚀性。

铬是提高基体的电极电位，提高耐蚀性的最主要元素。当基体中铬含量大于11.6%时，会使基体的电极电位突然增高而变为正值，其耐腐蚀性显著提高。而同时，铬是铁素体形成元素，当基体中铬含量超过12.7%时，可使钢呈单一的铁素体组织。铬在氧化性介质中，生成致密的氧化膜，对金属有很好的保护作用。铬在非氧化性酸（如盐酸、稀硫酸和碱溶液等）中的钝化能力差，加入 Mo、Cu 等元素，可提高钢的耐蚀能力。加入钛、铌等元素，优先同碳形成稳定的碳化物，使 Cr 保留在基体中，从而减轻钢的晶间腐蚀倾向。加入镍、锰、氮等获得奥氏体组织，在改善力学性能的同时，能提高不锈钢在有机酸中的耐蚀性。

不锈钢中碳以碳化物形式存在时，会降低基体中的含铬量，又增加了原电池的数量，因此不锈钢的碳含量越低越好，高级不锈钢的碳含量一般小于0.1%。

不锈钢主要用来制造在各种腐蚀介质中工作的零件或构件，例如化工装置中的各种管道、阀门和泵，医疗手术器械、防锈刃具和量具等。

对不锈钢的性能要求最主要的是耐蚀性。此外，制作工具的不锈钢，还要求高硬度、高耐磨性；制作重要结构零件时，要求有高强度。

按组织不同，不锈钢可分为马氏体型不锈钢、铁素体型不锈钢、奥氏体型不锈钢和双相不锈钢。

1）马氏体型不锈钢

马氏体型不锈钢含铬量为 $13\%\sim18\%$，含碳量为 $0.1\%\sim1.0\%$。典型钢号有 1Cr13、2Cr13、3Cr13、4Cr13、9Cr18 等。马氏体不锈钢一般要经过淬火并回火处理，以得到强度、硬度高的马氏体组织。因只用 Cr 进行合金化，故只在氧化性介质中耐蚀。马氏体不锈钢的耐蚀性能稍差，但强度硬度高，适用制造力学性能要求高、耐蚀性要求低的场合。

2）铁素体型不锈钢

铁素体型不锈钢含碳量低，含铬量高，为单相铁素体组织，其耐蚀性比 Cr13 钢更好。主要用作耐蚀性要求很高，而强度要求不高的构件。

3）奥氏体型不锈钢

奥氏体型不锈钢是工业上应用最广泛的不锈钢。典型的奥氏体型不锈钢均是 18—8 型不锈钢，含铬量为 18%左右，含镍量为 8%。常用的是 1Cr18Ni9Ti。这类不锈钢中碳质量分数大多在 0.1%左右。具有单一的奥氏体组织，其有很好的耐蚀性，同时具有优良的抗氧化性和高的力学性能。其在强氧化性、中性及弱氧化性介质中耐蚀性远比铬不锈钢好，室温及低温韧性、塑性及焊接性也是铁素体不锈钢不能比拟的。

4）奥氏体—铁素体双相不锈钢

奥氏体—铁素体双相钢是在 18-8 型钢的基础上，降低碳含量，并提高铬含量，或加入其他铁素体形成元素而形成的，具有奥氏体加铁素体双相组织。双相钢兼有奥氏体和铁素体的优点，不仅耐蚀性优异，而且具有很好的力学性能。

常用不锈钢的牌号、化学成分、力学性能及用途见表 6.12。

2. 耐热钢

耐热钢是指在高温下工作并具有一定强度和抗氧化、耐腐蚀能力的合金钢。耐热钢包括热稳定钢和热强钢。热稳定钢是指在高温下抗氧化或抗高温介质腐蚀而不破坏的钢。热强钢是指在高温下具有足够强度，而不产生大量变形、且不开裂的钢。

为了提高钢的抗氧化性，加入 Cr、Si 和 Al 等合金元素，在钢的表面形成完整稳定的氧化物保护膜。但 Si 和 Al 含量较多时钢材会变脆，所以一般都以加 Cr 为主。为了提高钢的热强性，加入 Ti、Nb、V、W、Mo、Ni 等合金元素。

耐热钢主要用于石油化工的高温反应设备和加热炉、火力发电设备的汽轮机和锅炉、汽车和船舶的内燃机、飞机的喷气发动机以及热交换器等设备。耐热钢按组织不同可分为珠光体型耐热钢、马氏体型耐热钢、奥氏体型耐热钢。

1）珠光体型耐热钢

珠光体型耐热钢的工作温度在 450℃～600℃范围内，按含碳量及应用特点可分为低碳耐热钢和中碳耐热钢。低碳耐热钢主要用于制造锅炉、钢管等。常用珠光体型耐热钢的牌号有 12CrMo、15CrMo、12CrMoV 等。中碳耐热钢则用于制造耐热紧固件、汽轮机转子、叶轮等承受载荷较大的耐热零件，如 30CrMo、35CrMoV、25Cr2MoVA 等。

表 6.12　不锈钢的牌号、成分、热处理、性能及用途

种类	钢号	化学成分				热处理温度℃ A: 油或水淬; B: 油淬; C: 回火	力学性能					用途
		w_C	w_{Cr}	w_{Ni}	w_{Ti}		R_m MPa	R_{el} MPa	A %	Z %	HRC	
马氏体型	1Cr13	0.08~0.15	12~14			A: 1000~1050 油或水淬; C: 700~790 回火	≥600	≥420	≥20	≥60		用于制造能抗弱腐蚀性介质，能受冲击荷载的零件，如汽轮机叶片、机阀、结构架、螺栓、螺帽等
	2Cr13	0.16~0.24	12~14			A: 1000~1050 油淬; C: 700~790 回火	≥660	≥450	≥16	≥55		
	3Cr13	0.25~0.34	12~14			B: 1000~1050 油淬; C: 200~300 回火					48	用于制造较高硬度和耐磨性的医疗工具、量具、滚珠轴承等
	4Cr13	0.35~0.45	12~14			B: 1000~1050; C: 200~300					50	
	9Cr18	0.90~1.00	17~19			B: 950~1050; C: 200~300					55	用于制造不锈切片机械刀具、剪切刃具、手术刀、高耐磨、耐蚀件
铁素体型	1Cr17	≤0.12	16~18			750~800 空冷	≥400	≥250	≥20	≥50		用于制造硝酸工厂设备，如吸收塔、热交换器、酸槽、输送管道、食器工厂设备等
奥氏体型	0Cr18Ni9	≤0.08	17~19	8~12		固溶处理 1050~1100 水淬	≥500	≥180	≥40	≥60		用于制造耐硝酸、冷磷酸、有机酸及碱溶液腐蚀的设备零件
	1Cr18Ni9	≤0.14	17~19	8~12		固溶处理 1100~1150 水淬	≥560	≥200	≥45	≥60		用于制造耐硝酸、冷磷酸、盐、碱溶液腐蚀的设备零件
	0Cr18Ni9Ti 1Cr18Ni9Ti	≤0.08≤0.12	17~19	8~11	0.4~0.8	固溶处理 1100~1150 水淬	≥560	≥200	≥40	≥55		用于制造耐酸容器及衬里、输送管道等设备和零件，抗磁仪表、医疗器械
奥氏体铁素体型	1Cr21Ni5Ti	0.09~0.14	20~22	4.8~5.8	0.4~0.8	950~1100 水或空淬	≥600	≥350	≥20	≥40		用于制造硝酸及硝铵工业设备及管道，尿素发生部分设备及管道
	1Cr18Mn10Ni5Mo3N	≤0.10	17~19	4~6	Mo2.8~3.5	1100~1150 水淬	≥700	≥350	≥45	≥65		用于制造尿素及尼龙生产的设备及零件，其他化工、化肥等部门的设备及零件

2）马氏体型耐热钢

马氏体型耐热钢的工作温度在 550～750℃ 范围内。其成分是含铬为 10%～13% 的铬钢或铬硅钢。向 Cr13 型不锈钢中加入 Mo、W、V 等合金元素，形成马氏体耐热钢，常用牌号有 1Cr13Mo、1Cr13、Cr11MoV、4Cr9Si2 等，常用于制造汽车发动机、柴油机的排气阀，故称为气阀用钢。

3）奥氏体型耐热钢

奥氏体型耐热钢含有较高的镍、锰、氮等奥氏体形成元素，高温下有较高的强度和组织稳定性，一般工作温度在 600～700℃ 范围内。常用牌号如 0Cr19Ni9、0Cr18Ni11Ti、4Cr14NiW2Mo 等。奥氏体型耐热钢切削加工性差，但其耐热性、可焊性、冷作成型性较好，得到广泛的应用。奥氏体耐热钢常用于制造一些比较重要的零件，如燃气轮机轮盘和叶片、发动机气阀、喷气发动机的某些零件等。这类钢使用前一般需要进行固溶处理和时效处理。

3. 耐磨钢

耐磨钢主要用于承受严重磨损和强烈冲击的零件，如车辆履带板、挖掘机铲斗、破碎机颚板和铁轨分道叉、防弹板等。耐磨钢的性能要求是具有很高的耐磨性和韧性。

常用耐磨钢主要是高锰钢。高锰钢一般含有较高的碳和锰，碳含量在 1.0%～1.3%，并含有 11%～14% 的锰，还含有一定量硅以改善钢的流动性。其牌号主要是 ZGMn13-1 到 ZGMn13-5。

高锰钢室温为奥氏体组织，加热冷却并无相变。其处理工艺一般都采用水韧处理，即将钢加热 1000～1100℃，保温一段时间，使碳化物全部溶解，然后迅速水淬，在室温下获得均匀单一的奥氏体组织。此时钢的硬度很低而韧性很高，当在工作中受到强烈冲击或强大压力而变形时，表面层产生强烈的形变硬化，并且还发生马氏体转变，使硬度显著提高，心部则仍保持为原来的高韧性状态。

6.5 铸 铁

铸铁是含碳量大于 2.11%，并含有铁、碳、硅、锰等元素的多元铁基合金。通常铸铁的碳含量为 2.5%～4.0%，硅的含量为 0.8%～3.0%。铸铁具有良好的铸造性、耐磨性、减震性和切削加工性，而且生产简单、价格便宜，在工业生产中获得广泛的应用。经合金化后，铸铁还可具有良好的耐热、耐磨或耐蚀等特殊性能。

6.5.1 铸铁的基本知识

1. 铸铁中碳的存在形式及铁碳双重相图

1）铸铁中碳的存在形式

铸铁中的碳除极少量固溶于铁素体中外，大部分以碳化物状态和游离状态的石墨两种形式存在。

（1）碳化物状态。如果铸铁中碳几乎全部以碳化物形式存在，其断口呈银白色，则称为白口铸铁。对非合金铸铁，其碳化物是硬而脆的渗碳体（Fe_3C）；对合金铸铁，有合金碳化物。

（2）游离状态的石墨（常用 G 来表示）。如果铸铁中碳主要以石墨形式存在，则断口呈暗灰色。根据石墨形态的不同，可分为灰铸铁、球墨铸铁、可锻铸铁和蠕墨铸铁等。石墨的晶格类型为简单立方晶格，其基面中的原子间距为 0.142nm，结合力较强；两基面之间的距离为 0.340nm，结合力弱。

2）铁碳双重相图

渗碳体是亚稳相，在一定条件下将发生分解：$Fe_3C \longrightarrow 3Fe+C$，形成游离状态石墨。因此铁碳合金存在两个相图，即 $Fe-Fe_3C$ 相图和 $Fe-G$ 相图，这两个相图几乎重合，习惯上把 $Fe-G$ 相图和 $Fe-Fe_3C$ 相图合画在一起，称为铁碳双重相图，如图 6.5 所示。

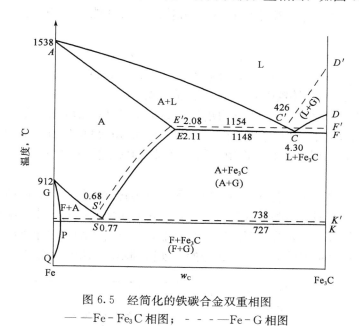

图 6.5　经简化的铁碳合金双重相图

——$Fe-Fe_3C$ 相图；----$Fe-G$ 相图

2. 铸铁的石墨化过程及影响因素

1）铸铁的石墨化过程

铸铁中碳原子析出形成石墨的过程称为石墨化。铸铁中的石墨可以在结晶过程中析出，也可由渗碳体加热时分解得到。其石墨化过程分为三个阶段：

（1）液态合金在 1154℃发生共晶反应，同时析出奥氏体和共晶石墨，即 $L'_C \longrightarrow (A'_E + G_{晶})$，称为第一阶段石墨化。

（2）在共晶温度和共析温度之间（1154～738℃），随着温度降低，从奥氏体中不断析出二次石墨，即 $A'_E \longrightarrow A'_S + G_{II}$ 称为第二阶段石墨化。

（3）在共析温度（738℃）以下，奥氏体发生共析反应，同时析出铁素体和共析石墨，即 $A'_S \longrightarrow (F'_P + G_{析})$，称为第三阶段石墨化。

控制石墨化进行的程度，即可获得不同的铸铁组织。如果第一、二阶段石墨化充分进行，获得灰口组织；如果第一、二阶段石墨化未充分进行，获得麻口组织；如果第一、二阶段石墨化完全被抑制，获得白口组织。铸铁的基体组织一般决定于其第三阶段石墨化进行的程度，如进行充分，P分解为F+G组织，如进行不充分就会得到P+G、F+P+G等基体组织。

2）影响石墨化的因素

影响石墨化的主要因素是化学成分和冷却速度。

（1）化学成分。

各种元素对石墨化的影响互有差异，促进石墨化的元素按其作用由强到弱的排列顺序为：Al、C、Si、Ti、Cu、P；阻碍石墨化的元素按作用由弱至强的排列顺序为：W、Mn、Mo、S、Cr、V、Mg。

C和Si都是强烈促进石墨化的元素。在生产实际中，调整C和Si含量是控制铸铁组织最基本的措施之一。为了综合考虑C和Si对铸铁组织及性能的影响，引入碳当量C_{eq}和共晶度S_e。

$$C_{eq} = w_C + (w_{Si} + w_P)/3 \qquad (6.1)$$
$$S_e = w_C/[4.26\% - (w_P + w_{Si})/3] \qquad (6.2)$$

式中　w_C，w_{Si}，w_P——铸铁中C、Si、P的质量分数。

随着C_{eq}和S_e的增大，石墨化能力增强，碳倾向于以石墨状态存在。

P能够促进石墨化，但其作用不如C强烈。S和Mn都是阻碍石墨化元素，但其中Mn与S结合成MnS，削弱S的有害作用，同时也间接地促进了石墨化。

（2）冷却速度。

一般来说，铸件冷却速度越缓慢，越有利于石墨化过程的进行。铸件冷却速度太快，将阻碍原子的扩散，不利于石墨化的进行。尤其是在共析阶段的石墨化，由于温度较低，冷却速度增大，原子扩散更加困难，所以通常情况下，共析阶段的石墨化难以完全进行。由于冷却速度的差异，将有可能使同一化学成分的铸铁得到不同的组织，如图6.6所示。

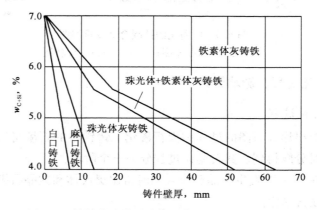

图6.6　铸铁的成分和冷却速度对铸铁组织的影响

6.5.2　常用铸铁

常用铸铁有灰铸铁、球墨铸铁、可锻铸铁、蠕墨铸铁等。

1. 灰铸铁

由于石墨的晶体结构特点，正常的石墨结晶时长成片状。因此，灰铸铁的显微组织是由金属基体与片状石墨所组成，相当于在钢的基体上嵌入了大量的石墨片如图 6.7 所示。灰铸铁按金属基体不同分为铁素体灰铸铁、珠光体灰铸铁和铁素体—珠光体灰铸铁。

石墨的强度、塑性和韧性极低，接近于零，因此灰铁的组织相当于钢的基体上存在很多裂纹。这就决定了灰铸铁的力学性能较差，抗拉强度很低（$\sigma_b=100\sim400$MPa），塑性几乎为零。但抗压强度与钢接近，并且具有良好的铸造性能、减振性、耐磨性和低的缺口敏感性。另外，由于灰铁成本低廉，所以应用广泛。

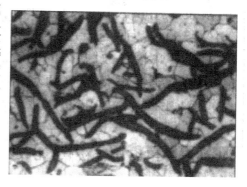

图 6.7 灰铸铁的显微组织

为了改善灰铸铁的强度和其他性能，生产中常进行孕育处理。孕育处理就是在浇注前往铁液中加入孕育剂，使石墨细化、基体组织细密。常用的孕育剂是含硅量为 75% 的硅铁，加入量为铁水质量的 0.25%～0.6%。孕育铸铁的强度、硬度比普通灰铸铁显著提高。孕育铸铁适用于静载荷下要求有较高强度、高耐磨性或高气密性的铸件，特别是厚大的铸件。HT300 和 HT350 称为孕育铸铁（或称变质铸铁），用于制造力学性能要求较高、截面尺寸变化较大的大型铸件。

灰铸铁的性能与壁厚尺寸有关，厚壁件的性能低一些。例如，壁厚为 30～50mm 的 HT250 零件，其抗拉强度为 200MPa；壁厚为 10～20mm 时，其抗拉强度则为 240MPa。

灰铸铁的牌号以其汉语拼音的缩写 HT 及 3 位数的最小抗拉强度值来表示，例如 HT200 表示用该灰铸铁浇铸的 ϕ30mm 的单铸试棒，抗拉强度值不小于 200MPa。灰铸铁的牌号、力学性能及用途见表 6.13。

表 6.13 灰铸铁的牌号、力学性能及用途

牌号	种类	铸件壁厚 mm	最小抗拉强度 R_m Pa	用途
HT100	铁素体灰铸铁	2.5～10	130	用于制造低载荷和不重要零件，如盖、外罩、手轮、支架、重锤等
		10～20	100	
		20～30	90	
		30～50	80	
HT150	珠光体＋铁素体灰铸铁	2.5～10	175	用于制造承受中等应力（抗弯应力小于 100MPa）的零件，如支柱、底座、齿轮箱、工作台、刀架、端盖、阀体、管路附件及一般无工作条件要求的零件
		10～20	145	
		20～30	130	
		30～50	120	
HT200	珠光体灰铸铁	2.5～10	220	用于制造承受较大应力（抗弯应力小于 300MPa）和较重要零件，如汽缸体、齿轮、机座、飞轮、床身、缸套、活塞、刹车轮、联轴器、齿轮箱、轴承座、液压缸等
		10～20	195	
		20～30	170	
		30～50	160	
HT250		4.0～10	270	
		10～20	240	
		20～30	220	
		30～50	200	

続表

牌号	种类	铸件壁厚 mm	最小抗拉强度 R_m Pa	用途
HT300	孕育铸铁	10～20	290	用于制造承受弯曲应力（小于500MPa）及抗拉应力的重要零件，如齿轮、凸轮、车床卡盘、剪床和压力机的机身、床身、高压油压缸、滑阀壳体等
HT300	孕育铸铁	20～30	250	
HT300	孕育铸铁	30～50	230	
HT350	孕育铸铁	10～20	340	
HT350	孕育铸铁	20～30	290	
HT350	孕育铸铁	30～50	260	

2. 球墨铸铁

正常的石墨结晶时长成片状，如果在铁水中加入镁、稀土等元素，它们促使石墨生长成球状，这样的铸铁称为球墨铸铁。

球墨铸铁的金相组织为基体上分布着球状石墨如图6.8所示。根据不同的成分和加工工艺，球墨铸铁可以有不同的基体组织。随着基体由F、F+P、P到M或B，球墨铸铁的强度不断升高而塑性下降。铁素体基体的球墨铸铁强度较低，塑性、韧性较高；珠光体球墨铸铁强度高，耐磨性好，但塑性、韧性较低。铸铁的力学性能除了与基体组织类型有关外，主要决定于球状石墨的形状、大小和分布。一般地说，石墨球越细、球的直径越小、分布越均匀，则球墨铸铁的力学性能越高。

图6.8 球墨铸铁的显微组织

由于球状石墨对基体组织的割裂作用和应力集中作用很小，基体强度利用率可达70%～90%。所以球墨铸铁的力学性能优于灰铸铁，接近于碳钢。珠光体球墨铸铁的抗拉强度、屈服点和疲劳强度高于正火45钢，特别是屈强比高于45钢，其硬度和耐磨性也高于高强度灰铸铁。因此，广泛用球墨铸铁制造各种受力复杂，强度、韧性和耐磨性能要求较高的零件。例如，柴油机的曲轴、轮机、连杆，拖拉机的减速齿轮，大型冲压阀门，轧钢机的轧辊等。

球墨铸铁牌号由QT和两组数字组成，前一组数字表示最低抗拉强度（R_m），后一组数字表示最低伸长率（A）。球墨铸铁的牌号及力学性能见表6.14。

表6.14 球墨铸铁的牌号及力学性能

牌号	主要基体组织	R_m, MPa	$R_{0.2}$, MPa	A,%	HBS
		不小于			
QT400-18	铁素体	400	250	18	130～180
QT400-15	铁素体	400	250	15	130～180
QT450-10	铁素体	450	310	10	160～210
QT500-7	铁素体+珠光体	500	320	7	170～230
QT600-3	珠光体+铁素体	600	370	3	190～270

牌号	主要基体组织	R_m，MPa	$R_{0.2}$，MPa	A，%	HBS
		不小于			
QT700-2	珠光体	700	420	2	220～305
QT800-2	珠光体或回火组织	800	480	2	245～335
QT900-2	贝氏体或回火马氏体	900	600	2	280～360

球墨铸铁有效保证了基体的承受载荷能力，热处理能有效的改变基体组织，从而提高其性能。生产中常用退火、正火、调度处理、等温淬火等热处理工艺，改变球墨铸铁的基体组织，以改善球墨铸铁的性能，满足不同的使用要求。

球墨铸铁兼有钢的高强度和灰铸铁的优良铸造性能，是一种有发展前途的铸造合金，目前已成功地代替了一部分可锻铸铁、铸钢件和锻钢件，用于制造受力复杂、力学性能要求高的铸件。但是，球墨铸铁凝固时收缩率大，对原铁液成分要求较严，对熔炼工艺和铸造工艺要求较高。

3. 蠕墨铸铁

蠕墨铸铁是一种新型铸铁，其中碳主要以蠕虫状形态存在，如图 6.9 所示。其石墨形状介于片状和球状之间，它类似于片状，但片状短而厚，头部较圆，形似蠕虫。

蠕墨铸铁的工艺性能和力学性能优良，同时克服了灰铸铁力学性能差和球墨铸铁工艺性能差的缺点。目前主要用于制造汽缸盖、排气管、钢锭模等铸件。其主要缺点在于成本偏高，并且生产技术尚不成熟。蠕墨铸铁的力学性能介于相同基体组织的灰铸铁和球墨铸铁之间。铸造性能、减震能力以及导热性能都优于球墨铸铁，并接近灰铸铁。

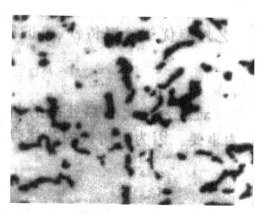

图 6.9　蠕墨铸铁的显微组织

蠕墨铸铁的牌号用 RuT（蠕铁）加一组数字表示，数字表示最小抗拉强度值。例如 RuT420 表示抗拉强度不低于 420MPa 的蠕墨铸铁。

4. 可锻铸铁

可锻铸铁是由白口铸铁经可锻化退火，而获得的具有团絮状石墨的铸铁。由于石墨呈团絮状分布，削弱了片状石墨的割裂及应力集中作用，故其力学性能有所提高，特别是韧性和塑性提高明显，但远未达到"可锻"的程度。

可锻铸铁的生产过程分两步：第一步先浇出白口铸件；第二步进行石墨化退火，使渗碳体分解出团絮状石墨。为缩短石墨化退火的周期，常在浇注前往铁液中加入少量铝—铋、硼—铋、硼—铋—铝等多元复合孕育剂，进行孕育处理。

根据基体不同可锻铸铁分为铁素体可锻铸铁和珠光体可锻铸铁。铁素体可锻铸铁是指铁

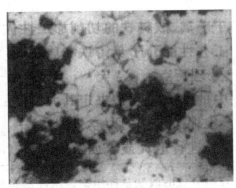
图 6.10　可锻铸铁的显微组织

素体基体上分布团絮状石墨的铸铁，又称黑心可锻铸铁；珠光体可锻铸铁是指珠光体基体上分布团絮状石墨的铸铁。可锻铸铁的金相组织如图 6.10 所示。

由于可锻铸铁性能优于灰铸铁，在铁液处理、质量控制等方面又优于球墨铸铁，故常用可锻铸铁制作截面薄、形状复杂、强韧性要求较高的零件，如低压阀门、管接头、曲轴、连杆、齿轮等。

可锻铸铁的牌号用 KT 及其后的 H（表示黑心可锻铸铁）或 Z（表示珠光体可锻铸铁），再加上分别表示其最小抗拉强度和伸长率的两组数字组成。黑心可锻铸铁和珠光体可锻铸铁的牌号及力学性能见表 6.15。

表 6.15　黑心可锻铸铁和珠光体可锻铸铁的牌号及力学性能

牌号及分级		试样直径 d mm	R_m, MPa	$R_{0.2}$, MPa	A, %（$L_0 = 3d$）	HBS
A	B		不小于			
KTH300 - 06 KTH350 - 10	KTH330 - 08 KTH370 - 12	12 或 15	300 330 350 370	— 200 — —	6 8 10 12	≤150
KTZ450 - 06 KTZ550 - 04 KTZ650 - 02 KTZ700 - 02		12 或 15	450 550 650 700	270 340 430 530	6 4 2 2	150～200 180～250 210～260 240～290

注：（1）试样直径 12mm 只适用于主要壁厚小于 10mm 的铸件；
　　（2）牌号 KTH300 - 06 适用于气密性零件；
　　（3）牌号 B 系列为过渡牌号。

6.5.3　特种铸铁

随着生产的发展，对铸铁不仅要求具有较高的力学性能，而且有时还要求具有某些特殊的性能。为此，在熔炼时有意加入一些合金元素，制成合金铸铁，又称特殊性能铸铁。合金铸铁与合金钢相比，熔炼简单，成本低廉，能满足特殊性能的要求，但力学性能较差，脆性较大。

常用的合金铸铁有耐磨铸铁、耐热铸铁和耐蚀铸铁。

1. 耐磨铸铁

铸铁件经常在摩擦条件下工作，承受不同形式的磨损。为了保证铸铁件的使用寿命，除力学性能外，还要求铸铁有耐磨性能。

耐磨性要求材料具有高的硬度，耐磨铸铁应具有均匀的高硬度组织。含有石墨的铸铁其耐磨性就很差，而白口铸铁则是较好的耐磨铸铁。但普通白口铸铁脆性大，不能承受冲击载荷。

生产中常采用金属型铸造铸件上要求耐磨的表面，而其他部位用砂型，同时适当调整铁液化学成分（如减少含硅量），保证白口层的深度，而心部为灰口组织，从而使整个铸件既有较高的强度和耐磨性，又能承受一定的冲击。这种铸铁称激冷铸铁，或冷硬铸铁。

在铸铁中加入合金元素，改善基体的组织，使之形成马氏体基体，提高其耐磨性；同时在铸铁中形成大量的合金碳化物，能有效地提高铸铁的耐磨性。随着生产的发展，先后出现了几代耐磨铸铁，其耐磨损能力越来越强。它们是低合金白口铸铁、镍硬铸铁、高铬铸铁。后两者能够应用在强磨损工况，如球磨机衬板、砂泵等。

2. 耐热铸铁

在高温下工件的铸铁件，如炉底板、换热器、坩埚、炉内运输链条和钢锭模等，要求有良好的耐热性。铸铁的耐热性主要是指铸铁在高温下抗氧化和抗生长能力。

在铸铁中加入 Si、铝等合金元素，使表面形成一层致密的 SiO_2、Al_2O_3、Cr_2O_3 等化合物，保证铸铁内部不被氧化。此外，这些元素还有提高铸铁的临界点，使铸铁在使用温度范围内不发生固态相变，使基体组织为单相铁素体等作用，因而提高了铸铁的耐热性。

常用的耐热铸铁有中硅球墨铸铁（$w_{Si}=5.0\%\sim6.0\%$）、高铝球墨铸铁（$w_{Al}=21\%\sim24\%$）、铝硅球墨铸铁（$w_{Al}=4.0\%\sim5.0\%$、$w_{Si}=4.4\%\sim5.4\%$）和高铬耐热铸铁（$w_{Cr}=32\%\sim36\%$）等。

3. 耐蚀铸铁

在酸、碱、盐、大气、海水等腐蚀性介质中工作的铸铁，需要具有较高的耐蚀能力。普通铸铁的金相组织由石墨、渗碳体、和铁素体、珠光体等基体所组成，其耐腐蚀性能很差。

为提高铸铁的耐蚀性，常加入 Cr、Si、Mo、Cu、Ni 等元素来改变基体并提高基体的耐腐蚀能力，也在铸铁中加入 Si、Al、Cr 等元素，使它们在铸铁表面生成牢固而致密的保护膜。常用耐蚀铸铁有高硅、高铬、高铝等耐蚀铸铁。

习　题

一、名词解释
奥氏体稳定性、耐回火性、回火脆性

二、综合题

1. 为什么比较重要的大截面的结构零件都必须用合金钢制造？与碳素体相比，合金钢有何优点？

2. 合金钢中经常加入的元素有哪些？怎样分类？

3. 为什么碳素钢在室温下不存在单一奥氏体合或单一铁素体组织，而合金钢中有可能存在这类组织？

4. 合金元素对回火转变有何影响？

5. 为什么低合金高强度钢用锰作为主要的合金元素？

6. 简述渗碳钢和调质钢的合金化和热处理特点。

7. 弹簧钢淬火后为什么要进行中温回火？为了提高弹簧的使用寿命，在热处理后应采用什么有效措施？

8. 解释下列现象：

（1）在相同含碳量下，除了含镍、锰的合金钢外，大多数合金钢的热处理温度都比碳素钢高。

(2) 含碳量相同时，含碳化物形成元素的合金钢比碳素钢具有更高的耐回火性。

(3) 含碳量为 0.4%、含铬量为 12% 的钢属于过共析钢；而含碳量为 1%、含铬量为 12% 的钢属于莱氏体钢。

(4) 高速钢经热轧或热锻后空冷可获得马氏体组织。

(5) 在相同含碳量下，合金钢的淬火变形和开裂现象不易产生。

(6) 调质钢在回火后需快冷至室温。

(7) 高速钢需高温淬火和多次回火。

9. W18Cr4V 钢的 Ac_1 为 820℃，若以一般工具钢 Ac_1＋30～50℃ 的常规方法来确定其淬火温度，最终热处理后能否达到高速切削刀具所要求的性能？为什么？其实际淬火温度是多少？W18Cr4V 钢在正常淬火后都要进行 560℃ 三次回火，这又是为什么？

10. 直径为 25mm 的 40CrNiMo 的棒料毛胚，经正火处理后硬度高很难切削加工，这是什么原因？设计一个简单的热处理方法以提高其机械加工性能。

11. 某厂的冲模原用 W18Cr4V 钢制造，在使用时经常发生崩刃、掉渣等现象，冲模寿命很短。后改用 W6Mo5Cr4V2 钢制造，热处理采用低温淬火（1150℃），冲模寿命大大提高。试分析其原因。

12. 一些中、小工厂在用 Cr12 型钢制造冷作模具时，往往是用原钢料直接进行机械加工或稍加改锻后进行机械加工，热处理后送交使用。经过这种加工的模具一般都比较短。改进的措施是将毛坯进行充分锻造，这样模具的使用寿命会明显提高。这是什么原因？

13. 不锈钢的固溶处理和稳定化处理的目的各是什么？

16. 试分析 20CrMnTi 和 12Cr18Ni9 钢中 Ti 的作用。

14. 试分析合金元素 Cr 在 40Cr、GCr15、CrWMn、12Cr13、1Cr18Ni9Ti 等钢中的作用。

15. 试就牌号为 20CrMnTi、65、T8、40Cr 的钢，讨论如下问题：

(1) 在加热温度相同的情况下，比较其淬透性和淬硬性，并说明理由。

(2) 各种钢的用途、热处理工艺及最终的组织。

16. 要制造机床主轴、拖拉机后桥齿轮、铰刀、汽车板弹簧等，请选择合适的钢种并制定热处理工艺。其最终组织是什么？性能如何？

17. 简述高速钢 W18Cr4V 铸造、退火、淬火和回火的组织。

18. 冷作模具钢所要求的性能是什么？为什么尺寸较大、承受重负荷、要求高耐磨和微变形的冲模具大都选用 Cr12MoV 制造？

19. 奥氏体不锈钢和耐磨钢的固溶处理目的与一般钢的淬火目的有何异同？

第7章　有色金属及其合金

有色金属是相对于黑色金属而言的。黑色金属主要指钢和铁，因此有色金属也称非铁金属，是指不含铁、锰、铬的金属。有色金属可分为轻金属（铝、镁、钛等）、重金属（铜、铅、锌、锡等）、贵金属（金、银、铂等）、稀土金属及稀有金属（锂、铍、钽等）五大类。常用的有色金属有铝、镁、铜、锌、铅、锡、钛及其合金。这些常用有色金属由于具有一系列可贵的性能，许多有色金属具有密度小、比强度高、耐热、耐蚀、导电性好等优点，以及具有某些特殊的物理性能，是现代工业中不可缺少的金属材料。

7.1　铝及铝合金

7.1.1　概述

1. 铝合金的性能特点

（1）加工性能良好。铝及铝合金（退火状态）的塑性好，可以冷塑性成型；硬度不高，切削性能良好。高强度铝合金成型后经热处理，可达到很高的强度；铸造铝合金的铸造性能极好。

（2）密度小、比强度高。纯铝的相对密度只有 2.7，约为铁的 1/3。采用各种手段强化后，铝合金强度可以达到低合金高强度钢的水平，因此其比强度比一般高强度钢高。

（3）有优良的物理、化学性能。铝的导电性好，仅次于银、铜和金，在室温下的导电率约为铜的 64%。铝及铝合金有相当好的抗大气腐蚀能力，其磁化率极低，接近于非铁磁性材料。而且铝资源丰富，成本较低。

由于具有以上优点，铝及铝合金在航空航天、机械和轻工业中有广泛的用途。

2. 铝合金的热处理

铝中加入合金元素后，可获得较高的强度，并保持良好的加工性能。许多铝合金能通过冷变形提高强度，而且能通过热处理大幅度地改善其性能。因此，铝合金可用于制造承受较大载荷的零件和构件。

铝合金相图的一般类型如图 7.1 所示。

将成分位于相图中 $D-F$ 之间的合金加热到 α 相区，经保温获得单相 α 固溶体后迅速水冷，可在室温得到过饱和的 α 固溶体。其组织不稳定，有分解出强化相过渡到稳定状态的倾向。因此在室温下放置或低温加热时，强度和硬度有明显的提高，这种现象称为时效。在常温下进行的时效，称为自然时效；在加热条件下进行的时效，称为人工时效。显然，铝合金能进行时效的条件是：在高温能形成均匀的固溶体，并且固溶体中溶质的溶解度必须随温度的降低而显著降低。

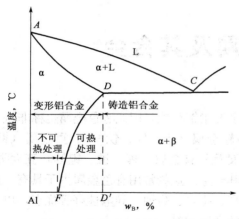

图 7.1　铝合金相图的一般类型

为获得优良的综合力学性能，铝合金在使用前一般需经热处理，主要工艺方法有退火处理、固溶处理和时效。退火主要用于变形加工产品和铸件，固溶处理和时效是铝合金进行沉淀强化处理的具体手段。

3. 铝合金的分类

根据成分及成型方法不同，铝合金分为铸造铝合金和变形铝合金两类。

如图 7.1 所示，成分低于 D 的合金，在加热时能形成单相固溶体组织，因其塑性较好适宜压力加工，故称为变形铝合金。变形铝合金中成分低于 F 的合金，因不能采用热处理强化，称为不能热处理强化的铝合金；成分位于 F、D 之间的铝合金，由于 α 固溶体成分随温度变化，可进行固溶时效强化，称为可热处理强化的铝合金。成分高于 D 的合金，由于冷却时有共晶反应发生，流动性好，适于铸造，称为铸造铝合金。

7.1.2　变形铝合金

变形铝合金包括硬铝合金、防锈铝合金、锻铝合金等。其主要的牌号、化学成分、力学性能及用途见表 7.1。

表 7.1　常用变形铝合金的主要牌号、成分、力学性能及用途

种类	代号	化学成分（余量为 Al），%					热处理状态	力学性能			用途
		w_{Cu}	w_{Mg}	w_{Mn}	w_{Zn}	$w_{其他}$		R_m MPa	A %	HBS	
防锈铝金	LF5		4.0～5.5	0.3～0.6			退火	280	20	70	用于制造焊接油箱、油管、焊条、铆钉及中载零件
	LF21			1.0～1.6			退火	130	20	30	用于制造焊接油箱、油管铆钉及轻载零件
硬铝合金	LY1	2.2～3.0	0.2～0.5				淬火＋自然时效	300	24	70	用于制造 100℃ 以下工作的中等强度结构件，如铆钉等
	LY11	3.8～4.8	0.4～0.8	0.4～0.8			淬火＋自然时效	420	18	100	用于制造中等强度结构件，如骨架、叶片、铆钉等
	LY12	3.8～4.9	1.2～1.8	0.3～0.9			淬火＋自然时效	470	17	105	用于制造 150℃ 以下工作的高强度结构件构件
	LC4	1.4～2.0	1.4～2.8	0.2～0.6	5.0～7.0	Cr：0.1～0.25	淬火＋人工时效	600	12	150	用于制造主要受力构件，如飞机大梁、桁架等
	LC6	2.2～2.8	2.5～3.2	0.2～0.5	7.6～8.6	Cr：0.1～0.25	淬火＋人工时效	680	7	190	用于制造主要受力构件，如飞机大梁、桁架等

种类	代号	化学成分（余量为Al），%					热处理状态	力学性能			用途
		w_{Cu}	w_{Mg}	w_{Mn}	w_{Zn}	$w_{其他}$		R_m MPa	A %	HBS	
锻铝合金	LD5	1.8~2.6	0.4~0.8	0.4~0.8		Si：0.7~1.2	淬火＋人工时效	420	13	105	用于制造形状复杂、中等强度的锻件
	LD7	1.9~2.5	1.4~1.8			Ti：0.02~0.1 Ni：1.0~1.5 Fe：1.0~1.5	淬火＋人工时效	415	13	120	用于制造高温下工件的复杂锻件及结构件
	LD10	3.9~4.8	0.4~0.8	0.4~1.0		Si：0.5~1.2	淬火＋人工时效	480	19	135	用于制造承受重载荷的锻件

1. 硬铝合金

硬铝合金是在 Al-Cu 系合金基础上发展起来的，具有较高的力学性能。它们可以进行时效强化，属于可热处理强化类。合金中的 Cu、Mg 可形成强化相 θ 及 s 相；Mn 主要提高抗蚀性，并起固溶强化作用，因其析出倾向小，没有时效作用；少量钛或硼可细化晶粒，提高合金强度。

1）低合金硬铝

例如 LY1、LY10 等，Mg、Cu 元素含量较低，塑性好、强度低。采用固溶处理和自然时效提高其强度和硬度，时效速度较慢，主要用于制造铆钉、承力结构零件、蒙皮等。

2）标准硬铝

例如 LY11 等，合金元素含量中等，强度和塑性属中等水平。退火后成型加工性能良好，时效后切削加工性能也较好，主要用于制造轧材、锻材、冲压件和螺旋桨叶片等重要零件。

3）高强度硬铝

例如 LY12、LY6 等，合金元素含量较多，强度和硬度较高，塑性变形性能较差。主要用于制造航空模锻件，重要的锻件、销、轴等零件。

2. 锻铝合金

锻铝合金为 Al-Mg-Si-Cu、Al-Cu-Mg-Ni-Fe 系合金，牌号有 LD5、LD7、LD10 等。这类合金的元素种类多但用量少，有良好的热塑性、铸造性能、锻造性能、较高的机械性能。可用于制造各种锻件，通常要进行固溶处理和人工时效。

3. 防锈铝合金

防锈铝是在大气、水和油等介质中具有良好抗腐蚀性能的变形铝合金，其中主要合金元素是 Mn 和 Mg。Mn 的主要作用是提高抗腐蚀能力，并起固溶强化的作用。Mg 亦有固溶强化作用，同时能降低密度。防锈铝合金锻造退火后是单相固溶体，抗蚀性能高，塑性好。这类合金不能进行时效强化，属于不可热处理强化的铝合金，但可冷变形，可利用加工硬化提高强度。

4. 超硬铝合金

超硬铝合金为 Al－Mg－Zn－Cu 系合金，并含有少量的铬和锰，牌号有 LC4、LC6 等。锌、铜、镁与铝形成固溶体和多种复杂的第二相（例如 $MgZn_2$、Al_2CuMg、AlMgZnCu 等），合金经固溶处理和人工时效后，可获得很高的强度和硬度，所以对它进行合金时效强化的效果最为显著。但其抗腐蚀性差，高温下迅速软化。用包铝法提高其抗蚀性。超硬铝合金多用于飞机结构中重要受力件，如飞机大梁、桁架、起落架等。

7.1.3 铸造铝合金

铸造铝合金的铸造性能好。常用铸造铝合金的牌号、化学成分、力学性能及用途见表 7.2，其热处理种类和应用见表 7.3。

1. Al－Si 铸造铝合金

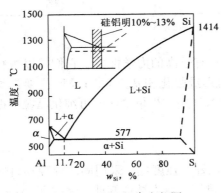

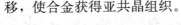

图 7.2　Al－Si 合金相图

图 7.2 为 Al－Si 合金相图。Al－Si 铸造铝合金通常称为硅铝明。含 $10\%\sim13\%$ Si 的简单硅铝明（ZL102）具有优良的铸造性能，铸造后全部为共晶组织（$\alpha+Si$）。但在一般情况下，ZL102 的共晶体由粗针状硅晶体和 α 固溶体构成，如图 7.3（a）所示，强度和塑性都较差。因此生产上常采用变质处理，即浇注前向合金液中加入占合金质量 $2\%\sim3\%$ 的变质剂（常用钠盐混合物），以细化合金组织，提高合金的强度和塑性。经变质处理后的组织是细小均匀的共晶体＋初生 α 固溶体，如图 7.3（b）所示。在加入钠盐进行变质处理时，在迅速冷却凝固条件下，共晶点右移，使合金获得亚共晶组织。

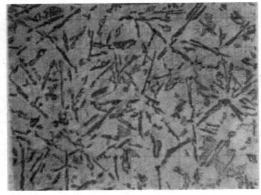

（a）ZL102合金(变质前)的铸态组织

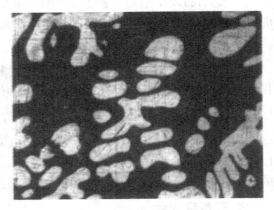

（b）ZL102合金(变质后)的铸态组织

图 7.3　ZL102 合金的铸态组织

ZL102 铸造性能和焊接性能很好，并有相当好的耐蚀性和耐热性。但它不能时效强化，强度较低，经变质处理后 R_m 最高达到 180MPa。因此该合金仅适于制造形状复杂但强度要求不高的铸件，如仪表、水泵壳体及一些承受低载荷的零件。

表 7.2 常用铸造铝合金的牌号、成分、力学性能及用途

种类	牌号	代号	化学成分（余量为Al),% w_{Si}	w_{Cu}	w_{Mg}	w_{Mn}	w_{Ti}	$w_{其他}$	铸造方法	热处理	力学性能 R_m/MPa	A/%	HBS	用途
铝硅合金	ZAlSi7Mg	ZL101	6.50~7.50		0.25~0.45		0.08~0.20		金属型 砂型变质	淬火+自然时效 淬火+人工时效	190 230	4 1	50 70	用于制造飞机、仪器零件
	ZAlSi12	ZL102	10.00~13						砂型变质 金属型		143 153	4 2	50 50	用于制造仪表抽水机壳体等复杂件
	ZAlSi9Mg	ZL101	8.00~10.5		0.17~0.30	0.20~0.50			金属型 金属型	人工时效 淬火+人工时效	200 240	1.5 2	70 70	用于制造电动机壳体、汽缸体等
	ZAlSi5Cu1Mg	ZL104	4.50~5.50	1.00~1.50	0.40~0.60				金属型 金属型	淬火+不完全时效 淬火+稳定回火	200 180	0.5 1	70 65	用于制造发动机气缸头、汽缸壳体
	ZAlSi12Cr1Mg1Ni1	ZL105	11.00~13.00	0.50~1.5	0.80~1.3			Ni: 0.8~1.50	金属型 金属型	人工时效 淬火+人工时效	200 250	0.5 —	90 100	用于制造活塞及高温工作零件
铝铜合金	ZAlCu5Mn	ZL201		4.5~5.3		0.60~1	0.15~0.35		砂型 砂型	淬火+自然时效 淬火+不完全时效	300 340	8 4	70 90	用于制造内燃机汽缸头、活塞等
	ZAlCu10	ZL202		9.00~11.00					砂型 金属型	淬火+人工时效 淬火+人工时效	170 170	— —	100 100	用于制造高温不受冲击的零件
铝镁合金	ZAlMg10	ZL301			9.50~11.0				砂型	淬火+自然时效	280	9	60	用于制造舰船配件
	ZAlMg5Si1	ZL303	0.80~1.30		4.50~5.50	0.1~0.4			砂型 金属型		150	1	55	用于制造氨用泵体
铝锌合金	ZAlZn11Si7	ZL401	6.00~8.00		0.1~0.3			Zn: 9.0~13.00	金属型	人工时效	250	1.5	90	用于制造结构形状复杂的汽车、飞机、仪器的零件
	ZAZn6Mg	ZL402			0.5~0.6		0.15~0.25	Zn: 5.0~6.5 Cr: 0.40~0.60	金属型	人工时效	240	4	70	

表 7.3　铸造铝合金的热处理种类和应用

热处理类别	表示符号	工艺特点	目的和应用
不淬火	T1	铸件快冷（金属型铸造、压铸或精密铸造后进行时效。时效前并不淬火）	改善切削加工性能，提高表面光洁度
退火	T2	退火温度一般为 290℃、保温 2～4h	消除铸造内应力后加工硬化，提高合金的塑性
淬火＋自然时效	T4		提高零件的强度和耐蚀性
淬火＋不完全时效	T5	淬火后进行短时间时效（时效温度较低或者时间较短）	得到一定的强度，保持较好的塑性
淬火＋人工时效	T6	时效温度较高（约 180℃），时间较长	得到高强度
淬火＋稳定回火	T7	时效温度比 T5、T6 高，接近零件的工作温度	保持较高的组织稳定性和尺寸稳定性
淬火＋软化回火	T8	回火温度高于 T7	降低硬度提高塑性

为了提高硅铝明的强度，在合金中加入 Cu、Mg 等元素，形成强化相 $CuAl_2$（θ相）、$MgSi$（β相）、Al_2CuMg（S 相）等，以使硅铝明能进行时效硬化。如 ZL104、ZL104 的热处理工艺为：530～540℃加热，保温 5h，在热水中淬火，然后在 170～180℃时效 6～7h。经热处理后，合金的强度 R_m 可达 200～230MPa。可用来制造低强度的、形状复杂的铸件，如电动机壳体、气缸体及一些承受低载荷的零件。

ZL107 中含有少量铜，能形成强化相 $CuAl_2$，可进行时效硬化，强度可达 250～280MPa，用于制造强度和硬度要求较高的零件。

ZL105、ZL108、ZL109、ZL110 等合金中含有铜与镁，因而能形成 $CuAl_2$、Mg_2Si、Al_2CuMg 等多种强化相，经淬火时效后可获得很高的强度和硬度。用于制造形状复杂，性能要求较高、在较高温度下工作的零件。

2. Al‑Zn 铸造铝合金

Al‑Zn 铸造合金价格便宜，铸造性能良好，经变质处理和时效处理后强度较高，但抗蚀性差，热裂倾向大，常用于制造汽车、医疗器械、结构复杂的仪器元件，也可用来制造日用品。

3. Al‑Cu 铸造铝合金

Al‑Cu 铸造合金的强度较高，耐热性好，但铸造性能和耐蚀性差。经淬火时效，可用于制造 300℃以下工作的形状简单、承受重载的零件。

4. Al‑Mg 铸造铝合金

Al‑Mg 铸造合金强度高，密度小，有良好的耐蚀性，但铸造性能差，易氧化和产生裂纹。它可进行时效处理，主要用于制造受冲击载荷、耐海水腐蚀、外形不太复杂的零件，如舰船配件、发动机机匣等。

随着高强度铸造铝合金和铸造工艺的发展，铸造铝合金在飞机结构及其他工业产品中被广泛地应用。铸造铝合金常适于砂型、金属型、压铸、熔模等铸造方法，能生产出各种形状复杂的铸件。

7.2　铜及铜合金

铜及铜合金具有下列优良特性：

（1）良好的加工性能。铜及其合金塑性很好，容易进行冷、热加工成型，铸造铜合金有很好的铸造性能。

（2）色泽美观。

（3）优异的物理、化学性能。铜及其合金的导电、导热性很好，对大气和水的抗蚀能力很高，同时铜是抗磁性物质。

（4）某些特殊机械性能。如某些铜合金有优良的减摩性和耐磨性，高的弹性极限和疲劳极限。

铜及铜合金在电气、仪表、造船及机械制造工业部门中获得了广泛的应用。但铜的储量较小，价格较贵，属于应节约使用的材料，只有在特殊需要的情况下，例如要求有特殊的磁性、耐蚀性、加工性能、机械性能及特殊的外观等条件下，才考虑使用。

7.2.1　纯铜（紫铜）

纯铜呈紫红色，常称紫铜，广泛用于制造电线、电刷、铜管、铜棒及作为配制合金的原料。根据纯度的大小，纯铜分为 T1、T2、T3、T4 四种。编号越大，纯度越低。

除工业纯铜外，还有一类无氧铜，其氧含量极低，不大于 0.003%，牌号有 TU1、TU2，主要用于电真空器件。无氧铜能抵抗氢的作用，不发生氢脆。

纯铜的强度低，不宜作结构材料。

7.2.2　铜合金

铜中加入合金元素后，可获得较高的强度，同时保持纯铜的某些优良性能。铜合金按其色泽不同分为黄铜、青铜和白铜三大类。

1. 黄铜

由锌和铜组成的合金称为黄铜。按照化学成分不同，黄铜分为普通黄铜和特殊黄铜两种。

1）普通黄铜

普通黄铜是铜锌二元合金，其相图如图 7.4 所示。

图 7.4 中 α 相是锌溶于铜中的固溶体，具有面心立方晶格，塑性好，可以进行冷、热加工，并有优良的锻造、焊接和镀锡性能。β 相是以电子化合物 CuZn 为基的固溶体，具有体心立方晶格，塑性好，可进行热加工。γ 相是以电子化合物 $CuZn_3$ 为基的固溶体，具有六方晶格。普通黄铜按退火后组织分为单相黄铜（α 黄铜）和双相黄铜（α＋β 黄铜）。黄铜不仅有良好的变形加工性能，而且有优良的铸造性能。黄铜的耐蚀性较好，与纯铜接近，超过铸铁、碳钢及普通合金钢。因为有残余应力的存在，黄铜在潮湿的大气或海水中，特别是在含有氨的介质中，容易开裂，称为季裂。黄铜中含锌量越大，季裂倾向越大。生产中可通过去应力退火来消除应力，减轻季裂倾向。

常用单相黄铜的牌号有 H90、H70、H68 等。"H"为"黄铜"，数字表示平均铜含量。

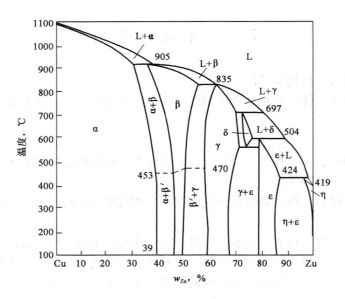

图 7.4　Cu-Zn 二元合金相图

由于单相黄铜塑性很好，可进行压力加工，用于制造各种板材、线材、形状复杂的深冲零件。

常用双相黄铜的牌号有 H62、H59 等，因高温塑性好，通常热轧成棒材、板材。这类黄铜也可铸造。普通黄铜的牌号、化学成分、性能和用途见表 7.4。

表 7.4　部分普通黄铜的牌号、化学成分、力学性能及用途

牌号	主要化学成分（质量分数），%		制品种类或铸造方法	力学性能			用途
	Cu	Zn 及其他元素		R_m MPa	A %	HBS	
H90	88～91	Zn 余量	板、带锴、棒线、管	260	45	53	用于制造导管、冷凝器、散热片及导电零件；冷冲、冷挤零件，如弹壳、铆钉、螺母、垫圈
H68	67～70			320	40	—	
H62	60.5～63.5			330	40	56	
HPb59-1	57～60	Pb=0.8%～1.9% Zn 余量	板、带锴、棒线	350	25	49	用于制造结构零件，如销、螺钉、螺母、衬套、垫圈
HMn58-2	57～60	Mn=1%～2% Zn 余量	板、带棒、线	390	30	85	用于制造船舶和弱电用零件
ZCuZn16Si4	79～81	Si=2.5%～4.5% Zn 余量	S	345	15	90	用于制造在海水、淡水和蒸气条件下工作的零件，如支座、法兰盘、导电外壳
			J	390	20	100	
ZCuZn40Pb2	58～63	Pb=0.5%～2.5% Al=0.2%～0.8% Zn 余量	S	220	15	80	用于制造选矿机大型轴套及滚珠轴承套

2）特殊黄铜

为了获得更高的强度、抗蚀性和良好的铸造性能，在铜锌合金中加入铝、铁、硅、锰、镍等元素后形成的铜合金，称为特殊黄铜。其编号方法是：H＋主加元素符号＋铜含量＋主元素含量，如 HPb60-1。铸造黄铜则在编号前加"Z"字，如 ZCuZn16Si4。

2. 青铜

青铜原指铜锡合金，但目前已将铝、硅、铅、铍、锰等的铜基合金统称为无锡青铜。青铜包括锡青铜、铝青铜、铍青铜等。它也可分为压力加工青铜和铸造青铜两类。青铜的编号方法是：Q＋主加元素符号＋主加元素含量＋其他元素含量。"Q"为"青铜"，如 QSn4-3。铸造青铜是在编号前加"Z"字。

以锡为主加元素的铜基合金，称为锡青铜。α 相是锡溶于铜中的固溶体，它具有面心立方晶格，而且塑性好，容易进行冷、热变形。β 相是以电子化合物 Cu_5Sn 为基的固溶体，具有体心立方晶格，在高温下塑性良好，可热变形。γ 相是以电子化合物 Cu_3Sn 为基的固溶体。δ 相是以电子化合物 $Cu_{31}Sn_8$ 为基的固溶体，具有复杂立方晶格。

锡原子在铜中的扩散比较困难，生产条件下的铜锡合金组织，与平衡状态相差很远。在一般铸造条件下，只有锡含量低于 5%～6%时，才能获得 α 单相组织。锡含量大于 5%～6%Sn 时，组织中出现 α+δ。

锡对青铜铸态时机械性能的影响如图 7.5 所示。锡含量的增加会使强度和塑性增大，但锡含量大于 6%～7%后，合金中出现硬脆的 δ 相，塑性急剧下降，而强度继续增高。当锡含量大于 20%后，大量的 δ 相使强度显著下降，合金变得硬而脆，无经济价值。在工业中锡青铜适于热加工，锡含量大于 10%的锡青铜适于铸造。

锡青铜的铸造收缩率很小，可铸造形状复杂的零件。但铸件易生成分散缩孔，使密度降低，在高压下容易渗漏。锡青铜在大气、淡水、海水及高压蒸气中的耐蚀性比纯铜和黄铜高，但耐酸腐蚀能力差。

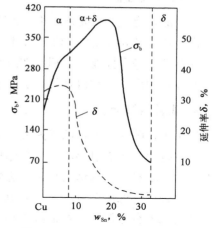

图 7.5 铸造锡青铜的力学性能与锡含量的关系

锡青铜在机械、化工、造船、仪表等工业中广泛应用，主要制造轴承、轴套等耐磨零件和弹簧等弹性元件。

7.3 钛及钛合金

钛及钛合金具有比强度高、耐热性好、抗蚀性优良等性能，因此成为化工工业、航空航天、造船等行业中的重要结构材料。

7.3.1 纯钛

钛的力学性能与纯度有关，钛中常存有 O、N、H、C 等元素，能与钛形成间隙固溶体，显著提高钛的硬度与强度，降低韧性与塑性。

纯钛的牌号有 TA1、TA2、TA3。T 为钛的汉语拼音字首，序号越大纯度越低。工业纯钛常用于制造在350℃以下工作，强度要求不高的各种零件，如飞机骨架、发动机部件、阀门等。

7.3.2 钛合金

工业钛合金按其退火组织可分为 α 钛合金、β 钛合金和 α＋β 钛合金三大类。其牌号分别为 TA、TB、TC。

1. α 钛合金

组织全部为 α 相的钛合金。它具有良好的焊接性和铸造性、高的蠕变抗力、具有良好的热稳定性；但它塑性较低，对热处理强化和组织类型不敏感，只能进行退火处理。它具有中等的强度和高的热强性，长期工作温度可达450℃。主要用于制造发动机零件、叶片等。

2. β 钛合金

钛合金加入 Mo、Cr、V 等合金元素后，可获得亚稳组织的 β 相。它的强度较高、具有良好的压力加工性能和焊接性能，经淬火和时效处理后，析出弥散的 α 相，强度进一步提高。主要用于制造气压机叶片、轴、轮盘等重载荷零件。

3. α＋β 钛合金

钛中加入稳定 β 相元素，再加入稳定 α 相元素，在室温下即可获得（α＋β）双相组织。这类合金热强度和加工性能处于 α 钛和 β 钛之间；可通过淬火＋时效进行强化，且塑性较好，具有良好综合性能。双相钛在海水中抗应力腐蚀的能力很好。主要用于在400℃长期工作的零件，如火箭发动机外壳、航空发动机叶片、导弹的液氢燃料箱等。

4. 低温用钛合金

近年来，随着新技术的飞速发展，要求在低温和超低温条件下工作的结构件日益增多。如宇宙飞行器中的液氧储箱，工作温度为 $-183℃$；液氢储箱为 $-253℃$ 等。在这样低的工作温度下，要求材料必须保持良好的力学性能和物理性能。

钛合金用作低温合金材料时，比强度高，可减轻构件的重量；强度随温度的降低而提高，又能保证良好塑性；在低温下冷脆敏感性小。此外，钛合金的导热性低、膨胀系数小。适宜制造火箭、管道等结构件。

目前，专用的低温钛合金有 Ti－5Al－2.5Sn，其使用温度可达 $-253℃$，用于制造宇宙飞船的液氢容器；Ti－6Al－4V 使用温度为 $-196℃$，用于制造低温高压容器、导弹储氦容器等。钛合金用作高、低温条件下的结构材料，具有广阔的发展前景。

7.4 轴 承 合 金

7.4.1 概述

用于制作滑动轴承轴瓦和轴套的合金称为轴承合金。当轴承支撑轴进行工作时，由于轴在旋转，轴瓦和轴产生强烈的摩擦，并承受周期性载荷。因此轴承合金应具有如下性能要求：

(1) 良好的工艺性，便于制造，且价格低。

(2) 足够的强度和硬度，以承受轴颈较大的压力。

(3) 和轴之间具有良好的磨合能力，并可存储润滑油。

(4) 足够的塑性和韧性，以保证轴与轴承良好配合并抵抗冲击和振动。

(5) 良好的耐蚀性、导热性、较小的膨胀系数，防止摩擦升温而发生咬合。

轴承材料不能选用高硬度的金属，以免轴颈受到磨损；也不能选用软的金属，防止承载能力过低。因此轴承合金的组织是软基体上分布硬质点，或者在硬基体上分布软质点。若轴承合金的组织是软基体上分布硬质点，则运转时软基体受磨损而凹陷，硬质点将凸出于基体上，使轴和轴瓦的接触面积减少，而凹坑能储存润滑油，降低轴和轴瓦之间的摩擦系数，从而减少轴和轴承的磨损。另外，软基体能承受冲击和震动，使轴和轴瓦能很好地结合，并能起镶嵌外来硬物，保证轴颈不被擦伤。

若轴承合金的组织是硬基体上分布软质点时，也可达到上述同样的目的。

常用的轴承合金按主要成分可分为锡基、铅基、铝基、铜基等，前两种称为巴氏合金，其编号方法为：ZCh＋基本元素符号＋主加元素符号＋主加元素含量＋辅加元素含量。其中"Z"和"Ch"分别表示"铸造"和"轴承"。例如，ZChSnSb11 - 6 表示含 11％Sb 和 6％Cu 的锡基铸造轴承合金。

7.4.2　锡基轴承合金

锡基轴承合金是一种软基体硬质点类型的轴承合金。常用的牌号是 ZChSnSb11 - 6。α 相是锑溶解于锡中的固溶体，为软基体。β' 是以化合物 SnSb 为基的固溶体，为硬质点。ZChSnSb11 - 6 的显微组织为 $\alpha + \beta' + Cu_6Sn_5$。

锡基轴承合金的摩擦系数和膨胀系数小，塑性和耐磨性好，可用于制造运转速度高、承受压力和冲击载荷的轴承，如汽轮机、汽车、压气机用高速轴瓦。但锡基轴承合金的疲劳强度较差，工作温度也较低。

7.4.3　铝基轴承合金

铝基轴承合金是一种新型减摩材料，具有原料丰富、价格低廉，密度小，导热性好、疲劳强度高和耐蚀性好等优点，但其膨胀系数大，运转时容易与轴颈咬合。铝基轴承合金分为高锡铝基轴承合金和铝锑镁轴承合金。

高锡铝基轴承合金的成分为 20％Sn、1％Cu，其余为 Al。由于在固态时锡在铝中的溶解度极小，合金经轧制与再结晶退火后，显微组织为铝基体上均匀分布着软的锡质点。合金中加入铜，溶于铝使基体强化。该合金也可用 08 钢为衬背，轧制成双合金带。这类合金疲劳强度高，耐热性、耐磨性、耐蚀性好，可代替铝锑镁合金和铜基轴承合金，适宜制造载荷小于 28MPa、滑动速度小于 3m/s 的轴承，目前已在汽车、拖拉机、内燃机上广泛使用。

铝锑镁轴承合金成分为 3.5％～4.5％Sb、0.3％～0.7％Mg，其余为 Al。室温显微组织为 Al＋β。Al 为软基体，β 相是铝锑化合物，为硬质点，分布均匀。加入镁可提高合金的屈服强度。它可用 08 钢作衬背，一起轧制成双合金带，由此改进轴瓦的生产工艺，并提高了轴瓦的承载能力。这种合金有高的抗疲劳性和耐磨性，但承载能力较小，适宜制造载荷不超过 20MPa、滑动速度不大于 10m/s 工作条件下的轴承，如承受中等载荷内燃机上的轴承。

7.4.4 铅基轴承合金

铅基轴承合金是一种软基体硬质点的轴承合金。铅锑系的铅基轴承合金应用很广,典型牌号有 ZChPbSb16 - 16 - 2,成分为 16%Sb、16%Sn、2%Cu、其余为 Pb。

ZChPbSb16 - 16 - 2 的显微组织为 $(\alpha+\beta)+\beta+Cu_6Sn_5$,α 为锑在铅中的固溶体,β 为铅在锑中的固溶体。

该合金铸造性能和耐磨性较好,价格较低,用于制造中等载荷、高速低载的轴承,如汽车、拖拉机上曲轴的轴承和电动机、破碎机轴承。

7.4.5 铜基轴承合金

铜基轴承合金是以铅为主加元素,常用的有 ZQPb30、ZQSn10 - 1 等合金。

ZQPb30 的成分为 30%Pb,其余为 Cu。这是一种硬基体软质点类型的轴承合金。铜和铅在固态时互不溶解,室温显微组织为 Cu+Pb。Cu 为硬基体,粒状 Pb 为软质点。这类合金耐疲劳、耐热性好,摩擦系数小,承载能力强。常用于制造大载荷、高压下工作的轴承,如航空发动机轴承。

ZQSn10 - 1 成分为 10%Sn、1%P,其余为 Cu。显微组织为 $\alpha+\delta+Cu_3P$。α 固溶体为软基体,δ 相和 Cu_3P 为硬质点。该合金具有高的强度,适于制造高速度、高载荷的柴油机轴承。

由于不含锡的铅青铜、铅基、锡基轴承合金的强度较低,不能承受较大的压力,所以使用时必须将其镶在钢的轴瓦上,形成一层薄而均匀的内衬,做成双金属轴承。含锡的铅青铜,锡溶于铜中使合金强化,获得较高的强度,所以不必做成双金属,而可直接做成轴承、轴套使用。

7.5 镁及镁合金

7.5.1 纯镁

镁是地壳中第三种含量丰富的金属元素,储量占地壳的 2.5%,仅次于铝和铁。镁的原子序号为 12,相对原子质量为 24.32。镁的晶体结构为密排六方。

镁是常用结构材料中最轻的金属,密度为 $1.738g/cm^3$。镁的体积热容比其他所有的金属都低,其升温或降温速度比其他金属快。

镁的电极电位很低,化学性质很活泼。镁在潮湿大气、海水、无机酸、无机盐、有机酸、甲醇等介质中均会产生剧烈的腐蚀;但镁在干燥的大气、碳酸盐、氟化物、铬酸盐、氢氧化钠、四氯化碳、汽油、煤油及润滑油中却很稳定。在室温下,镁的表面能与空气中的氧起反应,形成氧化镁薄膜,但由于氧化镁薄膜比较脆,而且不致密,对内部金属无明显的保护作用。

镁的室温塑性很差。纯镁单晶体的临界切应力只有 $(48\sim49)\times10^5Pa$,纯镁的强度和硬度也很低,因此不能直接用作结构材料,主要用来配制其他合金。纯镁的力学性能见表 7.5。

表 7.5　纯镁的力学性能

加工状态	抗拉强度 R_m MPa	屈服强度 R_{el} MPa	弹性模量 E GPa	伸长率 A %	断面收缩率 Z %	硬度 HBS
铸态	11.5	2.5	45	8	8	30
变形状态	20.0	9.0	45	11.5	12.5	36

7.5.2　镁合金

1. 镁的合金化及分类

工业纯镁的力学性能很低，不能直接用做结构材料，但通过形变硬化、晶粒细化、合金化、热处理等多种方法，镁的力学性能会得到大幅度改善。在这些方法中，镁的合金化是最基本的强化途径，通过合金化，其力学性能、抗蚀性和耐热性能均会得到提高。

镁合金中常加入的合金元素有 Al、Zn、Mn、Zr 及稀土元素。Al 在镁中产生固溶强化作用，又可析出沉淀强化相 $Mg_{17}Al_2$，有助于提高合金的强度和塑性；Zn 在镁中除固溶强化作用外，也可产生时效强化相 $MgZn$，但强化效果不如 Al 显著，一般需与其他元素同时加入；Mn 加入镁中可提高合金的耐热性和耐蚀性，并改善焊接性能；镁中加入 Zr，除细化晶粒外，还可减少热裂倾向、并提高机械性能；稀土元素则具有细化晶粒、提高耐热性、改善铸造性能和焊接性能等多种作用。镁合金中的杂质以 Fe、Cu、Ni 的危害最大，需要严格控制其含量。

工业中应用的镁合金主要集中于 Mg-Al-Zn、Mg-Zn-Zr、Mg-RE-Zr、Mg-Th-Zr 和 Mg-Ag-Zr 等合金系，其中前两个合金系应用较多。根据生产工艺，将上述镁合金分为变形镁合金和铸造镁合金两大类。我国镁合金的牌号，是用两个汉语拼音字母和合金顺序号（阿拉伯数字）组成，合金的顺序号代表合金的化学成分。

2. 镁合金的热处理

镁合金常用的热处理工艺有人工时效（T1）、退火（T2）、淬火不时效（T4）和淬火加人工时效（T6）等，具体工艺规范根据合金成分及性能需要确定。

镁合金的热处理方式与铝合金类似，但由于组织结构上的差别，与铝合金相比，呈现以下几个特点：

（1）镁合金的组织比较粗大，因此淬火加热温度较低；

（2）合金元素在镁中的扩散速度较慢，淬火加热时间较长；

（3）铸造镁合金及未经退火的变形镁合金一般具有不平衡组织，淬火加热速度不宜过快，通常采用分段方式加热；

（4）镁合金在自然时效时，沉淀相析出速度太慢，故镁合金大都采用人工时效处理；

（5）镁合金的氧化倾向大，加热炉内需保持中性气氛，普通电炉一般通入 SO_2 气体或在炉内放置一定数量的碎块状硫铁矿石，并要密封。

3. 变形镁合金

我国变形镁合金的牌号以"MB"加数字表示，共有八个牌号，其主要化学成分及力学性能见表 7.6 和表 7.7。按化学成分，这些合金分为 Mg-Mn 合金系变形镁合金、Mg-Al-Zn 系变形镁合金和 Mg-Zn-Zr 系变形镁合金三类。

表7.6 变形镁合金的主要化学成分

合金牌号	主要化学化学成分,%
MB1	Mn: 1.3~2.5
MB2	Al: 3.0~4.0, Zn: 0.4~0.6, Mn: 0.2~0.6
MB3	Al: 3.5~4.5, Zn: 0.8~1.4, Mn: 0.3~0.6
MB5	Al: 5.0~7.0, Zn: 2.0~3.0, Mn: 0.15~0.5
MB6	Al: 5.0~7.0, Zn: 2.0~3.0, Mn: 0.2~0.5
MB7	Al: 7.8~9.2, Zn: 0.2~0.8, Mn: 0.15~0.5
MB8	Mn: 1.5~2.5, Ce: 0.15~0.35
MB15	Zn: 5.0~6.0, Zr: 0.3~0.9, Mn: 0.1

表7.7 变形镁合金的力学性能

牌号	品种	状态	R_m, MPa	$R_{0.2}$, MPa	A,%	HB
MB1	板材	退火	206	118	8	441
MB2	棒材	挤压	275	177	10	441
MB3	板材	退火	280	190	18	—
MB5	棒材	挤压	294	235	12	490
MB6	棒材	挤压	320	210	14	745
MB7	棒材	时效	340	240	15	628
MB8	板材	退火	245	157	18	539
MB15	棒材	时效	329	275	6	736

Mg-Mn系有MB1和MB8两个牌号。该类合金具有良好的耐蚀性能和焊接性能,可进行冲压、挤压等塑性变形,一般在退火状态下使用,其板材用于制作蒙皮、壁板等焊接结构件,模锻件可制作外形复杂的耐蚀件。

Mg-Al-Zn系共有五个牌号,即MB2、MB3、MB5、MB6和MB7,这类合金强度较高、塑性较好。其中MB2和MB3具有较好的热塑性和耐蚀性,故应用较多,其余三种合金应力腐蚀倾向较大,且塑性较差,应用受到了限制。

Mg-Zn-Zr系只有MB15一种,其抗拉强度和屈服强度明显高于其他变形镁合金。MB15合金可进行热处理强化,通常在热变形后进行人工时效,时效温度一般为160~170℃,保温10~24h。MB15主要用来制作承载较大的零构件,使用温度不超过150℃,同时因焊接性能较差,所以一般不用作焊接结构。MB15是航天工业中应用最多的变形镁合金。

除上述镁合金外,近年来Mg-Li合金有很大的发展。该类合金的密度比其他镁合金的低15%~30%,同时具有较高的弹性模量、比强度和比模量。Mg-Li合金还具有良好的工艺性能,可进行冷加工和焊接,并可热处理强化,在航天和航空领域具有良好的应用前景。

4. 铸造镁合金

我国的铸造镁合金有八个牌号,表示方法为"ZM"加数字。

根据合金的化学成分和性能特点,铸造镁合金分为高强度铸造镁合金和耐热铸造镁合金两大类。

高强度铸造镁合金的有 ZM1、ZM2、ZM7 和 ZM8，属于 Mg‐Al‐Zn 系和 Mg‐Zn‐Zr 系。这些合金一般在淬火或淬火并时效后使用，具有较高的强度、良好的塑性，适于制造各种类型的零件。但高强度铸造镁合金耐热性较差，使用温度不能超过 150℃。其中 ZM5 在航空和航天工业中应用很广，用于制造飞机、发动机、卫星及导弹仪器舱中承载较高的结构件。

耐热铸造镁合金有 ZM3、ZM4 和 ZM6，属于 Mg‐RE‐Zr 系。该类合金铸造工艺性能良好、热裂倾向小、铸件致密。合金的常温强度和塑性较低，但耐热性高，长期使用温度为 200～250℃，短时使用温度可达 300～350℃。

习　题

一、名词解释

固溶处理、时效强化

二、综合题

1. 铝合金是如何分类的？铝合金有哪些强化方式？

2. 铝、钛、钢三者强化热处理的相同点和不同点是什么？

3. 简述铝合金合金化的原则，并分析各主要合金元素在铝合金中的作用。

4. 铝合金的性能特点是什么？它能得到广泛应用的原因是什么？

5. 铸造铝合金为什么要进行变质处理？

6. 简述时效强化的基本过程及其影响因素。

7. 铜合金的性能特点是什么？有何工业应用？

8. 钛合金的性能特点是什么？有何工业应用？

第8章 新型材料

新型材料是指以新制备工艺制成的或正在发展中的材料，这些材料比传统材料具有更优异的特殊性能。

8.1 复合材料

8.1.1 复合材料的定义及特点

1. 复合材料的定义

复合材料是指将两种或两种以上物理、化学性质不同的物质，通过一定方法复合得到的一种新的多相固体材料，它既能保留原组成材料的主要特色，并通过复合效应获得原组分所不具备的性能。复合材料是多相材料，主要包括基体相和增强相。基体相是连续相，它把增强相材料固结成一体；增强相起承受应力（结构复合材料）和显示功能（功能复合材料）的作用。

复合材料可以通过设计使各组分的性能互相补充并彼此关联，从而获得新的优越性能。与一般材料的简单混合有本质的区别具体如下：

（1）复合材料不仅保留了原组成材料的特点，而且通过各组分的相互补充和关联可以获得原组分所没有的新的优越性能；

（2）复合材料具有可设计性，如结构复合材料不仅可根据材料在使用中受力的要求进行组元选材设计，更重要的是还可进行复合结构设计，即增强体的比例、分布、排列和取向等的设计。

2. 复合材料的特点

复合材料的最大特点是其性能比组成材料的性能优越很多，或克服了单一组成材料的弱点，从而能够按零件的结构、受力情况以及按预定的、合理的配套性能进行最佳设计，甚至可创造单一材料不具备的双重（或多重）功能，或者在不同时间（或条件）下发挥不同的功能。复合材料具有以下特点。

1）比强度和比模量高

比强度、比模量是指材料的强度或弹性模量与其密度之比。如果材料的比强度或比模量越高，构件的质量（或体积）就会越小。通常，复合材料的复合结果是密度大大减小，因而高的比强度和比模量是复合材料的突出性能特点。

2）抗疲劳性能和抗断裂性能良好

通常，复合材料中的纤维缺陷少，因而本身抗疲劳性能良好；而基体的塑性和韧度好，能够消除或减少应力集中，不易产生微裂纹；塑性变形的存在又使得微裂纹产生钝化，从而减缓了其扩展。这样就使得复合材料具有很好的抗疲劳性能。例如，碳纤维增强树脂的疲劳强度为拉伸强度的 70%～80%，一般金属材料却仅为 30%～50%。由于基体中有大量细小纤维，较大载荷下部分纤维断裂时载荷由韧度好的基体重新分配到未断裂纤维上，构件不会瞬间失去承载能力而断裂。

3）高温性能优越

铝合金在 100℃时，其强度仅为室温时的 10%以下，而复合材料可以在较高温度下具有与室温时几乎相同的性能。如聚合物基复合材料的使用温度为 100～350℃；金属基复合材料的使用温度为 350～1100℃，SiC 纤维、Al_2O_3 纤维陶瓷复合材料在 1200～1400℃范围内可保持很高的强度。碳纤维复合材料在非氧化气氛下，可在 2400～2800℃长期使用。

4）减摩、耐磨、减振性能良好

复合材料摩擦系数比高分子材料的低得多，少量的短切纤维大大提高了其耐磨性。复合材料比弹性模量高，自振频率也高，其构件不易共振，纤维与基体界面有吸收振动能量的作用，产生的振动也会很快衰减，可以起到很好的减振效果。

5）其他特殊性能

金属基复合材料具有局韧度和抗热冲击性能；玻璃纤维增强塑料具有优良的电绝缘件，不受电磁作用，不反射无线电波，且其耐辐射性、蠕变性能高，具有特殊的光、电、磁等性能。

8.1.2 复合材料的组成及分类

结构复合材料由基体、增强体和两者之间的界面组成，复合材料的性能则取决于增强体和基体的比例以及三个组成部分的性能。

复合材料的基体是复合材料中的连续相，起到将增强体联结成整体，并赋予复合材料一定形状、传递外界作用力、保护增强体免受外界环境侵蚀的作用。复合材料所用基体主要有聚合物、金属、陶瓷、水泥和碳等。其中聚合物基复合材料是复合材料的主要品种，其产量远远超过其他基体的复合材料。

增强体是高性能结构复合材料的关键组分，在复合材料中起着增加强度、改善性能的作用。增强体按形态分为颗粒状、纤维状、片状、立方编制物等。按化学特征区分为无机非金属类（共价键和离子键）、有机聚合物类（共价键、高分子链）和金属类（金属键）。增强体在复合材料中的增强机制主要有颗粒增强复合材料和纤维增强复合材料两种。

1）颗粒增强复合材科

对于颗粒复合材料，基体承受载荷时，颗粒的作用是阻碍分于链或位错的运动。增强的效果同样与颗粒的体积分数、分布、尺寸等密切相关。通常，颗粒直径为几微米到几十微米；颗粒的体积分数应在 20%以上，否则达不到最佳强化效果；颗粒与基体之间应有一定的结合强度。

2）纤维增强复合材料

纤维增强相是具有强结合键的材料或硬质材料（陶瓷、玻璃等），内部含微裂纹，易断裂，因而脆性大；将其制成细纤维可降低裂纹长度和出现裂纹的概率，使脆性降低，极大地发挥了增强相的强度。高分子基复合材料中，纤维增强相可有效阻止基体分子链的运动；金属基复合材料中，纤维增强相可有效阻止位错运动，从而强化基体。

复合材料种类繁多，分类方法也不尽相同。原则上讲，复合材料可以由金属材料、高分子材料和陶瓷材料中任意两种或几种制备而成。复合材料的分类如图 8.1 所示。

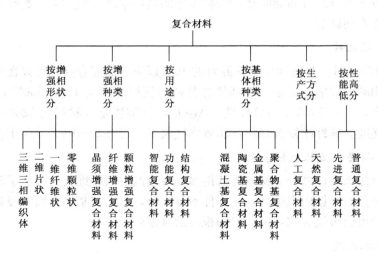

图 8.1　复合材料的分类

8.1.3　常用复合材料及其应用

1. 玻璃钢

玻璃纤维增强聚合物复合材料俗称玻璃钢，其中热固性玻璃钢主要用于机器护罩、车辆车身、绝缘抗磁仪表、耐蚀耐压容器和管道及各种形状复杂的机器构件和车辆配件。热塑性玻璃钢的强度不如热固性玻璃钢的强度，但成型性好、生产率高。尼龙 66 玻璃钢可用做轴承、轴承架、齿轮等精密件，以及电工件、汽车仪表、前后灯等；ABS 玻璃钢可用做化工装置、管道、容器；聚苯乙烯玻璃钢可用做汽车内装饰、收音机机壳、空洞叶片；聚碳酸酯玻璃钢可用做耐磨件、绝缘仪表。

2. 碳纤维树脂复合材料

碳是六方结构的晶体（石墨），共价键结合，其强度比玻璃纤维的强度高，其弹性模量也比其高几倍；高温低温性能好；具有很高的化学稳定性、导电性和低的摩擦系数，是很理想的增强剂；脆性大，与树脂的结合力不如玻璃纤维，进行表面氧化处理可改善其与基体的结合力。

碳纤维环氧树脂、碳纤维酚醛树脂和碳纤维聚四氟乙烯等广泛应用于宇宙飞船和航天器的外层材料，人造卫星和火箭的机架、壳体，各种精密机器的齿轮、轴承以及活塞、密封圈、化工容器和零件等。

3. 硼纤维树脂复合材料

硼纤维的比强度与玻璃纤维的相近，其耐热性比玻璃纤维的高，其弹性模量比玻璃纤维的高出约 5 倍。硼纤维树脂复合材料抗压强度和剪切强度都很高（优于铝合金、钛合金），且蠕变小、硬度和弹性模量高，疲劳强度高，耐辐射及导热性极好。硼纤维环氧树脂、硼纤维聚酰亚胺树脂等复合材料多用于航空航天器、宇航器的翼面、仪表盘、转子、压气机叶片、螺旋桨的传动轴等。

4. 陶瓷基复合材料

陶瓷基复合材料具有高强度、高模量、低密度,耐高温、耐磨、耐蚀,以及良好的韧度。目前已研发出颗粒增韧复合材料(如 Al_2O_3-TiC 颗粒)、晶须增韧复合材料(如 SiC-Al_2O_3 晶须)、纤维增韧复合材料(如 SiC-硼硅玻璃纤维)。陶瓷基复合材料常用于制造高速切削工具和内燃机部件。由于这类材料发展较晚,其潜能尚待进一步发挥。目前的研究重点是将其作为高温材料和耐磨耐蚀材料应用,如大功率内燃机的增压涡轮、航空航天器的热部件,以及代替金属制造车辆发动机、石油化工容器、垃圾焚烧处理设备等。

5. 金属陶瓷

金属陶瓷是金属(通常为 Ti、Ni、Co、Cr 等及其合金)和陶瓷(通常为氧化物陶瓷、碳化物陶瓷、硼化物陶瓷和氮化物陶瓷等)组成的非均质材料,是颗粒增强型的复合材料,常用粉末冶金方法成型。金属和陶瓷按不同配比可组成工具材料(陶瓷为主)、高温结构材料(金属为主)和特殊性能材料。

氧化物金属陶瓷多以 Co 或 Ni 作为黏结金属,热稳定性和抗氧化能力较好,韧度高,不仅可用做高速切削工具材料,还可用做高温下工作的耐磨件,如喷嘴、热拉丝模以及机械密封环等。碳化物金属陶瓷是应用最广泛的金属陶瓷,通常以 Co 或 Ni 作为金属黏结剂,根据金属质量分数不同,可用做耐热结构材料或工具材料。碳化物金属陶瓷用做工具材料时,通常被称为硬质合金。

6. 碳基复合材料

碳纤维增强碳基复合材料,简称 C-C 材料。其研制开始于 20 世纪 50 年代,在 60 年代后期成为新型工程材料,到了 80 年代,C-C 材料的研究进入了提高性能和扩大应用的阶段。最引人注目的是航天飞机的鼻锥幅和机翼前缘使用了抗氧化 C-C 材料,目前用量最大的 C-C 产品是高超音速飞机的刹车片。

C-C 材料具有耐高温、耐腐蚀、较低的热膨胀系数和较好的抗热冲击性。它与石墨一样具有化学稳定性,与一般的酸、碱、盐的溶液不起反应,与有机溶剂不起作用,只是与浓度高的氧化性酸溶液起反应。C-C 材料的力学性能受很多因素影响,一般与增强纤维的方向和体积分数、界面结合状况、碳基体、温度等因素有关。

C-C 材料除了在航空航天上的应用外,还可用来制作发热元件和机械紧固件,可在2500℃的高温下工作;C-C 材料可代替钢材和超塑成型的吹塑模、粉末冶金中的热压模,具有质量轻、成型周期短、产品质量好、寿命长的特点。在生物医学方面,已反复证明 C-C 复合材料与人体组织的生理相容性良好。C-C 材料还可用于氦冷却的核反应堆热交换管道、化工管道、容器衬里、高温密封件、核轴承等。目前常用的复合材料见表 8.1。

表 8.1　常用复合材料

类别	名称	主要性能及特点	用途
纤维复合料	玻璃纤维复合材料	热固性树脂与纤维复合,抗拉强度、抗弯、强度、抗压强度、抗冲击强度高,脆性降低,收缩减小。热塑性树脂与纤维复合,抗拉强度、抗弯强度、抗压强度、弹性模量、抗蠕变性均提高,热变形温度显著上升,冲击韧度下降,缺口敏感性改善	用于制造耐磨件、减摩件及一般机械零件、管道、泵阀、汽车及船舶壳体

类别	名称	主要性能及特点	用途
纤维复合料	碳纤维、石墨纤维复合材料	碳—树脂复合、C—C复合、碳—金属复合、碳—陶瓷复合材料等，比强度、比刚度高，线膨胀系数小，减摩性、耐磨性和自润滑性好	在航空、宇航、原子能等工业中用于制造压气机叶片、发动机壳体、轴瓦、齿轮等
	硼纤维复合材料	硼与环氧树脂复合，比强度高	用于制造飞机、火箭构件，可减少质量25%~40%
	晶须复合材料	晶须是单晶，无一般材料的空穴、位错等缺陷，力学强度特别高，有 Al_2O_3、SiC等晶须。用晶须毡与环氧树脂复合的层压板，抗弯模量可达70000MPa	用于制造涡轮叶片
	石棉纤维复合材料	有温石棉及闪石棉，前者不耐酸；后者耐酸，较脆	与树脂复合，用于制造密封件、制动件、绝热材料等
	植物纤维复合材料	木纤维或棉纤维与树脂复合而成的纸板、层压布板，综合性能好，绝缘	用于制造电绝缘件、轴承
	合成纤维复合材料	少量尼龙或聚丙烯腈纤维加入水泥，可大幅度提高冲击韧度	用于制造承受强烈冲击的零件
颗粒复合材料	金属粒与塑料复合材料	金属粉中加入塑料，可改善导热性及导电性，降低线胀系数	高质量分数铅粉塑料可用做 γ 射线的罩屏及隔音材料，铅粉加入氟塑料可用于制造轴承材料
	陶瓷粒与金属复合材料	提高高温耐磨损、耐腐蚀、润滑等性能	氧化物金属陶瓷可用于制造高速切削材料及高温材料；碳化铬可用于制造耐蚀、耐磨喷嘴，重载轴承，高温无油润滑件；钴基碳化钨可用于制造切割工具、拉丝模、阀门；镍基碳化钨可用于制造火焰管喷嘴等高温零件
	弥散强化复合材料	将硬质粒子氧化钇等均匀分布到合金（如镍铬合金）中，能耐1100℃以上高温	用于制造耐热件
复合材料层叠	多层复合材料	钢—多孔性青铜—塑料三层复合	用于制造轴承、热片、球头座耐磨件
	玻璃复层材料	两层玻璃板间夹一层聚乙烯醇缩丁醛	用于制造安全玻璃
	塑料复层材料	普通铜板上覆一层塑料，以提高耐蚀性	用于制造化工及食品工业
复合材料骨架	多孔浸渍材料	多孔材料浸渗低摩擦系数的油脂或氟塑料	用于制造油枕及轴承，浸树脂的石墨可用做耐磨材料
	夹层结构材料	质轻，抗弯强度大	用于制造飞机机翼、舱门、大电动机罩等

8.2 形状记忆合金

形状记忆合金是一种新型功能材料，它具有温度感知和驱动性能。将这种合金在一定温度下变形后，再加热到某一温度之上，它能向形变前的形状恢复，这种现象称为形状记忆效应（Shape Memory Effect，简称 SME）。具有形状记忆效应的合金称为形状记忆合金（Shape Memory Alloy，简称 SMA），普通的金属材料在外力作用下先发生弹性形变，达到屈服点后产生塑性变形，外力去除后留下永久变形，不论加热到多高温度其形状也不能恢复。同时，形状记忆合金的形状记忆效应也不同于普通金属的热胀冷缩，它是由于马氏体相变而引起的，其应变变化量比一般热膨胀量大 2~3 个数量级，因此有很大的工业应用价值。

8.2.1 形状记忆合金的分类及特点

目前形状记忆合金主要分为 Ni - Ti 系、Cu 系和 Fe 系合金等。

1. Ni - Ti 系形状记忆合金

Ni—Ti 系形状记忆合金是最有实用化前景的一种形状记忆合金。其室温抗拉强度可达 1000MPa 以上，密度较小，为 $6.45g/cm^3$，疲劳强度高达 480MPa（2.5×10^7 循环周次），而且还有很好的耐蚀性。美国曾将其大量用于 F - 14 战斗机油路连接系统中。

日本开发了添加微量的 Fe 或 Cr 的 Ni - Ti 形状记忆合金，使其转变温度降至－100℃以下，特别适合用于制作低温环境下工作的驱动器等，从而进一步扩大了 Ni - Ti 形状记忆合金的应用范围。

2. Cu 系形状记忆合金

目前主要是 Cu - Zn - Al 合金和 Cu - Ni - Al 合金，它们是实用合金的开发对象。它们与 Ni - Ti 合金相比，制造加工容易，价格便宜，具有较好的记忆性能，而且相交点可在－100~300℃范围内调节，因此对该种材料的研究较具实用意义。但是目前 Cu 系形状记忆合金还不如 Ni - Ti 系形状记忆合金那样成熟，实用化程度还不高，阻碍 Cu 系形状记忆合金实用化的主要原因是合金的热稳定性差和容易引起晶界破坏。解决其脆性、晶粒粗大和循环失效等问题的主要途径是加入 Ti、Mn、V、B 及 Zr 等稀土微量元素，使合金晶粒细化。

3. Fe 系形状记忆合金

Fe 系形状记忆合金的研究要晚于前两项，主要有 Fe - Pt、Fe - Pd、Fe - Ni - Co - Ti 等系列合金，另外目前已知高锰钢和不锈钢也具有不完全性质的形状记忆效应。

在价格上，Fe 系形状记忆合金比 Ni - Ti 系和 Cu 系形状记忆合金低很多，因此具有明显的竞争优势。但 Fe 系形状记忆合金的研究与应用尚处于开始阶段，有待进一步发展。

8.2.2 形状记忆合金的用途

1. 工程应用

形状记忆合金的最早应用是在管接头和紧固件上。如用形状记忆合金加工成内径比欲连接管的外径小 4% 的套管，然后在液氮温度下将套管扩径约 8%，装配时将这种套管从液氮取出，把欲连接的管子从两端插入。当温度升高至常温时，套管收缩即形成紧固密封。这种连接方式接触紧密能防渗漏、装配时间短，远胜于焊接，特别适合于在航天、航空、核工业及海底输油管道等危险场合应用。

2. 医学应用

形状记忆效应和超弹性可广泛用于医学领域。如制造血栓过滤器、棒、牙齿矫形弓丝、接骨板、人工关节、人工心脏等。

3. 智能应用

形状记忆合金是一种集感知和驱动双重功能为一体的新型材料，因而可广泛地应用于各种自动调节和控制装置，也称作智能材料。如人们正在设想利用形状记忆材料研制像半导体集成电路那样的集记忆材料—驱动源—控制为一体的机械集成元件，形状记忆薄膜和细丝可能成为未来超微型机械手和机器人的理想材料，它们除温度外不受任何其他环境条件的影响，可在核反应堆、加速器、太空实验室等高技术领域中大显身手。

8.3 减 振 合 金

8.3.1 减振合金的分类及特点

使振动衰减的方法有系统减振、结构减振和材料减振三种。系统减振在外部设置衰减系统来吸收振动能；结构减振是在金属材料和金属材料中间夹入黏弹性高分子材料，制成夹心结构；材料减振不同于依靠金属以外的物质来防振的消极的系统减振和结构减振，而是利用金属材料本身具有大的衰减能力去消除振动或噪声的发生源，就是像 Cu 和 Mg 那样发不出金属声，但却像钢一样坚固的材料，即衰减能大、强度高的材料。在实用上，材料减振具有以下三方面的优点：

（1）防止振动。如可使导弹仪器控制盘或导航仪等精密仪器免除发射引起的剧烈冲击。

（2）防止噪声。如将其用在潜水艇或鱼雷推进器上，可防止敌视的声纳探索。

（3）增加疲劳寿命。如用于汽轮机叶片上，可增加疲劳寿命。

从金属学的机理对减振合金进行分类，大体上可分为复合型、强磁性型、位错型和双晶型四类。

1. 复合型

在强韧性的基体中，如果析出软的第二相，在基体和第二相的界面上，容易产生塑性流动或黏性流动，外部振动能在这些流动中被消耗掉，于是振动被吸收掉，但界面的作用还不甚清楚。

2. 强磁性型

对于铁磁材料，在受磁场作用时，会改变尺寸，这种现象称为磁致伸缩效应。外力作用于这些材料时，会产生磁致逆效应。此效应中的能量损耗就是吸收振动的主要原因。如由Fe、Cr、Al 组成的消声合金便是依据这种原理设计的。这类合金常在居里点以下使用。

3. 位错型

位错型材料是利用位错运动中的能量损耗作为减振的主要原因。$Mg-Zr$、$Mg-Mg_2Ni$

等合金系便属此类。这类合金使用温度常在 15℃ 以下。

4. 双晶型

双晶型材料是利用记忆合金的热弹性行为作为减振的主要原因。双晶型虽具有在高温下 $T<M_s$ 不能使用的缺点，但作为减振材料的主角，目前最引人注目。

8.3.2 减振合金的应用及发展

减振合金可广泛用于汽车车身、变速箱、刹车装置、发动机传动部件、空气净化器等汽车部件；冲压、各式齿轮等机械工程方面；桥梁、钢梯、削岩机等建筑部件；船舶用发动机的旋转部件、锥进器等；以及空调、洗衣机、变压器用防噪声罩和音响设备的喇叭等家电，此外还有打字机、穿孔机等办公设备。在航空、宇宙技术中可用作火箭、导弹、喷气式飞机的控制盘或导航仪等精密仪器以及发动机罩、汽轮机叶片等发动机部件。

另外，微晶超塑性材料将来在减振材料中可能占有相当的地位。随着晶粒细化技术的进展，将更加引人注目。有人认为这类材料的减振机理可能是由晶界引起的应力缓和松弛。

8.4　纳　米　材　料

纳米材料是指尺寸在 $1\sim100nm$[①] 范围内的纳米粒子、由纳米粒子凝聚成的纤维、薄膜、块体及与其他纳米粒子或常规材料（薄膜、块体）组成的复合材料。

8.4.1 纳米材料的特性

当颗粒尺寸进入纳米数量级时，其本身和由它构成的固体主要具有三个方面的效应，并由此派生出传统固体不具备的许多特殊性质。

1. 四个效应

1) 表面与界面效应

表面与界面效应是指纳米晶体粒表面原子数与总原子数之比随粒径变小而急剧增大后所引起的性质上的变化。例如粒子直径为 10nm 时，微粒包含 4000 个原子，表面原子占 40%；粒子直径为 1nm 时，微粒包含有 30 个原子，表面原子占 99%。主要原因就在于直径减少，表面原子数量增多。再例如，粒子直径为 10nm 和 5nm 时，比表面积分别为 $90m^2/g$ 和 $180m^2/g$。如此高的比表面积会出现一些极为奇特的现象，如金属纳米粒子在空中会燃烧，无机纳米粒子会吸附气体等。

2) 小尺寸效应

当纳米微粒尺寸与光波波长，传导电子的德布罗意波长及超导态的相干长度、透射深度等物理特征尺寸相当或更小时，它的周期性边界被破坏，从而使其声、光、电、磁，热力学等性能呈现出"新奇"的现象。例如，铜颗粒达到纳米尺寸时就变得不能导电；绝缘的二氧化硅颗粒在 20nm 时却开始导电；高分子材料加纳米材料制成的刀具比金刚石制品还要坚硬。利用这些特性，可以高效率地将太阳能转变为热能、电能，此外又有可能应用于红外敏

---

① $1nm=10^{-9}m$。

感元件、红外隐身技术等。

3）量子尺寸效应

当粒子的尺寸达到纳米量级时，费米能级附近的电子能级由连续态分裂成分立能级。当能级间距大于热能、磁能、静电能、静磁能、光子能或超导态的凝聚能时，会出现纳米材料的量子效应，从而使其磁、光、声、热、电、超导电性能变化。例如，有种金属纳米粒子吸收光线能力非常强，在 1.1365kg 水里只要放入千分之一这种粒子，水就会变得完全不透明。

4）宏观量子隧道效应

微观粒子具有贯穿势垒的能力称为隧道效应。纳米粒子的磁化强度等也有隧道效应，它们可以穿过宏观系统的势垒而产生变化，这种现象被称为纳米粒子的宏观量子隧道效应。

2. 物理特性

（1）低的熔点、烧结开始温度及晶化温度。如大块铅的熔点为 327℃，而 20nm 铅微粒熔点低于 15℃。

（2）具有顺磁性或高矫顽力。如 10~25nm 铁磁金属微粒的矫顽力比相同的宏观材料大 1000 倍，而当颗粒尺寸小于 10nm 时矫顽力变为零，表现为超顺磁性。

（3）光学特性。

①宽频吸收，纳米微粒对光的反射率低，吸收率高，因此金属纳米微粒几乎都呈黑色。

②蓝移现象，即发光带或吸收带由长波长移向短波长的现象。

（4）电特性。随粒子尺寸降到纳米数量级，金属由良导体变为非导体，而陶瓷材料的电阻则大大下降。

3. 化学特性

由于纳米材料比表面积大，处于表面的原子数量多，键态严重失配，表面出现非化学平衡、非整数配位的化学价，化学活性高，很容易与其他原子结合。如纳米金属的粒子在空气中会燃烧，陶瓷材料的纳米粒子暴露在大气中会吸附气体并与其反应。

4. 结构特性

纳米微粒的结构受到尺寸的制约和制备方法的影响。如常规 $\alpha-Ti$ 为典型的密排六方结构，而纳米 $\alpha-Ti$ 则为面心立方结构。

5. 力学性能特性

高强度、高硬度、良好的塑性和韧度是纳米材料引人注目的特性。如纳米 Fe 多晶体（粒径为 8nm）的断裂强度比常规 Fe 高 12 倍，纳米 SiC 的断裂韧性比常规材料提高 100 倍，纳米技术为陶瓷材料的增韧带来了希望。

8.4.2 纳米材料的分类

（1）按纳米颗粒结构状态，纳米材料可分为纳米晶体材料（又称纳米微晶材料）和纳米非晶态材料。

（2）按结合键类型，纳米材料可分为纳米金属材料、纳米离子晶体材料、纳米半导体材料及纳米陶瓷材料。

（3）按组成相数量，纳米材料可分为纳米相材料（由单相微粒构成的固体）和纳米复相材料（每个纳米微粒本身由两相构成）。

8.5 非晶态材料

非晶态金属原子结构上是典型的玻璃态，故又称为金属玻璃。非晶态金属及合金在力学、电学、磁学及化学性能等方面均有独特之处，其性能的决定因素是非晶态的结构特征。

8.5.1 强度与韧性

非晶态金属及合金的重要特性是具有高的强度和硬度。例如非晶合金 $Fe_{80}B_{20}$ 抗拉强度达 3530MPa，$Fe_{30}P_{13}C_7$ 抗拉强度达 3040MPa，而超高强度钢（晶态）的抗拉强度仅为 1800~2000MPa。可见非晶合金的强度远非合金钢所及。

非晶态合金伸长率低但并不脆，而且具有很高的韧性，许多淬火态的金属玻璃薄带可以反复弯曲，即使弯曲 180°也不会断裂。

8.5.2 铁磁性

非晶合金磁性材料具有高导磁率、高磁感、低铁损和低矫顽力等特性，且无磁各向异性，是非晶合金的重要应用领域。

8.5.3 耐腐蚀性

非晶合金具有很强的抗腐蚀性，其主要原因是能迅速形成致密、均匀、稳定的高纯度钝化膜。这是它具有广阔应用前景的原因之一。

总之，非晶金属和合金作为一种新型金属材料，具有许多优良特性。除以上所述外，还有超导性、低居里温度等特性。应用前景广阔，是材料科学瞩目的新领域。

8.6 磁性材料

由于磁体具有磁性，所以在功能材料中备受重视。磁体能够进行电能转换（变压器）、机械能转换（磁铁、磁致伸缩扳子）和信息存储（磁带）等。传统的磁性材料分为金属磁性材料和铁氧化磁性材料两大类，近年来，聚合物磁性体的开发，开拓了新的研究领域。

8.6.1 软磁材料

软磁材料对磁场的反应敏感。软磁材料的矫顽力很小，磁导率很大，故亦称高磁导率材料或磁芯材料。大量应用于变压器、发动机、电动机及磁记录中的磁头等。

Fe 是最早使用的磁芯材料。但只适用于直流电动机，作为交流电动机中磁芯材料时，能量损耗（Fe 损）较大。在 Fe 中加入 Si 可使磁致伸缩系数下降，电阻率增大，可用作交流电动机磁芯材料。w_{Si-Fe} 为 1‰~3‰合金用于转动机械中，w_{Si-Fe} 为 3‰~5‰合金用于变压器。

Fe-Ni、Fe-Al-Si、Fe-Al 及 Fe-Al-Si-Ni 合金作为磁芯材料，在电子器件中有广泛应用。如作交流磁芯材料，其耐磨性良好，可用于磁头材料。Fe-Al-Si 合金硬度高（500HV）、韧性低、易粉碎，一般作为压粉磁芯在低频下使用。

8.6.2 硬磁材料

硬磁材料（永磁材料）不易被磁化，一旦磁化，则磁性不易消失。目前使用的硬磁材料大体分为四类，即阿尔尼科（Alnico）磁铁、铁氧体磁铁、稀土类 Co 系磁铁和 Nd-Fe-B 系稀土永磁合金。

硬磁材料主要用于各种旋转机械（如电动机、发动机）、小型音响机械、继电器、磁放大器，以及玩具、保健器材、装饰品、体育用品等。

聚合物磁性材料分为结构型和复合型。结构型聚合物磁性材料是指本身具有强磁性的聚合物，又分为含金属原子型和不含金属原子型；复合型聚合物磁性材料主要以橡胶或塑料为基体，再混合磁粉加工制成。目前以橡胶复合磁体应用最广，可做冰箱、冷库门的密封条。

8.7 光学功能材料

光学功能材料是指在力、声、热、电、磁和光等外加场作用下，其光学性质发生变化，从而起光的开关、调制、隔离、偏振等功能作用的材料。

8.7.1 激光材料

激光，又名镭射（LASER），来源于经受激辐射引起光频放大的英文（Light Amplification by Stimulated Emission of Radiatton 的缩写）。原意表示光的放大及其放大的方式，现在用作由特殊振荡器发出的品质好、具有特定频率的光波之意。自第一台激光器诞生后，激光技术便成为一门新兴科学发展起来，并且激光的出现又大大促进了光学材料的发展。

1. 激光的产生及特点

1）激光的产生过程

当激光工作物质的粒子（原子或分子）吸收了外来能量后，就要从基态跃迁到不稳定的高能态，很快无辐射跃迁到一个亚稳态能级。粒子在亚稳态的寿命较长，所以粒子数目不断积累增加，这就是泵浦过程。当亚稳态粒子数大于基态粒子数，即实现粒子数反转分布，粒子就要跌落到基态并放出同一性质的光子，光子又激发其他粒子也跌落到基态，释放出新的光子，这样便起到了放大作用。如果光的放大在一个光谐振腔里反复作用，便构成光振荡，并发出强大的激光。

2）激光的特点

（1）相干性好，所有发射的光具有相同的相位；

（2）单色性纯，因为光学共振腔被调谐到某一特定频率后，其他频率的光受到相消干涉；

（3）方向性好，光腔中不调制的偏离轴向的辐射经过几次反射后被逸散掉；

（4）亮度高，激光脉冲有巨大的亮度，激光焦点处的辐射亮度比普通光高 108～1010 倍。

2. 常用激光材料

激光工作物质可分为固体激光工作物质、液体激光工作物质和气体激光工作物质。它们构成的激光器中固体激光器是最重要的一种，它不但激活离子密度大、振荡频带宽并能产生谱线窄的光脉冲，而且具有良好的机械性能和稳定的化学性能。固体激光工作物质又分为晶体和玻璃两种。

8.7.2 红外材料

1800 年，英国物理学家赫舍尔发现太阳光经棱镜分光后所得到光谱中还包含一种不可见光。它通过棱镜后的偏折程度比红光还小，位于红光谱带的外侧，所以称为红外线。红外材料是指与红外线的辐射、吸收、透射和探测等相关的一些材料。

1. 红外辐射材料

理论上，在 0K 以上时，任何物体均可辐射红外线，故红外线是一种热辐射，有时也称为热红外。但工程上，红外辐射材料只指能吸收热物体辐射而发射大量红外线的材料。红外辐射材料可分为热型、"发光"型和热—"发光"混合型三类。红外加热技术主要采用热型红外辐射材料。

红外辐射材料的辐射特性决定于材料的温度和发射率。而发射率是红外辐射材料的重要特征值，它是相对于热平衡辐射体的概念。热平衡辐射体是指当一个物体向周围发射辐射时，同时也吸收周围物体所发射的辐射能，当物体与外界进行能量交换慢到使物体在任何短时间内仍保持确定温度时，该过程可以看作是平衡的。

当红外辐射辐射到任何一种材料的表面上时，一部分能量被吸收，一部分能量被反射，还有一部分能量被透过。

2. 透红外材料

1）透红外材料的性质

透红外材料是指对红外线透过率高的材料。对透红外材料的要求，首先是红外光谱透过率要高，透过的短波限要低，透过的频带要宽。透过率定义与可见光透过率相同，一般透过率要求在 50% 以上，同时要求透过率的频率范围要宽。红外透波材料的透射短波限，对于纯晶体，决定于其电子从价带跃迁到导带的吸收，即其禁带宽度。透射长波限决定于其声子吸收，和其晶格结构及平均相对原子质量有关。

对用于窗口和整流罩的材料要求折射率低，以减少反射损失。对于透镜、棱镜和红外光学系统要求尽量宽的折射率。

对透红外材料的发射率要求尽量低，以免增加红外系统的目标特征，特别是军用系统易暴露。

2）透红外材料的种类

目前实用的光学材料有二三十种，可以分为晶体、玻璃、透明陶瓷、塑料等。

（1）利用晶体作为光学材料。在红外区域，晶体也是使用最多的光学材料。与玻璃相比，其透射长波限较长，折射率和色散范围也较大。不少晶体熔点高，热稳定性好，硬度大。而且只有晶体才具有对光的双折射性能。但晶体价格一般较贵，且单晶体不易长成大的尺寸，因此，应用受到限制。

（2）利用玻璃作为光学材料。玻璃的光学均匀性好，易于加工成型，成本低。缺点是透过波长较短，使用温度低于 500℃。红外光学玻璃主要有以下几种：硅酸盐玻璃、铝酸盐玻璃、镓酸盐玻璃、硫属化合物玻璃。氧化物类玻璃的有害杂质是水分，其透过波长不超过$7\mu m$。硫族化合物玻璃透过红外波长范围加宽。

（3）利用陶瓷作为光学材料。烧结的陶瓷，由于进行了固态扩散，产品性能稳定，目前已有十多种红外透明陶瓷可供选用。Al_2O_3透明陶瓷不只是透过近红外，而且还可以透过可见光，它的熔点高达2050℃，性能和蓝宝石差不多，但价格却便宜得多。稀有金属氧化物陶瓷是一类耐高温的红外光学材料，其中的代表是氧化钇透明陶瓷。它们大都属于立方晶系，因而光学上是各向同性的，与其他晶体相比晶体散射损失小。

（4）塑料也是红外光学材料，但近红外性能不如其他材料，故多用于远红外。

8.7.3　发光材料

发光是一种物体把吸收的能量，不经过热的阶段，直接转换为特征辐射的现象。

发光现象广泛存在于各种材料中，在半导体、绝缘体、有机物和生物中都有不同形式的发光。发光材料的种类也很多。它们可以提供作为新型和有特殊性能的光源，可以提供作为显示、显像、探测辐射场及其他技术手段。

按激发方式可分为光致发光材料、电致发光材料、阴极射线致发光材料、热致发光材料、等离子发光材料。

1. 发光机理

发光材料的发光中心受激后，激发和发射过程发生在彼此独立的、个别的发光中心内部的发光就称为分立中心发光。它是单分子过程，有自发发光和受迫发光两种情况。

自发发光是指受激发的粒子（如电子）受粒子内部电场作用从激发态 A 回到基态 G 时的发光。特征是与发射相应的电子跃迁的概率基本决定于发射体的内部电场，而不受外界因素的影响。

2. 发光特征

1）颜色特征

发光材料的发光颜色彼此不同，有各自的特征。已有发光材料的种类很多，它们发光的颜色也足可覆盖整个可见光的范围。材料的发光光谱可分为下列三种类型：

（1）宽带：半宽度为100nm，如$CaWO_4$；

（2）窄带：半宽度为50nm，如$Sr_2(PO_4)Cl：Eu^{3+}$；

（3）线谱：半宽度为0.1nm，如$GdVO_4：Eu^{3+}$。

一个材料的发光光谱属于哪一类，既与基质有关，又与杂质有关。随着基质的改变，发光的颜色也可改变。

2）强度特征

发光强度随激发强度而变，通常用发光效率来表征材料的发光本领。发光效率有：量子效率、能量效率及光度效率三种表示方法。量子效率是指发光的量子数与激发源输入的量子数的比值；能量效率是指发光的能量与激发源输入的能量的比值；光度效率是指发光的光度与激发源输入的能量的比值。

3）持续时间特征

最初发光分为荧光及磷光两种。荧光是指在激发时发出的光，磷光是指在激发停止后发出的光。发光时间小于 $10\sim8s$ 为荧光，大于 $10\sim8s$ 为磷光。当时对发光持续时间很短的发光无法测量，才有这种说法。现在瞬态光谱技术已经把测量的范围缩小到 $10\sim12s$ 以下，最快的脉冲光输出可短到 8fs（$1fs=10\sim15s$）。所以，荧光、磷光的时间界限已不清楚。但发光总是延迟于激发的。

8.7.4 光色材料

变色眼镜片在较强阳光照射下，能在几十秒钟内自动变暗，而无光照射时几分钟内又可自动复明，某些天然矿物，如方钠石和荧石等，在阳光下也会发生颜色变化。材料受光照射着色，停止光照时，又可逆地退色，这一特性称为材料的光色现象。这类材料称为光色材料。

1. 光色玻璃

到目前为止，已发现几百种光色材料，光色玻璃是其中的一种重要材料。

根据照相化学原理制成的含卤化银的玻璃是一种光色材料。它是以普通的碱金属硼硅酸盐玻璃的成分为基础，加入少量的卤化银如氯化银（AgCl）、溴化银（AgBr）、碘化银（AgI）或它们的混合物作为感光剂，再加入极微量的敏化剂制成。

加入敏化剂的目的是为了提高光色互变的灵敏度。敏化剂为砷、锑、锡、铜的氧化物，其中氧化铜特别有效。将配好的原料采用和制造普通玻璃相同的工艺，经过熔制、退火和适当的热处理就可制得卤化银光色玻璃。

2. 光色晶体

一些单晶体也具有光色互变特性，用白光照射掺稀土元素（Sm）和铕（Eu）的氟化钙（CaF_2）单晶体时，能透过晶体的光的波长为 $500\sim550nm$，绿光较多，晶体呈绿色；如果这晶体用紫外光照射一下，绿色就退去，变成无色，如再用白光照射，又会变成绿色。

对于光色晶体颜色的可逆变化，通常是由于材料中（含微量掺杂物）存在两种不同能量的电子陷阱，它们之间发生光致可逆电荷转移。在热平衡时（光照处理前），捕获的电子先占据能量低的 A 陷阱，吸收光谱为 A 带。当在 A 带内曝光时，电子被激发至导带，并被另一陷阱 B（能量高于 A 陷阱）捕获，材料转换成吸收光谱为 B 带的状态，即被着色了。如果把已着色的材料在 B 带内曝光（或用升高温度的热激发）时，处于 B 陷阱内的电子被激发到导带，最后又被 A 陷阱重新捕获，颜色被消除。

3. 光储存材料

光色材料一个重要用途是作为光存储材料，由于光色材料的颜色在光照下发生可逆变化，所以产生两种型式的光学存储，即"写入"型与"消除"型，写入型是用适当的紫光或紫外线辐射来"转换"最初处于热稳定或非转换态的材料。消除型是用适当的可见"消除"光对预先在转换辐射下均匀曝光而变黑了的材料进行有选择的光学消除。通常记录全息图都采用消除型。当样品材料在干涉型消除光下曝光时，就形成吸收光栅。入射光最弱的地方为最大吸收（消除效果差），入射光最强的地方为最小吸收（消除效果好）。

信息读出时，照明光通过吸收光栅，光栅衍射以再现所存储的信息。为消除全息图，只需用光照射晶体使其重新均匀着色，恢复到原来的状态。光色材料用于全息存储具有如下特点：

（1）存储信息可方便地擦除，并能重复进行信息的擦写；

（2）具有体积存储功能，利用参考光束的入射角度选择性，可在一个晶体中存储多个全息图；

（3）可以实现无损读出，只要读出时的温度低于存储时的使用温度。

8.7.5　液晶材料

一般物质，在温度较低时为晶体，加热后变为液体。然而，有相当多的有机物质，在从固态转变为液态之前，经历了一个或多个的中间态，它们的性质，介于晶体与液体之间，称为液晶。

1888 年奥地利植物学家莱尼茨尔发现将结晶的胆甾醇苯甲酸酯加热到 145.5℃时，熔解为混浊黏稠的液体，当继续加热到 178.5℃时，则形成透明的液体。1889 年德国物理学家莱曼将 145.5～178.5℃之间的黏稠混浊液体用偏光显微镜观察时，发现它具有双折射现象。莱曼把这种具有光学各向异性、流动性的液体称为液晶。

液晶在电子学方面可用于液晶电子光快门、微温传感器、压力传感器等方面。液晶显示器是液晶在电子学方面的重要应用，已用于各种计量仪器、家用电器、电子计算器、手表、计算机等方面。

8.8　绿　色　材　料

8.8.1　绿色材料的概念

传统材料的研究、开发与生产往往过多地追求良好的使用性能，而对材料的生产、使用和废弃过程中需消耗大量的能源和资源，并造成严重的环境污染，危害人类生存的严峻事实重视不够。从材料的生产—使用—废弃的过程来看，这是一个将大量的资源提取出来，又将大量的废弃物排回到自然环境的过程。可以说，人类在创造社会文明的同时，也在不断地破坏人类赖以生存的环境空间，几千年来人类文明的不断进步，也使人类与环境的矛盾日益尖锐。现实要求人类从节约资源和能源、保护环境，以及人类社会可持续发展的角度出发，重新评价过去研究、开发、生产和使用材料的活动，改变单纯追求高性能、高附加值的材料，而忽视生存环境恶化的做法；探索发展既有良好性能或功能，又对资源和能源消耗较低，并且与环境协调性较好的材料及制品。

1988 年，第一届国际材料科学研究会提出了"绿色材料"的概念。1992 年，国际学术界明确提出：绿色材料是指在原料采取、产品制造、使用或者再循环以及废料处理等环节中对地球环境负荷最小和有利于人类健康的材料。环境负荷主要包括资源的摄取量、能源的消耗量、污染物的排放量及其危害、废弃物排放量及其回收处置的难易程度等因素。

8.8.2　绿色材料的特点及评价

1. 绿色材料的特点

绿色材料最大特点是与环境具有良好的协调性。这主要表现在两个方面：

（1）在其生命周期全程（原材料获取、生产、加工、使用、废弃、再生等）具有很低的环境负荷值。环境负荷值是评价一种材料对生态和环境的污染程度及再生利用率高低的综合指标。具有高的再生利用率并对生态和环境的污染小的材料具有低的环境负荷值。该值通常有标准设定值，该设定值可作为评判标准。由于科学技术的进步和人类环境意识的提高，环境污染标准和等级应不断修改和提高，其值表现出一定的动态性。有些材料从某一过程看，它是与环境相协调的，但从其全过程来看，就不一定了。如有些高分子材料，在制备过程中，其环境污染较小，而在废弃处置过程中环境污染却很大。又如某些环境净化材料，虽然在使用阶段具有净化环境的能力，但它在生产和废弃处理过程中的环境污染量可能大于其净化量，这些材料都不能说具有良好的环境协调性，也不能认为是绿色材料。

（2）具有很高的循环再生率。绿色材料本身就可以节约资源、能源，减少原材料生产制造过程中的污染。从某种意义上讲，具有很高的循环再生率也是具有较低环境负荷的表现之一。

2. 绿色材料的评价

材料是否是绿色材料，绿色程度有多大，这对材料比较和选择具有重要作用，这种材料的选择决策就是绿色材料评价。常用的材料绿色程度的评价方法如下：

（1）材料的LCA（Life Cycle Assessment）评价。生命周期评价LCA是一个对产品从原材料取得阶段到最终废弃处理的全过程中对社会和环境影响的评价方法。它把环境分析和产品设计联系起来。其主要内容有成本分析、能源分析、二氧化碳分析、灾害分析、材料的LCA、产品的LCA、社会的LCA和企业的LCA等。

（2）泛环境函数法。这是一个能量、资源和环境影响的综合评价方法。材料的评价不仅要考虑污染物的直接危害，还要考虑资源消耗和能源消耗的间接危害。这些危害和影响涉及的范围称为泛环境（Panenvironment），可用一个函数，即泛环境函数来描述。

（3）材料再生循环利用度的评价及表示系统。这是日本学者中野加都之提出的一种面向消费者的普及型绿色材料评价方法，它将产品（商品）的所有零部件分类并加以标识与说明：可以再生循环利用的原材料；再生循环利用；再生循环利用度。

8.8.3 绿色材料的分类

绿色材料是人类历史上继天然材料、金属材料、合成材料、复合材料、智能材料之后的又一新概念材料。从学科发展来看，分类代表了学科研究的程度，由于绿色材料还是一门刚刚兴起的学科，还没有一个统一的分类方法，不同的研究者从不同的角度或根据自己所掌握的材料和学识，可以有不同的分类方法。

1. 按照材料的组成和结构分类

按照材料的组成和结构，绿色材料可分为金属类绿色材料、无机非金属材料类绿色材料、有机高分子类绿色材料和生物资源高分子材料。

2. 按照材料的功能和用途分类

按照材料的用途，绿色材料可分为生物降解材料、循环再生材料、绿色建筑材料等。

1）生物降解材料

生物降解材料主要包括生物降解塑料和可降解无机磷酸盐陶瓷材料。在可持续发展的先进材料中，生物降解塑料一直是近几年的最热门课题之一。由于白色垃圾的压力，加之传统塑料回收利用的成本较高，且再生塑料制品的性能往往不尽如人意，生物降解塑料及其制品日趋流行。目前，市场上主要有两类产品，一类是淀粉基热塑性塑料制品，另一类是脂肪族完全生物降解塑料，在世界上已工业化规模生产，尤其是光与生物共降解塑料的开发是目前研究和工业规模化开发的重点，具体的工作包括：结构、成分对降解性能的影响，合成工艺与塑料可降解性能的关系，生物降解塑料的生产工艺条件研究等。另外，关于改进普通塑料生产过程使之与环境协调的工作也有研究，如采用新的工艺流程和新的催化剂等。

2) 循环与再生材料

材料的再生利用是节约资源、实现可持续发展的一个重要途径，同时，也减少了污染物的排放，避免了末端处理的工序，增加了环境效益。废弃物再生利用在全世界已比较流行，特别是材料再生及循环利用的研究几乎覆盖了材料应用的各个方面。例如，各种废旧塑料、农用薄膜的再生利用，铝罐、铁罐、塑料瓶、玻璃瓶等旧包装材料的回收利用，冶金炉渣的综合利用，废旧电池材料、工业垃圾中金属的回收利用等，正在进行工业化规模的实施。目前研究的热点是各种先进的再生、循环利用的工艺及设备系统等。

一般来说，可再生循环制备和使用的材料具有以下特征：

(1) 多次重复循环使用；

(2) 废弃物可作为再生资源；

(3) 废弃物的处理消耗能量最少；

(4) 废弃物的处理对环境不产生二次污染或对环境影响最小。

3) 净化材料

开发门类齐全的环境保护工程材料，改善地球的生态环境，也是绿色材料研究的一个重要方面。一般来说，环境工程材料可分为治理大气污染或水污染、处理固态废弃物等不同用途的材料。在治理大气污染方面，目前的主要热点是开发脱除、转化燃煤和汽车废气排放的氮氧化物的技术和材料，主要有吸附技术、分离技术和催化转化技术及其相应的材料。

4) 绿色建筑材料

世界上用量最多的材料是建筑材料（简称建材），特别是培体材料和水泥，我国用量为 $20 \times 10^8 \mathrm{t/a}$，其原料来源于绿色土地，每年约有 $5 \times 10^8 \mathrm{m}^2$ 的土地遭到破坏。同时，工业废渣、建筑垃圾和生活垃圾的堆放也占用大量的绿色土地，造成了地球环境的恶化。另外，人类有一半以上的时间在建筑物中度过，人们更需要改变居住的小环境。为此，对建材的要求是：最大限度地利用废弃物，具有节能、净化、有利于健康的功能。绿色建筑材料是指采用清洁生产技术，不用或少用天然资源和能源，大量使用工业、农业或城市固态废弃物生产的无毒害、无污染、无放射性，达到使用周期后可回收利用，有利于环境保护和人体健康的建筑材料。

3. 按照材料对环境的影响程度分类

1) 天然材料

天然材料是指取自于自然界，不经或经过少量基本加工的材料，分为天然有机材料和天然无机材料两大类，主要包括天然岩石、矿物、天然木材、各种生物质等在利用这些材料时不需要过多地消耗能源，且在废弃时也不会产生太多的污染。

2）循环再生材料

循环再生材料是指可多次重复循环使用，废弃物可作为再生资源的材料，如普通钢铁、铝等、有机高分子材料、玻璃、陶瓷等。

3）低环境负荷材料

低环境负荷材料是指废弃物在处理或处置过程中不形成二次污染、能耗和物耗很小的材料，主要包括一些有机高分子材料（如生物降解、光生物降解塑料薄膜）和无机材料（如部分矿渣等）。这类材料对环境的影响相对较小。

4）环境功能材料

环境功能材料是指在使用中具有净化、治理、修复环境的功能，本身易于回收或再生的材料。例如，汽车尾气净化材料、污水环境处理材料、废气处理材料、隔声材料、隔热材料、电磁屏蔽材料、抗菌材料、光自动调节材料等。

习　题

一、名词解释
复合材料、增强相、基体相、形状记忆合金、纳米材料、绿色材料
二、综合题
1. 复合材料的分类方法有哪些？
2. 复合材料各种增强方法的机制是什么？
3. 影响复合材料广泛应用的因素是什么？通过什么途径可进一步提高其性能，扩大其使用范围？
4. 简述形状记忆合金的分类、特点及应用。
5. 简述减振合金的分类、特点及应用。
6. 纳米材料的特性是什么？
7. 非晶态材料的性能特点是什么？
8. 简述绿色材料的分类、特点及应用。

第9章 金属表面工程技术

表面现象以及表面变化过程是自然界普遍存在的。工程上，几乎所有的零部件都不可避免要与环境接触，而与环境直接接触的正是零部件的表面。表面在于环境相互作用地过程中，往往会发生腐蚀、磨损、氧化、浸蚀，从而引发零部件飙升发生破坏或失效，进而引起零部件的破坏或失效。因此，表面是防止设备失效的第一道线。表面工程是指表面预处理后，通过表面强化、表面改性或多种表面工程技术复合处理，改善固体金属表面或非金属表面的形态、化学成分。组织结构以及应力状态，以获得所需表面性能的系统性工程。

表面强化技术是表面工程的一个分支，是指材料表面增加或不增加外来材料，靠施加外力、热处理或其他手段改变材料表面的组织结构，从而改善机械零件和构件表面性能的工艺方法。表面强化的主要方法有：表面形变强化、等离子体扩渗技术、激光表面强化技术、电子束表面强化技术、电火花表面强化技术等。

表面改性技术是指采用某种工艺手段使材料表面获得与基体材料的组织结构、性能不同的技术。材料经过表面改性处理后，既能发挥基体材料的力学性能，又能使材料的表面获得一定的特殊性能。表面改性的主要方法有：化学转化膜技术、表面热处理（包括表面淬火和化学热处理，见第 5 章 5.3 节）、热喷涂和热喷焊技术、气相沉积技术、三束表面改性技术等。

由于表面被强化的过程一般伴随着表面性能的改变，因此某些表面工程技术的分类不要限定，应注重各种技术的机理及特点。

9.1 金属表面强化技术

9.1.1 表面形变强化

表面形变强化是通过机械手段（滚压、喷丸等）在金属表面产生压缩变形，使表面形成硬化层，形变硬化层深度可达 $0.15\sim1.5\text{mm}$，表面形变强化的方法主要有：喷丸强化、表面滚压技术、孔挤压强化。压缩过程中，形变硬化层中将产生以下两种变化：（1）从组织结构上看，强化层内位错的密度极高，晶格的畸变度大，在交变应力的作用下，符号相反的位错相遇后会相互抵消，符号相同的位错将重新排列。此时，强化层内位错密度虽有下降，但会逐渐形成更加细小的亚晶粒。（2）从应力状态上看，由于表层与内层的金属变形程度不平衡，表层金属向四周塑变延伸时，会受到内层金属的阻碍，在强化层内形成了较高的宏观残余压应力。

1. 喷丸强化

喷丸强化，又称受控喷丸强化，是将高速弹丸流喷射到零件表面，使零件表层发生塑性变形，从而形成一定厚度的强化层，由于零件表面压应力的存在，当零件承受载荷时可以抵消一部分应力，从而提高零件的疲劳强度。喷丸强化如图 9.1 所示。

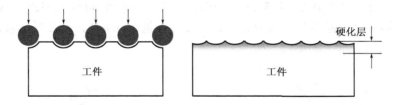

图 9.1　喷丸强化过程示意图

　　在室温下利用高速喷射的细小硬质弹丸打击工件表面，使表面层在再结晶温度下产生弹性、塑性变形，如图 9.2 所示，并呈现较大的残余压应力，因为当每颗钢丸撞击金属零件上，宛如一个微型棒槌敲打表面，捶出小压痕或凹陷。为形成凹陷，金属表层必定会产生拉伸。表层下，压缩的晶粒试图将表面恢复到原来形状，从而产生一个高度压缩力作用下的半球，无数凹陷重叠形成均匀的残余压应力层，从而提高表面疲劳强度和抗应力腐蚀的能力。

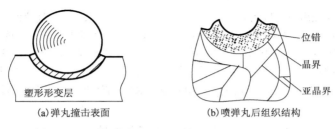

(a)弹丸撞击表面　　　　　(b)喷弹丸后组织结构

图 9.2　喷丸表面的塑性变形

　　喷丸也可以用来清除厚度不小于 2mm 或不要求保持准确尺寸及轮廓的中型、大型金属制品以及铸锻件上的氧化皮、铁锈、型砂及旧漆膜，是表面涂（镀）覆前的一种清理方法。喷丸强化是一个冷处理过程，它被广泛用于提高长期服役于高应力工况下的金属零件，如飞机引擎压缩机叶片、机身结构件、汽车传动系统零件等的抗疲劳属性。

　　喷丸按射出弹丸的速度分为普通喷丸和超音速表面喷丸，超音速喷枪射出的弹丸速度为 300～500m/s，并随着零件的转动，可实现对整个零件表面的喷丸强化。

　　1）喷丸强化的设备

　　按驱动弹丸的方式，可将喷丸强化机分为机械离心喷丸机和气动喷丸机两大类。此外喷丸机又有干喷和湿喷之分，干喷式喷丸机工作条件差，湿喷式喷丸机是将弹丸混合成悬浮状，然后喷出弹丸，因此工作条件有所改善。

　　（1）机械式离心喷丸机弹丸在高速旋转的叶片和叶轮离心力的作用下被加速抛出。该型喷丸机喷丸功率小，制造成本高，主要用于喷丸强度高、品种少、批量大、形状简单、尺寸较大的工件，如图 9.3 所示。

　　（2）气动离心喷丸机以压缩空气为驱动力，将弹丸加速到较高速度后，随后弹丸撞击工件的受喷表面。该型喷丸机可通过控制气压来控制喷丸强度，操作灵活，一台机器可喷多个零件，适用于喷丸强度低、品种多、批量小、形状复杂、尺寸较小的零部件，但功耗大、生产效率低，如图 9.4 所示。

　　2）弹丸的种类

　　钢丝线切割丸：常用钢丝直径 $d=0.4～1.2mm$，硬度以 45～50 HRC 为最佳，组织最好是回火 M 或者 B。

铸钢丸：弹丸尺寸为 0.2～1.5mm，经退火处理，硬度为 30～57 HRC，易碎，耗量大，但价格便宜。铸钢丸的品质与含碳量有关，一般含碳量在 0.85%～1.2%，锰含量在 0.65%～1.2%。

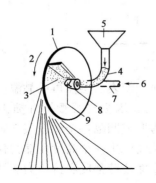

图 9.3　机械离心式喷丸机

1—叶轮；2—叶轮转向；3—接触叶片前的弹丸；
4—弹丸输送管；5—漏斗；6—压缩空气；7—喷射管；
8—90°弯曲喷管；9—弹丸

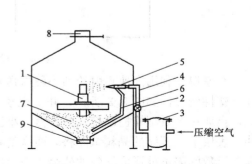

图 9.4　气动离心式喷丸机

1—零件；2—阀门；3—空气过滤器；4—管道；
5—喷嘴；6—导丸管；7—储丸箱；8—排尘管；
9—转换口

玻璃弹丸：含 60% 的 SiO_2，硬度为 46～50HRC，脆性大，适用于零件硬度低于弹丸的硬度的场合。

陶瓷弹丸：弹丸硬度高，但脆性大，喷丸后可获得较高的残余压应力。

液态喷丸：包括 SiO_2 颗粒和 Al_2O_3 颗粒。喷丸时用水混合 SiO_2 颗粒，利用压缩空气溅射。

2. 表面滚压技术

表面滚压技术是在一定压力作用下，滚球或辊轴对被加工零件表面进行滚压或挤压，使其发生塑性变形，形成强化层的工艺过程，如图 9.5 所示。

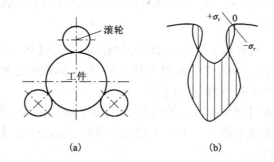

图 9.5　表面滚压强化示意图

表面滚压技术的表面改性层深度可达到 5mm 以上，仅适用于一些形状简单的平板类零件、轴类零件和沟槽类零件等，对形状复杂的零件表面无法应用。表面滚压技术具有很多无法比拟的优点，如表面滚压技术仅改变了材料的物理状态，并未改变材料的化学成分；表面滚压技术采用的工具和工艺比较简单，加工效率高；滚压滚压技术是一种无切削加工工艺，在加工过程中不会产生废屑、废液，对环境的污染少，符合"绿色制造"的发展理念。此外，表面滚压技术可消除零件表面因切削加工引起的拉应力，并使零件表面处于压应力状态，残余的压应力既可以使裂纹尖端闭合又可以抑制裂纹尖端的扩展，从而进一步提高零件的疲劳寿命，该技术在工业中得到了广泛的应用，产生了巨大的经济效益。

1）作用机理

（1）微观组织机理。经过切削加工之后，金属的表面都残留有刀具的切削痕迹，在微观下观察可以看见金属的表面呈现出凹凸不平之状。滚压加工是一种压力光整加工，在滚刀的作用下金属表面会发生强烈的塑性变形。根据工程材料的相关理论，金属发生塑性变形的基本方式是滑移，即晶体沿某一晶面和晶向相对于另一部分发生相对滑移。在外力的作用下，晶体不断滑移，晶粒在变形过程中逐步由软取向转动到硬取向，晶粒之间互相约束，阻碍晶粒的变形。由于工业所用金属多为多晶体，故金属能承受较大的塑性变形而不会被破坏。金属内部晶粒的不断滑移会使得晶粒的位错密度增加、晶格发生畸变，符号相反的位错相互抵消，符号相同的位错则重新排列行成更加微小的亚晶粒。晶粒越细小，位错密度越高，产生的变形分散就越多，因而不易产生局部的应力集中，使得滚压后的金属材料的屈服强度和疲劳性能得到显著提高。

（2）表面质量机理。金属表面质量的好坏常用表面粗糙度来衡量，表面粗糙是造成应力集中的主要因素之一，粗糙的表面易形成尖端切口，造成应力集中，而疲劳源则往往出现在应力集中处，在交变应力的作用下，应力集中促使疲劳裂纹的形成和扩展。表面越粗糙、尖端切口越尖锐，应力集中就越严重。滚压强化就是利用滚轮对工件表面的滚压作用，使工件表层金属产生塑性流动，填入到原始残留的低凹波谷中，从而降低工件表面的粗糙度，消除残留刀痕，减少应力集中，进而提高工件的疲劳寿命。

（3）残余压应力机理。早在 20 世纪 30 年代人们就发现，让零件表面产生残余压应力可以延长工件的疲劳寿命。金属材料表面的裂纹扩展的条件是外加交变载荷达到某一界限（即应力强度达到材料本身的临界应力强度时）。而滚压则可以减少表面原有的微观裂纹，还可以产生残余压应力，从而提高零件的疲劳寿命。

2）影响滚压效果的工艺参数

影响表面滚压效果的工艺参数主要有：滚压力、滚压次数和滚压速度等。滚压力即为滚轮压到工件表面上的力，其对工件的疲劳强度有很大的影响，但目前对其研究还不够成熟，没有数学公式能够准确地计算出最佳滚压力。最佳滚压力还与零件本身强度、零件尺寸、滚轮直径等因素有关，生产中则是通过工艺试验来确定最佳滚压力；滚压次数即为滚轮压过工件同一位置的次数，它对工件的疲劳强度有很大影响，次数较少时，工件表面未能达到应有的塑性变形，次数较多时，工件会产生接触疲劳，严重时会使表面脱落；滚压速度即为滚压加工时工件的转动速度，其对工件的疲劳强度影响不大，但影响滚压加工的效率，若转速过高，则会引起较大的塑性变形，转速过慢又会降低生产效率。在生产中需要根据实际情况来确定合适的滚压速度。

3）孔挤压强化

孔挤压强化是利用特定的工模具（棒、衬套、开合模具等）对工件的孔壁或周边进行连续、缓慢、均匀的挤压，使其形成一定厚度的塑性变形层，达到提高表面疲劳强度和抗应力腐蚀能力的一种表面强化工艺。

常采用的工艺方法：棒挤压、衬套挤压、压印模挤压、旋压挤压，如图 9.6 所示。

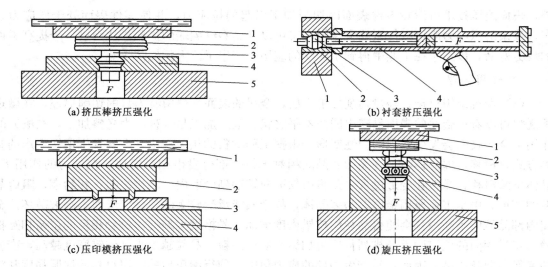

（a）挤压棒挤压强化　　　　　　　　　（b）衬套挤压强化

（c）压印模挤压强化　　　　　　　　　（d）旋压挤压强化

图 9.6　孔挤压强化的工艺方法

（a）1—液压机；2—夹头；3—挤压棒；4—零件；5—底座

（b）1—零件；2—衬套；3—挤压棒；4—拉拔枪

（c）1—液压机；2—压印模；3—零件；4—底座

（d）1—孔臂钻；2—夹头；3—挤压头；4—零件；5—底座

孔挤压强化主要针对内孔有抗疲劳要求或其他方法无法实现的工件，如飞机上的重要零件；压印模挤压适用于大型零件及蒙皮等关键承载件的强化；旋压挤压适用于起落架等大型零件的内孔强化等。

9.1.2　等离子体扩渗技术

等离子体是由大量的自由电子和离子组成且在整体上表现为近似电中性的电离气体。等离子化学热处理技术，又称等离子体扩渗技术（PDT）或粒子轰击扩渗技术，是利用低真空环境中气体辉光放电产生的离子轰击工件表面，使金属表面成分、组织结构及性能发生变化的工艺过程。

与普通气体热扩渗技术相比，离子热扩渗具有如下特点：

（1）离子轰击溅射将会去除工件表面的氧（钝）化膜或杂质，提高工件表面活性，使其易于吸附被渗元素，加快热扩渗速度；

（2）等离子体可激活反应气体，降低化学反应温度；

（3）可通过调节工艺参数控制热扩渗层的组织以及渗层的厚度；

（4）对环境无污染，是一种环境友好型的处理工艺。

等离子体可分为高温等离子体和低温等离子体。极光、日光灯、电弧、碘钨灯等属于低温等离子体，聚变、太阳核心等属于高温等离子体。

低温等离子体（也称非平衡等离子体）中的重粒子温度接近常温，而电子温度高达 10^3 ～10^4 K。

使气体由绝缘体变成导体的现象称为气体放电。气体放电的条件是：有一定的电场强度；气体中存在带电粒子。

在电场中，带电粒子发生定向运动。带电粒子与气体原子、带电粒子与电极之间发生一系列的物化变化，即带电粒子之间发生碰撞引起气体激发和电离；碰撞使原子中的电子从正常能级跃迁到较高能级，变成亚稳态的受激原子；受激电子返回基态时，将能量以光子的形式释放出来（辉光），若带电粒子撞击的能量较大，可能会将原子中的某个电子撞离原子（电离）。

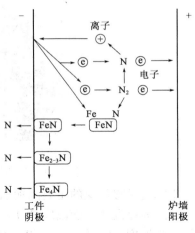

图 9.7　Kölbel 离子溅射渗氮模型

1. 离子渗氮的机理

1）Kölbel 离子溅射渗氮模型

高能氮离子轰击阴极使 Fe 原子溅射出阴极表面，Fe 原子与 N 原子结合形成 FeN，FeN，并重新沉积在工件表面（背散射），处于亚稳态的 FeN 按 FeN→ Fe_{2-3}N→ Fe_4N 的顺序依次分解，分解出的活性 N 原子渗入钢的表面或近表面，同时钢表面从外到内形成由 Fe_{2-3}N（ε 相）和 Fe_4N（γ′相）的渗氮层。如图 9.7 所示。

2）新的离子渗氮模型

新的直流离子渗氮模型如图 9.8 所示，离子渗氮装置如图 9.9 所示。

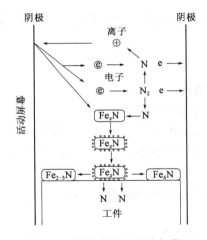

图 9.8　新的直流离子渗氮模型

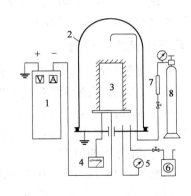

图 9.9　离子渗氮装置示意图

1—直流电源；2—真空室；3—工件；4—温控仪；
5—真空计；6—真空泵；7—流量计；8—供气系统

2. 离子渗氮工艺过程

（1）将清洗好的工件放入离子渗氮炉内，抽真空至 1Pa 左右；

（2）通入少量含氮气体，接通直流高压电源，使气体产生辉光并放电；

（3）溅射、净化被处理工件表面；

（4）调整气压和电压，将工件加热到所需要的处理温度，开始渗氮；

（5）保温一定时间，达到渗氮层要求的厚度；

（6）断电、工件在真空中冷至 200℃以下，出炉渗氮后的工件表面呈银灰色。

3. 离子渗氮的组织类型及影响因素

在小于 590℃（共析温度）的温度环境下进行渗氮，随着氮势的增加，渗氮层的组织自外向内依次为：ε→ ε＋γ′→ γ′＋扩散层 →α 扩散层，如图 9.10 所示。

图 9.10　38CrMoAl 钢渗氮后表面组织形貌（560℃×5h）

影响离子渗氮层的主要因素如下：

（1）渗氮温度：随温度升高，渗层厚度增加。当温度<550℃，γ'相比例随温度提高而增加；当温度>550℃后，ε相比例随温度提高而增加。

（2）渗氮时间：渗氮初期（<30min）渗速远大于气体渗氮速度，随时间延长，渗速减慢，逐渐接近气体渗氮速度。

（3）渗氮气体：常用的有氨、氮气＋氢气等。

（4）渗氮气压、电压和电流密度：气压越大，渗氮层越厚；放电功率越大，渗氮层越厚；电流密度越大，渗氮层越厚。

4. 离子渗氮层的性能

评价离子渗氮层的性能的指标主要包括以下几个方面：

（1）硬度：渗氮层的硬度取决于渗氮温度、钢中合金元素种类和钢种。

（2）疲劳强度：渗氮可以提高工件的疲劳强度，并随扩散层厚度的增加而提高。

（3）韧性：渗氮层中，仅有扩散层的部分韧性最好，有单相化合物层（ε相或γ'相）的次之，$\gamma'+\varepsilon$相混合相的最差。

（4）耐磨性：与其他渗氮方法相比，离子渗氮对滚动摩擦的耐磨性最好。

常用钢种的离子渗氮工艺见表9.1。

表 9.1　常用钢种的离子渗氮工艺

钢种	工艺参数			表面硬度 $HV_{0.1}$	化合物层深度 μm	总渗层深度 mm
	温度,℃	时间, h	压力, Pa			
38CrMoaIa	520～550	8～15	266～532	888～1164	3～8	0.30～045
40Cr	520～540	6～9	266～532	750～900	5～8	0.35～0.45
42CrMo	520～560	8～15	266～532	750～900	5～8	0.35～0.40
3Cr2W8V	540～550	6～8	133～400	900～1000	5～8	0.20～0.90
4Cr5MoVl	540～550	6～8	133～400	900～1000	5～8	0.20～0.30
Crl2MiV	530～550	6～8	133～400	841～1015	5～7	0.20～0.40
QT60 - 2	570	8	266～400	750～900	—	0.30

9.1.3　激光表面处理技术

激光表面处理技术是指利用激光束特有的性能特点，对材料表面进行处理并形成一定厚度的处理层，可以显著改善材料表面的力学性能、冶金性能、物理性能，从而提高零件、工件的耐磨、耐蚀、耐疲劳等性能，是一种高效且成熟的表面处理技术。

1. 激光表面处理技术的特点

（1）激光束处理后，材料表面的化学均匀性很高，晶粒细小，因而表面硬度高，耐磨性好，在不损失韧性的情况下获得了高的表面性能。

（2）输入热量少，热变形小。

（3）能量密度高，加工时间短。

（4）处理部位可以任意选择，如深孔、沟槽等特殊部位均可采用激光进行处理。

（5）工艺过程无需真空，无化学污染。

（6）激光处理过程中，表层发生马氏体转变而存在残余压应力，提高了其疲劳强度。

2. 激光表面处理设备

激光表面处理设备包括：激光器、功率计、导光聚焦系统、工作台、数控系统和软件编程系统。

3. 激光表面处理技术的原理及特点

激光是一种相位一致、波长一定、方向性极强的电磁波，激光束是由一系列反射镜和透镜来控制，所以激光束可以聚焦成直径很小的光束（直径只有 0.1 mm），从而可以获得极高的功率密度（$10^4 \sim 10^9 W/cm^2$）。按激光强度和辐射时间可将激光与金属之间的互相作用分吸收光束、能量传递、金属组织的改变和激光作用的冷却等阶段。

激光表面处理技术是采用大功率密度的激光束，以非接触性的方式加热材料表面，依靠材料表面自身的导热性达到冷却的目的，从而实现其表面强化的工艺方法。它在材料加工中的如下优点：

（1）能量传递方便，可以对被处理工件表面进行有选择性的局部强化；

（2）能量作用集中，加工时间短，热影响区小，激光处理后，工件变形小；

（3）能够处理表面形状复杂的工件，且容易实现自动化；

（4）改性效果比普通方法更显著，速度快，效率高，成本低；

（5）通常只能处理一些薄板金属，不适宜处理较厚的板材。

4. 激光表面处理后的组织类型

由于激光加热速率极快，相变过程是在很大的过热度下进行的，所以晶核的形核率很大。因加热时间短，碳原子的扩散及晶粒的长大均受到限制，所以得到的奥氏体晶粒较小。冷却速率也比使用任何淬火剂都快，因而易得到隐针或细针马氏体组织。通过对组织类型的观察，可将激光束处理后的钢表面进行区分，低碳钢可分为两层：外层是完全淬火区，组织是隐针马氏体；内层是不完全淬火区，保留有铁素体。中碳钢可分为四层：外层是白亮的隐针马氏体，硬度达 800HV，比一般淬火硬度高出 100 以上；第二层是隐针马氏体加少量屈氏体，硬度稍低；第三层是隐针马氏体加网状屈氏体，再加少量铁素体；第四层是隐针马氏体和完整的铁素体网。高碳钢也可分为两层：外层是隐针马氏体；内层是隐针马氏体加未溶碳化物。铸铁大致可分为三层：表层是熔化—凝固所得的树枝状结晶，此区随扫描速度的增大而减小；第二层是隐针马氏体加少量残留的石墨及磷共晶组织；第三层是较低温度下形成的马氏体。

5. 激光表面处理技术的分类

激光表面处理技术的分类如图 9.11 所示。

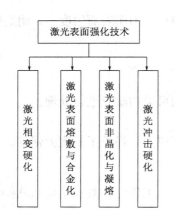

图 9.11　激光表面强化技术分类

1）激光相变硬化

激光相变硬化又称激光淬火，是指以高能密度的激光束照射工件表面，使得需要硬化的部位瞬间吸收大量光能，并将其立即转化为热能，从而使激光作用区的温度急剧上升，组织类型迅速转变为奥氏体，经快速冷却后，获得极细小马氏体和其他组织，其特点如下：

（1）材料表面可高速加热和高速自冷。加热速度可达 $10^4 \sim 10^9 \, ℃/s$，冷却速度可 $10^4 \, ℃/s$，这就有利于提高扫描速度及生产效率。

（2）激光淬火处理后的工件表面硬度高，一般来说比常规淬火硬度高 5%～20%，处理结束后可获得极细的硬化层组织。

（3）由于激光加热速度快，因而热影响区小，淬火应力及变形小。一般认为激光淬火处理几乎不产生变形，而且相变硬化可以使表面产生大于 4000MPa 的压应力，有助于提高零件的疲劳强度；但厚度小于 5mm 的零件其变形仍不可忽视。

（4）可以对形状复杂的零件以及不能用其他常规方法处理的零件进行局部硬化处理，如具有沟槽的零件。

（5）激光淬火工艺周期短，生产效率高，工艺过程易实现计算机控制，自动化程度高，可纳入生产流水线。

（6）激光淬火依靠自身的导热性，由表及里的传导自冷，无需冷却介质，对环境无污染。

2）激光表面熔敷

激光表面熔敷是在激光束作用下将合金粉末或陶瓷粉末与基体表面迅速加热并熔化，当光束移开后自冷却的一种表面强化方法。其特点如下：

（1）冷却速度快（高达 $10^6 \, ℃/s$），组织具有快速凝固的典型特征；

（2）热输入和畸变较小，涂层稀释率低（一般小于 5%），与基体呈冶金结合；

（3）粉末选择几乎没有任何限制，特别是低熔点金属表面熔敷高熔点合金；

（4）能进行选区熔敷，材料消耗少，具有卓越的性能价格比；

（5）光束瞄准可以使难以接近的区域熔敷；

（6）工艺过程易于实现自动化。

3）激光表面合金化

激光表面合金化是指在高能量激光束的照射下，使基体材料表面薄层与外加合金元素同时快速熔化、混合，形成厚度为 $10 \sim 1000 \, \mu m$ 的表面熔化层，熔化层在凝固时获得的冷却速度可达 $10^5 \sim 10^8 \, ℃/s$，相当于急冷淬火技术所能达到的冷却速度，又由于熔化层液体内存在着扩散作用和表面张力效应等物理现象，可使材料表面在很短时间（ $50 \mu s \sim 2 \, ms$）内形成具有预定深度及化学成分的表面合金层。

激光表面合金化工艺的最大特点是仅在熔化区和很小的影响区内发生成分、组织和性能的变化，对基体的热效应可减少到最低限度，引起的变形也极小。该种工艺既可满足表面的使用需要，同时又不牺牲结构的整体特性。

熔化深度由激光功率和照射时间来控制。在基体金属表面可形成厚度为 $0.01 \sim 2$ mm 的合金层。由于冷却速度高，使偏析最小，并显著细化晶粒。

4）激光冲击硬化

当短脉冲（几十纳秒）、高峰值、高功率密度（$>10\text{W/cm}^2$）的激光束辐射金属靶材时，金属表面吸收层吸收激光能量并发生爆炸性地汽化蒸发，产生高温（>10000 K）、高压（$>1\text{GPa}$）的等离子体，该等离子体受到约束层的约束时，将产生高强度压力冲击波，并作用于金属表面，随后向金属内部传播。当冲击波的峰值压力超过被处理材料的动态屈服强度时，材料表层就产生应变硬化现象，其内部将残留很大的压应力。这种新型的表面强化技术就是激光冲击强化，由于其强化原理类似喷丸，因此也称作激光喷丸。

激光冲击强化具有应变影响层深，冲击区域和压力可控，对表面粗糙度影响小，易于自动化等特点。与喷丸强化相比，激光冲击处理获得的残余压应力层可达 1mm，是喷丸强化的 $2 \sim 5$ 倍。而挤压、撞击强化等强化技术只能对平面或规则回转面进行。另外，激光冲击强化能很好地保持强化位置的表面粗糙度和尺寸精度。

5）激光表面非晶化

激光表面非晶化是利用激光熔池所具有的超高速冷却条件，使某些成分的合金表面形成具有特殊性能的非晶层。与其他非晶化方法比较，激光非晶化可以在工件表面大面积地形成非晶层，而且形成非晶的成分也可扩大。

9.1.4 电子束表面处理技术

利用高能电子束轰击材料表面，使其温度升高并发生成分、组织结构的变化，从而达到所需性能的工艺方法，称为电子束表面处理。它是以电场中高速移动的电子作为载能体，电子束的能量密度最高可达 10^9W/cm^2。电子束表面处理的特点是：由于电子束具有更高的能量密度，所以加热的尺寸范围和深度更大；设备投资较低，操作较简单（无须像激光束处理那样在处理前进行"黑化"）；因需真空条件，故零件的尺寸受到限制。

1. 电子束表面处理技术的原理

电子束就是高能电子流，这些电子是由阴极灯丝产生。带负电荷的电子束高速飞向高电位正极的过程中，经过加速器加速，又通过电磁透镜聚焦，电子束的功率得到提高，再经二次聚焦，其能量密度高度集中，并以极高的速度冲向工件表面极小的面积上，电子束携带的动能大部分转化为热能，所以材料表面的被冲击部分在几分之一微秒内，温度将会升至几千摄氏度，使材料瞬间熔化甚至气化。

2. 电子束表面处理技术的设备

电子束表面处理技术的设备由以下五个系统组成：

（1）电子枪系统发射高速电子流；

（2）真空系统保证系统所需的真空度；

（3）控制系统控制电子束的大小、形状、和方向；

（4）电流系统供给高低压稳压电流；

（5）传动系统控制工作台移动。

3. 电子束表面处理技术的特点

（1）将工件置于真空室中加热，没有氧化、脱碳，表面相变强化无需冷却介质，依靠基体自身的冷却行为，可实现"绿色表面强化"。

（2）电子束的能量转换率约为 $80\%\sim90\%$，能量集中，热效率高，可实现局部相变强化和表面合金化。

（3）由于热量集中，热作用点小，在加热时形成的热应力小，又由于硬化层浅，组织应力小，表面相变强化畸变小。

（4）电子束表面处理设备一次性投入比激光少（约为激光的 1/3），电子束使用成本也只有激光的一半。

（5）设备结构简单，电子束靠磁偏转动、扫描，不需要工件转动、移动和光传输机构。

（6）电子束表面处理的适用范围宽，可适用于各种钢材、铸铁和其他材料的表面处理，而且也适用于形状复杂的零件。

（7）电子束易激发 X 射线，使用过程中应注意保护。

4. 电子束表面处理技术的分类

电子束表面处理技术的分类如图 9.12 所示。

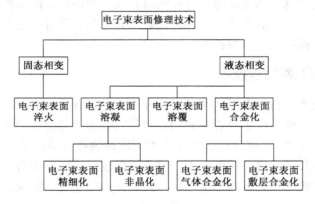

图 9.12　电子束表面处理技术的分类

1）电子束表面相变强化

对于有马氏体相变过程的金属，其工艺过程的关键是参数控制：电子束斑平均功率密度在 $10^4\sim10^5\,\mathrm{W/cm^2}$，加热速度为 $10^3\sim10^5\,\mathrm{℃/s}$，冷却速度可达 $10^4\sim10^6\,\mathrm{℃/s}$。

电子束快速熔凝造成过饱和固溶强化，并形成超细马氏体，硬度增大，表面呈残余压应力，从而提高了材料的耐磨性。

2）电子束表面重熔处理

电子束重熔可使合金的化学元素重新分布，降低某些元素的显微偏析程度，从而改善工件表面的性能。由于电子束重熔是在真空条件下进行的，有利于防止表面的氧化，因此电子束重熔处理特别适用于化学活性高的镁合金、铝合金等的表面处理。

3）电子束表面合金化

一般选择 W、Ti、B、Mo 等元素及其碳化物作为合金元素提高材料耐磨性；选择 Ni、Cr 等元素可提高材料的抗腐蚀性能；而适当添加 Co、Ni、Si 等元素能改善合金化效果。

4）电子束表面非晶化处理

将电子束的平均功率密度提高到 $10^6 \sim 10^7 \, \text{W/cm}^2$，作用时间缩短至 10^{-5} s 左右，使金属在基体与熔化的表层之间产生很大的温度梯度，在停止电子束照射后，金属表面快速冷却速率（$10^7 \sim 10^9 \text{s}^{-1}$）远远超过常规制取非晶的冷却速率（$10^3 \sim 10^6 \text{s}^{-1}$），所获非晶的组织形态致密，抗疲劳及抗腐蚀性能优良。

5）电子束表面薄层退火

当电子束作为表面薄层退火的热源使用时，所需要的功率密度要较上述方法低很多，以此降低材料的冷却速度。对于金属材料，此法主要应用于薄带的表面处理。另外，电子束退火还成功地应用于半导体材料上。

5. 电子束表面强化技术应用

模具钢经电子束表面强化后，材料的最表层发生熔化，表面重熔层的厚度达到 $10 \mu\text{m}$ 左右，熔化造成其表层显微硬度降低；表面碳化物颗粒溶解，基体固溶铬和能量增加，造成过饱和固溶强化，并形成超细化马氏体，试样显微硬度从 955.2HK 提高到 1169HK，相对耐磨性提高了 5.63 倍、轰击次数越多，影响区越深，显微硬度提高幅度越大。

9.1.5　电火花表面处理技术

电火花表面处理技术的基本原理是储能电源通过电极，以 $10 \sim 2000 \text{Hz}$ 的频率在电极与零部件之间产生火花放电，并将作为电极的导电材料熔渗到工件表面，形成合金化表面强化层，改善工件表面的物理及化学性能。

电火花表面强化层的性能主要取决于基体材料本身和电极材料，通常用的电极材料有 TiC、WC、ZrC、NbC、Cr_3C_2、硬质合金等。

1. 电火花表面处理技术过程

图 9.13 是电火花表面处理技术过程示意图。当电极与工件之间的距离较大时，电源经电阻 R 对电容充电，．电极在振动器的带动下向工件靠近，如图 9.13（a）所示；当电极与工件之间的间隙接近到某个距离时，间隙中的空气在强电场的作用下电离，产生火花放电，如图 9.13（b）所示；当电极和工件在发生放电部分的金属局部熔化甚至汽化时，电极继续接近工件并与工件接触，这时火花放电停止，在接触点流过短路电流，使该处继续加热，由于电极以适当压力压向工件，使熔化的材料相互粘接、扩散而形成合金或者新的化合物，如图 9.13（c）所示；电极在振荡器的作用下离开工件，如图 9.13（d）所示。

电火花表面处理技术的过程如下：

（1）高温高压下的物理化学冶金过程。电火花放电所产生的高温使电极材料和工件表面的基体材料局部熔化，气体受热膨胀产生的压力以及稍后电极机械冲击力的作用，使电极材料与基体材料熔合并发生物理和化学的相互作用，电离气体元素如氮、氧等的作用，使基体表面产生特殊的合金。

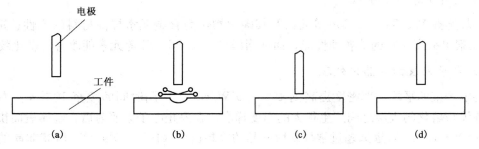

电极

工件

(a)　　　(b)　　　(c)　　　(d)

图 9.13　电火花表面强化过程示意图

　　（2）高温扩散过程。扩散过程既发生在熔化区内，也发生在液—固相界上。由于扩散时间非常短，液相元素向基体的扩散量有限的，扩散层很浅，但是基体与合金层也能达到较好的冶金结合。

　　（3）快速相变过程。由于热影响区的急剧升温和快速冷却，使工件基体熔化区附近部位经历了一次奥氏体化和马氏体化转变，细化了晶粒，提高了硬度，并产生了残余压应力，对提高疲劳强度有利。

2. 电火花表面处理技术的特点

1）优点

（1）设备简单，造价低；

（2）强化层与基体的结合非常牢固；

（3）工件内部不升温或者升温很低，无组织和性能变化，工件不会退火和变形；

（4）能耗低，材料消耗少；

（5）对处理对象无大小限制，尤其适合大工件局部处理；

（6）表面强化效果显著；

（7）可用来修复磨损超差的工件；

（8）操作简单，容易掌握。

2）缺点

（1）表面强化层较浅，一般深度仅为 0.02～0.5mm；

（2）表面粗糙度不会很低；

（3）小孔、窄槽难处理，表层强化层均匀性连续性较差。

9.2　金属表面改性技术

9.2.1　电镀

1. 电镀的定义及原理

电镀是一种利用电化学性质，在镀件表面上沉积所需形态的金属覆层的表面处理工艺。

电镀原理：在含有欲镀金属的盐类溶液中，以被镀基体金属为阴极，通过电解作用，使镀液中欲镀金属的阳离子在基体金属表面沉积，形成镀层。如图 9.14 所示。

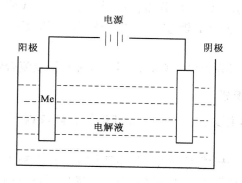

图 9.14 电镀原理图

电镀反应式如下：

阴极还原反应 $\qquad Me^{n+} + ne \longrightarrow Me$ (9.1)

阳极氧化反应 $\qquad Me - ne \longrightarrow Me^{n+}$ (9.2)

电镀的目的：获得不同于基体材料，且具有特殊性能的表面层，提高表面的耐腐蚀性及耐磨性。

镀层厚度一般为几微米到几十微米。

电镀的特点：电镀工艺设备较简单，操作条件易于控制，镀层材料广泛，成本较低，因而在工业中广泛应用，是材料表面处理的重要方法。

2. 镀层的分类

镀层种类很多，按使用性能分类如下：

（1）防护性镀层：例如锌、锌－镍、镍、镉、锡等镀层，作为耐大气及各种腐蚀环境的防腐蚀镀层。

（2）防护—装饰性镀层：例如 Cu - Ni - Cr 镀层等，既有装饰性，亦有防护性。

（3）装饰性镀层：例如 Au 及 Cu - Zn 仿金镀层、黑铬、黑镍镀层等。

（4）耐磨和减磨镀层：例如硬铬镀层、松孔镀层、Ni - SiC 镀层，Ni -石墨镀层、Ni - PTFE 复合镀层等。

（5）电性能镀层：例如 Au 镀层、Ag 镀层等，既有高的导电率，又可防氧化，可避免增加接触电阻。

（6）磁性能镀层：例如软磁性能镀层有 Ni - Fe 镀层、Fe - Co 镀层；硬磁性能有 Co - P 镀层、Co - Ni 镀层、Co - Ni - P 镀层等。

（7）可焊性镀层：例如 Sn - Pb 镀层、Cu 镀层、Sn 镀层、Ag 镀层等。可改善可焊性，在电子工业中应用广泛。

（8）耐热镀层：例如 Ni - W 镀层、Ni 镀层、Cr 镀层等，熔点高，耐高温。

（9）修复用镀层：一些造价较高的易磨损件，或加工超差件，采用电镀修复尺寸，可节约成本，延长使用寿命。例如可电镀 Ni、Cr、Fe 层进行修复。

若按镀层与基体金属之间的电化学性质可将其分为：阳极性镀层和阴极性镀层。当镀层相对于基体金属的电位为负时，镀层是阳极，称为阳极性镀层，如钢上的镀锌层；当镀层相对于基体金属的电位为正时，镀层呈阴极，称为阴极性镀层，如钢上的镀镍层、镀锡层等。

若按镀层的组合形式分，镀层可分为：单层镀层，如 Zn 或 Cu 层；多层金属镀层，例如 Cu－Sn/Cr 镀层、Cu/Ni/Cr 镀层等；复合镀层，如 Ni－Al_2O_3 镀层、Co－SiC 镀层等。

若按镀层成分分类，可分为单一金属镀层、合金镀层及复合镀层。

3. 电镀溶液的基本组成

主盐沉积金属的盐类主要有：单盐，如硫酸铜、硫酸镍等；络盐，如锌酸钠、氰锌酸钠等。

配合剂与沉积金属离子形成配合物，其主要作用是改变镀液的电化学性质和控制金属离子沉积的电极过程，配合剂是镀液的重要成分，对镀层质量有很大影响。常用配合剂有氰化物、氢氧化物、焦磷酸盐、酒石酸盐、氨三乙酸、柠檬酸等。

导电盐其作用是提高镀液的导电能力，降低槽端电压提高工艺电流密度．例如镀镍液中加入 Na_2SO_4。导电盐不参加电极反应，酸或碱类也可作为导电物质。

缓冲剂在弱酸或弱碱性镀液中，pH 值是重要的工艺参量。加入缓冲剂，使镀液具有自行调节 pH 值能力，以便在施镀过程中保持 pH 值稳定。缓冲剂要有足够量才能有效控制酸碱平衡，一般加入 $30\sim40g/L$，例如氯化钾镀锌溶液中的硼酸。

阳极活化剂在电镀过程中金属离子被不断消耗，多数镀液依靠可溶性阳极来补充，从而使金属的阴极析出量与阳极溶解量相等，保持镀液成分平衡。加入活性剂能维持阳极活性状态，不会发生钝化，保持正常溶解反应。例如镀镍液中必须加入 Cl^-，以防止镍阳极钝化。

特殊添加剂为改善镀液性能和提高镀层质量，常需加入某种特殊添加剂。其加入量较少，一般只有几克每升，但效果显著。这类添加剂种类繁多，按其作用可分为：

(1) 光亮剂——可提高镀层的光亮度。

(2) 晶粒细化剂——能改变镀层的结晶状况，细化晶粒，使镀层致密。例如锌酸盐镀锌液中，添加环氧氯丙烷与胺类的缩合物之类的添加剂，镀层就可从海绵状变为致密而光亮。

(3) 整平剂——可改善镀液微观分散能力，使基体显微粗糙表面变平整。

(4) 润湿剂——可以降低金属与溶液的界面张力，使镀层与基体更好地附着，减少针孔。

(5) 应力消除剂——可降低镀层应力。

(6) 镀层硬化剂——可提高镀层硬度。

(7) 掩蔽剂——可消除微量杂质的影响。

4. 电镀过程的基本步骤

电镀过程的基本步骤包括：液相传质、电化学还原、电结晶。

5. 影响电镀质量的因素

(1) 镀液：主盐溶度、配离子、附加盐；pH 值；析氢；电流参数：电流密度、电流波形；添加剂；温度；搅拌；基体金属：性质、表面加工状态；前处理。

(2) 电镀方式：挂镀。不能从水溶液中单独电镀的 W、Mo、Ti、V 等金属可与铁族元素（Fe，Co，Ni）共沉积形成合金；从而获得单一金属得不到的外观。

(3) 沉积合金的条件：①两种金属中至少有一种金属能从其盐的水溶液中沉积出来。②共沉积的两种金属的沉积电位必须十分接近。

表 9.2　电镀铅锡合金的工艺规范

镀液组成的质量浓度，g/L	1	2	3	4
氟硼酸铅	110～275	以 Pb 计 40～60	55～85	55～91
氟硼酸锡	50～70	以 Sn 计 15～30	70～95	99～148
游离硼酸				20～30
桃胶	3～5	1～3		3～5
明胶			1.5～2	
工艺规范				
温度，℃	室温	18～45	室温	室温
电流密度，A·dm^{-2}	1.5～2	4～5	0.8～1.2	0.8～1
镀层中锡的质量分数，%	6～10	15～25	45～55	45～65

9.2.2　化学镀

化学镀是指在没有外电流通过的情况下，利用化学方法使溶液中的金属离子还原为金属，并沉积在基体表面，形成镀层的一种表面加工方法。

被镀件浸入镀液中，化学还原剂在溶液中提供电子使金属离子还原沉积在镀件表面。其化学反应方程式如下：

$$M^{n+} + ne \longrightarrow M \tag{9.3}$$

化学镀时，还原金属离子所需的电子是通过化学反应直接在溶液中产生。完成过程有以下三种方式。

1. 置换沉积

利用被镀金属 M_1（如 Fe）比沉积金属 M_2（如 Cu）的电位更负，将沉积金属离子从溶液中置换在工件表面上，工程中称这种方式为浸镀。当金属 M_1 完全被金属 M_2 覆盖时，则沉积停止，所以镀层很薄。铁浸镀铜，铜浸汞，铝镀锌就是这种置换沉积。浸镀难以获得实用性镀层，常作为其他镀种的辅助工艺。

2. 接触沉积

除了被镀金属 M_1 和沉积金属 M_2 外，还有第三种金属 M_3。在含有 M_2 离子的溶液中，将 $M_1 - M_3$ 两金属连接，电子从电位高的 M_3 流向电位低的 M_1，使 M_2 还原沉积在 M_1 上。当接触金属 M_1 也完全被 M_2 覆盖后，沉积停止。在没有自催化性的功能材料上进行化学镀镍时，常用接触沉积引发镍沉积起镀。

3. 还原沉积

由还原剂被氧化而释放的自由电子，将金属离子还原为金属原子的过程称为还原沉积。其反应方程式如下：

还原剂氧化

$$R^{n+} \longrightarrow 2e^- + R^{(n+2)+} \tag{9.4}$$

金属离子还原

$$M^{2+} + 2e^- \longrightarrow M \tag{9.5}$$

工程上所讲的化学镀也主要是指这种还原沉积化学镀。

化学镀的条件是以下几个方面：

（1）镀液中还原剂的还原电位要显著低于沉积金属的电位，使金属有可能在基材上被还原而沉积出来。

（2）配好的镀液不产生自发分解，当与催化表面接触时，才发生金属沉积过程。

（3）调节溶液的 pH 值、温度时，可以控制金属的还原速率，从而调节镀覆速率。

（4）被还原析出的金属也具有催化活性，这样氧化还原沉积过程才能持续进行，镀层才能连续增厚。

（5）反应生成物不妨碍镀覆过程的正常进行，即溶液有足够的使用寿命。

化学镀镀覆的金属及合金种类较多，如 Ni - P、Ni - B、Cu、Ag、Pd、Sn、In、Pt、Cr 及多种 Co 基合金等，但应用最广的是化学镀镍和化学镀铜。化学镀层一般具有良好的耐蚀性、耐磨性、钎焊性及其他特殊的电学或磁学等性能，所以该种表面处理工艺能很好的完善材料的表面性能。

9.2.3 热喷涂技术、热喷焊技术

热喷涂技术、热喷焊技术都是利用热能（如氧－乙炔火焰、电弧、等离子火焰等）将具有特殊性能的涂层材料熔化后涂敷在工件上形成涂层的技术。具有可以制备比较厚的涂层（0.1～10mm）的特点，主要应用在制造复合层零件修复。

1. 热喷涂技术

1）热喷涂技术原理与特点

采用各种热源使涂层材料加热熔化或半熔化，然后用高速气体使涂层材料分散细化并高速撞击到基体表面，从而形成涂层的工艺过程，如图 9.15 所示。

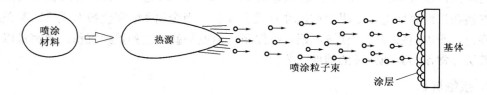

图 9.15 热喷涂的基本过程示意图

热喷涂过程主要包括：喷涂材料的熔化；喷涂材料的雾化；喷涂材料的飞行；粒子的冲击、凝固。

2）涂层材料

热喷涂对涂层材料有一定的要求，需满足的条件：有较宽的液相区，在喷涂温度下不易分解或挥发；热稳定性好；使用性能好；润湿性好；固态流动性好（粉末）；热膨胀系数合适。涂层材料按照喷涂材料的形状可分为线材和粉末。

3）热喷涂涂层的结合机理

（1）机械结合：熔融态的粒子撞击到基材表面后铺展成扁平状的液态薄层，嵌合在起伏

不平的表面，并形成机械结合。

（2）冶金结合：涂层与基体表面出现扩散和焊合，称为冶金结合。

（3）物理结合：当高速运动的熔融粒子撞击基体表面后，若界面两侧的距离在原子晶格常数范围内时，粒子之间依靠范德华力结合在一起。

4）涂层的形成过程

（1）喷涂材料被加热到熔融状态；

（2）喷涂材料被雾化成微小熔滴并高速撞击基体表面，撞击基体的颗粒动能越大和冲击变形越大，形成的涂层结合越好；

（3）熔融的高速粒子在冲击基材表面后发生变形，冷凝后形成涂层。

涂层的形成过程如图 9.16 所示。

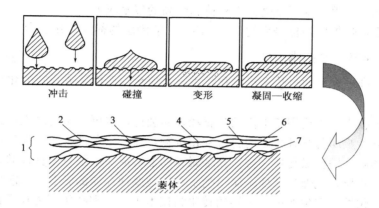

图 9.16　涂层形成过程示意图

涂层结构是由大小不一的扁平颗粒、未熔化的球形颗粒、夹杂和孔隙组成。孔隙存在的原因：未熔化颗粒的低冲击动能；喷涂角度不同时造成的遮蔽效应；凝固收缩和应力释放效应。适当的孔隙可以储存润滑剂、提高涂层的隔热性能、减小内应力以及提高涂层的抗热震性等，但是过多的孔隙将会破坏涂层的耐腐蚀性能、增加涂层表面的粗糙度，从而降低涂层的结合强度、硬度、耐磨性，所以在涂层的制备过程中应严格控制孔隙的数量。

2. 热喷焊技术

1）热喷焊技术的原理及特点

热喷焊技术是采用热源将涂层材料在基体表面重新熔化或部分熔化，并凝结于基体表面，形成与基体具有冶金结合的表面层的一种表面冶金强化方法，也称为熔结。相比于其他表面处理工艺，热喷焊所得的组织致密，冶金缺陷很少，与基体结合强度高，但是所用材料的选择范围窄，基材的变形比热喷涂大得多，热喷焊层的成分与原始成分有一定差别等局限性。

2）热喷焊技术的分类

热喷焊技术主要有火焰喷焊、等离子喷焊等。

（1）火焰喷焊：先在基体表面喷粉，再对涂层用火焰直接加热，使涂层在基体表面重新熔化，基体的表面完全润湿，界面有相互的元素扩散，形成牢固的冶金结合。

火焰喷焊特点：设备简单；工艺简单；涂层与基体的结合强度高；涂层的耐冲蚀磨损性能好。

（2）等离子喷焊：以等离子弧作为热源加热基体，使其表面形成熔池，同时将喷焊粉末材料送入等离子弧中，粉末在弧柱中得到预热，呈熔化或半熔化状态，被焰流喷射至熔池后，充分熔化并排出气体和熔渣，喷枪移开后合金熔池凝固，最终形成喷焊层。

等离子喷焊的特点：生产效率高；可喷焊难熔材料、稀释率低、工艺稳定性好、易实现自动化、喷焊层平整光滑、成分及组织均匀，涂层厚度更大且试验过程可精确控制。

3. 热喷焊技术与热喷涂技术的区别

（1）工件表面温度：喷涂时工件表面温度＜250℃；喷焊要＞900℃。

（2）结合状态：喷涂层以机械结合为主；喷焊层是冶金结合。

（3）粉末材料：喷焊用自熔性合金粉末，喷涂粉末不受限制。

（4）涂层结构：喷涂层有孔隙，喷焊层均匀致密无孔隙。

（5）承载能力：喷焊层可承受冲击载荷和较高的接触应力。

（6）稀释率：喷焊层的稀释率约5%～10%，喷涂层的稀释率几乎为零。

9.2.4 化学转化膜技术

化学转化膜技术就是通过化学或电化学手段，使金属表面形成稳定的化合物膜层的工艺过程。

化学转化膜技术，主要用于工件的防腐和表面装饰，也可用于提高工件的耐磨性能等方面。它是利用某种金属与某种特定的腐蚀液相接触，在一定条件下两者发生化学反应，由于浓差极化作用和阴、阳极极化作用等，在金属表面上形成一层附着力良好的、难溶的腐蚀生成物膜层。这些膜层，能保护基体金属不受水和其他腐蚀介质的影响，也能提高对有机涂膜的附着性和耐老化性。在生产中，采用的转化膜技术主要有和磷化处理和氧化处理。

1. 磷化处理

磷化是将钢铁材料放入磷酸盐的溶液中，获得一层不溶于水的磷酸盐膜的工艺过程。

钢铁材料磷化处理工艺过程如下：化学除油→热水洗→冷水洗→磷化处理→冷水洗→磷化后处理→冷水洗→去离子水洗→干燥。

磷化膜由磷酸铁、磷化锰、磷酸锌等组成，呈灰白或灰黑色的结晶。膜与基体金属结合非常牢固，并具有较高的电阻率。与氧化膜相比，磷化膜有较高的抗腐蚀性，特别是在大气、油质和苯介质中均有很好耐腐蚀性，但在酸、碱、氨水、海水及水蒸气中的耐腐蚀性较差。

磷化处理的主要方法为浸渍法、喷淋法和浸喷组合法。根据溶液温度不同，磷化又分为室温磷化、中温磷化和高温磷化。

浸渍法适用于高温、中温和低温磷化工艺，可处理任何形状的工件，并可获得不同厚度的磷化膜，且设备简单，质量稳定。厚磷化膜主要用于工件的防腐处理和增强表面的减摩性。喷淋法适用于中温和低温磷化工艺，可以处理面积大的工件，如汽车壳体、电冰箱、洗衣机等大型工件作为油漆底层和冷变形加工等。这种方法处理时间短，成膜速度快，但只能获得较薄和中等厚度的磷化膜。

2. 氧化处理

1）钢铁的氧化处理

钢铁的氧化处理也称发蓝，是将钢铁工件放入某些氧化性溶液中，使其表面形成厚度约

为 $0.5\sim1.5\mu m$ 致密而牢固的 Fe_3O_4 薄膜的工艺方法。发蓝通常不影响零件的精密度，常用于工具、仪器的装饰防护。它能提高工件表面的抗腐蚀能力，有利于消除工件的残余应力，减少变形，还能使表面光泽美观。氧化处理以碱性法应用最多。

钢铁的氧化处理所用溶液成分和工艺条件，可根据工件材料和性能要求确定。常用溶液由为 $500g/L$ 的氢氧化钠、$200g/L$ 的亚硝酸钠和余量水组成，在溶液温度为 $140℃$ 左右时处理 $6\sim9min$。

2）铝及铝合金的氧化处理

（1）阳极氧化法。

阳极氧化法是将工件置于电解液中，然后通电，得到硬度高、吸附力强的氧化膜的方法。常用的电解液有浓度为 $15\%\sim20\%$ 的硫酸、$3\%\sim10\%$ 的铬酸、$2\%\sim10\%$ 的草酸。阳极氧化膜可用热水煮，使氧化膜变成含水氧化铝，因体积膨胀而封闭。也可用重铬酸钾溶液处理而封闭，以阻止腐蚀性溶液通过氧化膜结晶间隙腐蚀基体。

（2）化学氧化法

化学氧化法是将工件放入弱碱或弱酸的溶液中，获得与基体铝结合牢固的氧化膜的方法。主要用于提高工件的抗腐蚀性和耐磨性，也用于铝及铝合金的表面装饰，如建筑用的防锈铝，标牌的装饰膜等。

9.2.5 气相沉积技术

气相沉积技术是指将含有沉积元素的气相物质，通过物理或化学的方法沉积在材料表面形成薄膜的一种新型镀膜技术。根据沉积过程的原理不同，气相沉积技术可分为物理气相沉积（PVD）和化学气相沉积（CVD）两大类。

1. 物理气相沉积

物理气相沉积（PVD）是指在真空条件下，用物理的方法，使材料汽化成原子、分子或电离成离子，并通过气相过程，在材料表面沉积一层薄膜的技术。物理沉积技术主要包括真空蒸镀、溅射镀和离子镀 3 种基本方法。

真空蒸镀是蒸发成膜材料使其汽化或升华沉积到工件表面形成薄膜的方法。根据蒸镀材料熔点的不同，其加热方式有电阻加热、电子束加热、激光加热等多种。真空蒸镀的特点是设备、工艺及操作简单，但因汽化粒子动能低，镀层与基体结合力较弱，镀层较疏松，因而耐冲击、耐磨损性能不高。

溅射镀是在真空下通过辉光放电来电离氩气，产生的氩离子在电场作用下加速轰击阴极，被溅射下来的粒子沉积到工件表面成膜的方法；其优点是气化粒子动能大、适用材料广泛（包括基体材料和镀膜材料）、均镀能力好，但沉积速度慢、设备昂贵。

离子镀是在真空下利用气体放电技术，将蒸发的原子部分电离成离子，与同时产生的大量高能中性粒子一起沉积到工件表面成膜的方法。其特点是镀层质量高、附着力强、均镀能力好、沉积速度快，但存在设备复杂、昂贵等缺点。

物理气相沉积具有适用的基体材料和膜层材料广泛；工艺简单、省材料、无污染；获得的膜层膜基附着力强、膜层厚度均匀、致密、针孔少等优点。已广泛应用于机械、航空航天、电子、光学和轻工业等领域制备耐磨、耐蚀、耐热、导电、绝缘、光学、磁性、压电、滑润超导等薄膜。

2. 化学气相沉积

化学气相沉积（CVD）是指在一定温度下，混合气体与基体表面相互作用而在基体表面形成金属或化合物薄膜的方法。

化学气相沉积的特点是：沉积物种类多，可分为沉积金属、半导体元素、碳化物、氮化物、硼化物等；并能在较大范围内控制膜的组成及晶型；能均匀涂敷几何形状复杂的零件；沉积速度快，膜层致密，与基体结合牢固；易于实现大批量生产。

由于化学气相沉积膜层具有良好的耐磨性、耐蚀性、耐热性及电学、光学等特殊性能，已被广泛应用于机械制造、航空航天、交通运输、煤化工等工业领域。

9.2.6　三束表面改性技术

三束表面改性技术是指将激光束、电子束和离子束（合称"三束"）等具有高能量密度的能源施加到材料表面，使之发生物理、化学变化，以获得特殊表面性能的技术。三束对材料表面的改性是通过改变材料表面的成分和结构来实现的。由于这些束流具有极高的能量密度，可对材料表面进行快速加热和快速冷却，使表层的结构与成分发生大幅度改变（如形成微晶、纳米晶、非晶、亚稳成分固溶体和化合物等），从而获得所需要的特殊性能。此外，束流技术还具有能量利用率高、工件变形小、生产效率高等特点。

1. 激光束表面改性技术

激光是由受激辐射引起的并通过谐振放大了的光。激光与一般光的不同之处是纯单色，具有相干性，因而具有强大的能量密度。由于激光束能量密度高（$10^6\,W/cm^2$），可在短时内将工件表面快速加热或熔化，而心部温度基本不变；当激光当激光辐射停止后，由于散热速度快，又会产生"自激冷"。激光束表面改性技术主要应用于以下几方面：

1）激光表面淬火

激光表面淬火，又称激光相变硬化：激光表面淬火件硬度高、耐磨、耐疲劳，变形极小，表面光亮，已广泛用于发动机缸套、滚动轴承圈、机床导轨、冷作模具等。

2）激光表面合金化

预先用镀膜或喷涂等技术把所要求的合金元素元素涂敷到工件表面，再用激光束照射涂敷表面，使表面膜与基体材料表层融合在一起并迅速凝速凝固，从而形成成分与结构均不同于基体的、具有特殊性能的合金化表层。利用这种方法可以进行局部表面合金化，使普通金属零件的局部表面经处理后可获得高级合金的性能。该方法还具有层深层宽可精密控制、合金用量少、对基体影响小、可将高熔点合金涂敷到低熔点合金表面等优点。已成功用于改善发动机阀座和活塞环、涡轮叶片等零件的性能和寿命。

激光束表面改性技术也可用于激光涂敷，以克服热喷涂层的气孔、夹杂和微裂纹缺陷。还可用于气相沉积技术，以提高沉积层与基体的结合力。

2. 电子束表面改性技术

电子束表面改性技术是以在电场中高速移动的电子作为载能体，电子束的能量密度最高可达 $10^9\,W/cm^2$。除所使用的热源不同外，电子束表面改性技术与激光束表面改性技术的原理和工艺基本类似。凡激光束可进行的热处理，电子束也都可以进行。

与激光束表面改性技术相比，电子束表面改性技术还具有以下特点：

（1）由于电子束具有更高的能量密度，加热的尺寸范围和深度更大；

（2）设备投资较低，操作较方便；

（3）因需要真空条件，故零件的尺寸受到限制。

3. 离子注入表面改性技术

离子注入是指在真空下，将注入元素离子在几万至几十万电子伏特电场作用下高速注入材料表面，使材料表面层的物理、化学和力学性能发生变化的方法。

离子注入的特点是：可注入任何元素，不受因溶度和热平衡的限制；注入温度可控，不氧化、不变形；注入层厚度可控；注入元素分布均匀；注入层与基体结合牢固，无明显界面；可同时注入多种元素，也可获得两层或两层以上性能不同的复合层。

通过离子注入可提高材料的耐磨性、耐蚀性、抗疲劳性、抗氧化性及电、光特性。

习　　题

一、名词解释

喷完处理、滚压强化、表面淬火、激光强化、电子束强化、电镀、气相沉积、热喷涂、电火花表面强化

二、综合题

1. 什么是喷丸强化？喷丸强化的机理是什么？

2. 什么是表面滚压强化技术？滚压强化的机理是什么？

3. 什么是表面淬火？试举出表面淬火的例子？

4. 什么是化学热处理？渗碳和渗氮各自的工艺特点及其处理后的性能区别？

5. 什么是等离子体？等离子渗氮的机理及其性能特点是什么？

6. 简述激光表面强化的原理及其分类。

7. 什么是电子束强化处理技术？电子束表面强化原理是什么？

8. 什么是电镀？试举出实际工程应用电镀的例子。

9. 什么是热喷涂？热喷涂技术的原理和特点是什么？

10. 什么是电火花表面强化技术？电火花表面强化技术的原理是什么？

第10章 金属材料强韧化及应用

10.1 金属材料强韧化机制

材料抵抗变形和破坏的能力叫做材料的强度，材料的塑性用于评定材料在破坏前产生永久变形的程度，材料的韧性则是指材料变形和破坏过程中吸收能量的能力，所以材料的韧性是强度和塑性的综合表现。研究材料的强韧化机理和强韧化方法，提高材料的强韧化水平，充分挖掘现有材料的潜力，不仅可以满足工程结构和技术装备制造中对高强韧性材料的要求，还能达到节约能源和原材料的目的。

原子结合方式和原子排列方式的差异是金属材料、陶瓷材料、高分子材料力学性能不同的根本原因。除此之外，材料的组织结构对力学性能也有重要影响，因此通过改变材料的内部组织结构是可以达到改善材料的强韧性的目的。

10.1.1 材料强韧化的位错机制

材料的强度主要取决于构成晶体的原子（还包括离子、分子等）之间的结合力。这种结合力随原子类型以及结合类型的不同而存在差异。依据原子间的作用力和外加作用力的关系，弗兰克尔从分析了完整金属晶体中相邻上、下两排原子在切应力作用下发生刚性相对位移时（图10.1）的原子势能变化，并推导出晶体的理论剪切强度为

$$\tau_m = \frac{G}{2\pi} \tag{10.1}$$

式中 G——切变模量。

但实际实验测量出的剪切强度与理论剪切强度相差4个数量级。表10.1所示为几种金属晶体的理论切应力与实测值的比较。

表 10.1 某些金属晶体的理论切应力与实测值的比较

金　　属	切变模量 G, MPa	理论切应力 τ_m, MPa	理论切应力，MPa
Al	24400	3830	0.786
Cu	40700	6480	0.490
α - Fe	68950	10960	2.75

材料的理论强度和实际强度之间的差异与晶体的结构完整程度（即晶体缺陷）有关。材料的弹性模量一般不随晶体结构完整程度的变化而变化，但材料的强度、塑性、韧性等力学性能除与键的强弱有关外，还与晶体结构的完整程度有密切的关系，即受晶粒、亚晶粒尺寸、第二相特征、晶体缺陷密度等因素影响，这些影响都可以用位错作用机制来解释。图10.2为在外力作用下位错运动的示意图。

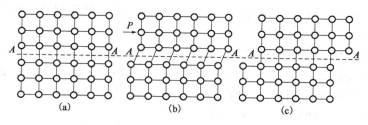

图 10.1　晶体的刚性滑移

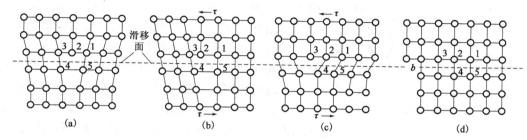

图 10.2　位错参与的滑移过程

位错区周围原子为 1、2、3、4、5，位错中心位于 2，3-4、1-5 原子对各在其两侧。如图 10.2（b），当施加切应力时，滑移面上、下方原子沿切应力方向发生相对位移，位错中心处原子 2 由于能量高，位移量更大些，使原子 2 与 4 的距离逐渐接近，而原子 3 与 4 的距离逐渐拉大。如图 10.2（c），当应力增大时，2 与 4 的距离进一步接近，以致结合成为原子对，这样位错中心就被推向相邻的原子位置 3，即位错线沿作用力方向前进一个原子间距。在此过程中原子实际的位移距离远小于原子距离，与理想晶体的滑移模型不同。位错线就是按照这一方式逐渐运动，最终贯穿整个晶体，此时晶体左侧表面形成了一个原子间距大小的台阶，如图 10.2（d）。同时在位错移动过的区域内，晶体的上部相对于下部也位移了一个原子间距。当很多位错移出晶体时，会在晶体表面产生宏观可见的台阶，使晶体发生塑性变形。由此可见，减少晶体中位错的数量或控制位错的滑移运动，可提高材料的强度。金属或合金材料的各种强化机制，就是在此基础上建立的。

由于实际晶体中存在一定数量的空位、位错等缺陷，使之在外力作用下比完整晶体易于变形。当缺陷数目达到一定值时，晶体强度达到最低值，如图 10.3 所示；但当缺陷密度增高到一定值后，由于缺陷（主要是位错）与晶体组织之间以及缺陷本身相互之间的作用，使位错运动受到阻碍，材料变形困难，从而使强度提高。

由以上分析可知，提高材料的强度可以通过两个途径实现：一是制备出缺陷尽可能少甚至没有缺陷的晶体，使材料实际强度接近于理论强度。例如晶须就是这类晶体。在新型复合材料中将晶须作为增强体，也是为了利用无缺陷晶体的高强度来大幅度提高复合材料的强度。二是大大提高晶体缺陷的密度，在材料中造成尽可能多的障碍以达到阻碍位错运动的目的。目前制备大体积的完整晶体在技术上很难实现，只能制造极细的金属须或丝，而且晶须的性能不稳定，当

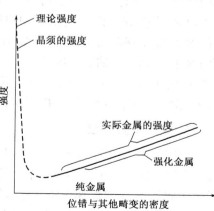

图 10.3　晶体缺陷与强度的关系

存在一定数量位错时，强度急剧下降，因此在工业应用中通常采用第二种途径，即阻止材料内部的位错运动。

韧性是材料变形和断裂过程的能量参量，是材料强度和塑性的综合表现。断裂过程包括塑性变形、裂纹的形核以及扩展。材料的组织结构直接影响裂纹形成和裂纹扩展的难易程度，它涉及位错的运动、位错间的弹性相互作用、组织与晶界间的交互作用、位错与溶质原子以及位错与沉淀相之间的弹性交互作用。

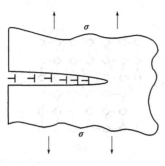

图 10.4 裂纹形成的
位错塞积示意图

显微裂纹大都在局部塑性变形区产生，这显然与塑性变形过程中位错的运动有关。图 10.4 为裂纹形成的位错塞积模型。在外加切应力的作用下，位错在滑移面上移动，位错运动中又难免遇到不同的障碍而运动受阻，造成位错塞积，形成大位错，大位错的弹性应力场可能产生大的正应力而使材料开裂。如下图所示，裂纹向前扩展就相当于塞积的位错向前攀移。位错一般在晶界、相界、孪晶界、夹杂或第二相与基体界面处塞积，因而裂纹也常在这些地方产生。裂纹的扩展除了与应力状态，应力大小、介质等外界因素有关外，还要受材料本身和组织结构参量的影响。裂纹形成后，在其扩展过程中将受到晶界、相界和韧性相的阻碍而使扩展受阻。

改善材料韧性断裂的途径有很多，如细化晶粒和组织，改善基体和强化相形态，引入韧性相以及减少诱发微孔的组成相等。提高材料强韧性的方法主要有固溶强化、细晶强化、弥散强化、形变强化以及相变强化等。

10.1.2 固溶强化

固溶强化是一种利用点阵缺陷对晶体进行增强的强化方式。溶质原子溶入基体中产生原子尺寸效应、弹性模量效应和固溶体有序化作用，从而导致材料被强化。常用合金元素对铁的固溶强化效应，如图 10.5 所示。

1. 原子尺寸效应

由于溶质原子和溶剂原子之间的尺寸差异，在溶质原子周围晶体内会产生晶格畸变，形成以溶质原子为中心的弹性应变场。该应变场会和位错发生弹性交互作用。溶质原子移向位错线附近时，小于溶剂原子的溶质原子移向位错周围的受压区域；大于溶剂原子的溶质原子移向受张区域，形成原子气团。位错的运动将会受到原子气团的钉扎作用，从而提高材料的强度。

2. 弹性模量效应

固溶体中的溶质元素与基体材料的弹性模量不同时，在溶质原子周围会形成一个半径约两倍溶质原子的区域，此区域的弹性模量 C_P 与基体的弹性模量 C 不

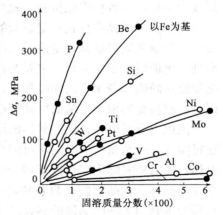

图 10.5 屈服强度增加量与固溶元素
之间的关系

同。在产生相同的应变时，此区域与基体所需要的外加应力将不同，外力所做的功（能量）也不一样。二者之间存在一个能量差值，此能量差将对位错线产生一定的力。当 $C_P > C$ 时，

该力为阻力，将使通过溶质原子区域的位错受到阻碍；当 $C_P < C$ 时，该力为吸力，将促使位错线向溶质原子区域运动。不论哪种情况都需要增大外力才能使位错脱开此区域而继续向前运动，相应地提高固溶体的强度。

3. 固溶体的有序化及强化

当材料中同类原子的结合力比较弱而异类原子间的结合力比较强时，固溶体就会产生有序化。当位错从这种有序化区域移动时，有序度受到破坏，使位错滑动面两侧原 A－B 原子对变为 A－A 和 B－B 原子对，从而形成反相畴。图 10.6 是一有序固溶体的反相畴。

一个刃型位错在有序固溶体中就可以产生一条反相畴界。反相畴界的形成使固溶体能量增加，必须增加外力促使位错移动。

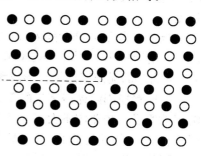

图 10.6　有序固溶体中的反相畴

但当两个位错成对通过有序化区域时，形成的反相畴界面积很小，从而减小对位错的阻力。对于存在很多反相畴界的有序合金，当位错横切这些反相畴界时，又会产生新的反相畴界，使位错移动受到附加阻力，从而提高材料的屈服强度。

溶质原子固溶到基体材料中，分为间隙固溶和置换因固溶两种方式。因此，固溶强化分为间隙固溶强化和置换固溶强化两种方法。

1）间隙固溶强化

一些原子半径较小的非金属元素受原子尺寸因素的影响，可进入溶剂晶格结构中的某些间隙位置，形成间隙固溶体。对金属铁而言，其间隙固溶体由 Fe 与较小原子尺寸的 C、N 等间隙元素所组成。间隙元素的原子半径 r_x 通常小于 0.1 nm，见表 10.2。

表 10.2　一些间隙元素的原子半径

间隙元素	B	C	N	O	H
原子半径 r_x，nm	0.091	0.077	0.071	0.063	0.046

间隙固溶体的形成条件必须满足 Hagg 定则，即 $r_x/r_M < 0.59$（r_M 为溶剂原子半径）。间隙固溶体总是有限固溶体，其溶解度取决于溶剂金属的晶体结构和间隙元素的原子尺寸。间隙固溶体的有限溶解度决定了它仍然保持溶剂金属的点阵类型，间隙原子仅占据溶剂金属点阵的八面体或四面体间隙。间隙原子进入溶剂点阵中必将引起晶格畸变。间隙原子的溶解度随其原子尺寸的减小而增加，即按 B、C、N、O、H 的顺序而增加。

间隙固溶体中，间隙原子 C、N 与刃型位错交互作用形成柯氏气团（Cottrell Atmosphere），与螺型位错形成斯鲁克气团（Snoke Atmosphere）。当位错被气团钉扎时，位错移动阻力增大。为使位错挣脱气团而运动，就必须施加更大的外力，因此增加了钢的塑性变形抗力，达到强化的目的。综合考虑各种效应，可以把间隙原子尺寸对铁（体心立方）的屈服强度的影响表达为

$$\Delta\sigma_s = k_i c_i^n \tag{10.2}$$

式中　$\Delta\sigma_s$——屈服强度；

k_i——由间隙原子性质、基体晶格类型、基体的刚度、溶质和溶剂原子直径差及二者化学性质的差别等因素决定的数值；

c_i——间隙原子的固溶量（摩尔分数）；

n——指数，$n=0.33\sim2.0$。

溶质原子对金属的强化作用与晶体点阵结构有关。在面心立方晶格中间隙原子造成的畸变呈球面对称，其强化属于弱强化。

2. 置换固溶强化

置换固溶体的形成规律遵循 Hume-Rothery 经验规律。组元在置换固溶体中的溶解度取决于溶剂与溶质的点阵类型、原子尺寸以及组元的电子结构，即组元在元素周期表中的相对位置。

合金元素在 α-Fe 和 γ-Fe 中的固溶情况是不同的。图 10.7 为合金元素在 α-Fe 和 γ-Fe 中的溶解规律。其中 Ni、Co、Mn 形成以 γ-Fe 为基的无限固溶体，而 Cr、V 则形成以 α-Fe 为基的无限固溶体。形成无限固溶体必须满足溶质与溶剂点阵相同的条件。

形成置换固溶体需满足的第二个条件是原子尺寸。当形成无限或有限固溶体时，溶质与溶剂的原子半径差应不大于 $\pm15\%$。铁基和其他难溶金属基若要形成无限固溶体，二者的原子半径之差应不大于 $\pm8\%$。置换式溶质原子在基体晶格中造成的畸变大都是球面对称的，因而强化效果比间隙式溶质原子小约两个数量级，产生弱强化，而且置换式原子在面心立方晶体中的强化作用更小。置换式溶质原子对铁素体屈服强度的影响可表示为

$$\Delta\sigma_s = 2AG\varepsilon^{4/3}c_s \tag{10.3}$$

式中 σ_s——屈服强度；

A——常数；

ε——错配度，表示溶质原子半径和溶剂原子半径差别的参数；

G——切变模量；

c_s——溶质摩尔分数。

置换式溶质原子除与位错发生弹性相互作用产生柯氏气团或斯鲁克气团外，还可能通过化学吸附或反吸附，与位错产生化学交互作用。这种溶质原子在层错区呈特殊分布或特殊平衡浓度的组态，称为铃木气团（Suzuki Atmosphere）。铃木气团同样可以钉扎位错，使得金属被强化。化学交互作用的强化能力远小于弹性交互作用，但该作用对温度不敏感，因而在高温下显得比较重要，可以提高材料的高温强度。

由上可知，固溶强化效果主要取决于以下两个因素：

（1）溶剂原子与溶质原子的直径、电化学特性差异越大，则强化效果越明显；

（2）溶质的加入量越高，强化效果越明显。但当溶质的加入量超过其溶解度时，则会析出新相，产生另外一种强化机制——弥散强化。

在保证强度的前提下提高塑性，可以提高材料的韧性。间隙原子在 α-Fe 中的固溶度很小，如 α-Fe 中固溶碳量低于 0.2%。低碳马氏体的 $a/c\approx1$，不出现点阵正方度的畸变，全部溶质原子偏聚于刃型位错线附近。只有当含碳量大于 0.2% 时才出现 α-Fe 点阵的间隙固溶，因此低碳马氏体中位错可以带着气团在完全且规则的基体（Fe 原子）中运动，表现出良好的塑性与韧性。间隙固溶的固溶度和错配度是影响间隙强化的主要因素。马氏体组织充分利用了间隙的固溶强化作用。当马氏体间隙固溶碳量增至 0.4% 时，其硬度增加到 60HRC，塑性指标降低到 10%；继续提高含碳量，如含碳量为 1.2% 时硬度为 68HRC，而塑性低于 5%。当间隙中固溶较多碳原子时，发生点阵畸变的位置增多，原子有规则排列区

域明显缩小，意味着切变抗力增高，正断抗力减低，晶界或障碍前位错塞积所引起的应力集中难以通过塑变来松弛，只能以裂纹的发生和扩展来松弛，所以表现为脆性断裂，塑性和韧性很低。

在实际应用中合金元素可以改善材料的塑性。如 α - Fe 置换固溶体中，Ni 是改善塑性的主要元素，另外加入 Pt、Rh、Ir 和 Re 也可以改善塑性，其中 Pt 的作用显著，不但可以改善塑性而且有相当大的强化作用。Ni 提高塑性的原因主要是能促进滑移，特别是促进基体材料在低温下发生交滑移。Si 和 Mn 对铁的塑性损害较大，且固溶量越多，塑性越低。

间隙原子的固溶强化效果非常显著，但严重损害材料的塑性、韧性及焊接性能。置换式溶质原子可以使基体的强度平缓增加，而且含量较低时，其塑性、韧性下降不大。合金元素的固溶强化效果作用越大，对材料的塑性和韧性的危害越大。选用固溶强化元素时，一定要考虑对塑性和韧性的影响。

10.1.3 细晶强化

细晶强化主要是利用晶界对位错进行阻碍，通过细化晶粒来增加晶界或改善晶界性质，阻碍位错运动，提高材料强度。

多晶体材料的晶粒边界通常是大角度晶界，相邻的不同取向晶粒受力产生塑性变形时，部分施密特（Schmid）因子大的晶粒内位错源首先开动，并沿一定晶面产生滑移和增殖。滑移至晶界前的位错被晶界阻挡。这样，一个晶粒的塑性变形就无法直接传播到相邻的晶粒中，造成塑性变形晶粒内的位错产生塞积。在外力作用下，晶界上的位错塞积产生的应力场，可以作为激活相邻晶粒内位错源开动的驱动力。当应力场对位错源的作用力等于位错开动的临界应力时，相邻晶粒内的位错源开动并产生滑移与增殖，出现塑性形变。塞积位错应力场强度与塞积位错数目和外加应力值有关，而塞积位错数目正比于晶粒尺寸，因此当晶粒变细时，必须加大外加作用力以激活相邻晶粒内位错源。因此细晶材料产生塑性变形时要求更高的外加作用力，也就是说细化晶粒对材料起到强化作用。

霍尔—佩奇（Hall-Petch）根据位错塞积模型，从理论上推导出钢的屈服强度与晶粒直径的定量关系式：

$$\sigma_s = \sigma_0 + k_s d^{-1/2} \tag{10.4}$$

式中　σ_s——屈服强度；

σ_0——位错在单晶体中移动的阻力；

d——晶粒直径；

k_s——与材料本质有关而与晶粒直径无关的常数，又称晶界障碍强度系数。

由式 10.4 可以看出，多晶体的强度高于单晶体；晶粒越细，强度越高。Hall-Petch 关系式是一个应用很广的公式，在大多数情况下可以定量反映材料组织与强度的关系。

兰福德（Landford）等人进一步指出，对具有回火马氏体组织的结构钢，其强度除受原始奥氏体晶粒尺寸影响外，还受马氏体形态和亚结构单元尺寸的影响。应用兰福德—科因（Landlord-Cohen）关系式更能确切衡量结构特征和相界面等与强度之间的关系：

$$\sigma_s = \sigma_0 + k_s d^{-1} \tag{10.5}$$

式中，d 为马氏体板条宽度等亚结构单元尺寸，而不是原始奥氏体晶粒尺寸。该式表明，同奥氏体晶界类似，相界面也能阻碍位错的运动，对材料起到强化作用。

利用晶界来强化材料的途径主要有两种，一是利用合金元素改变晶界的特性，提高晶界障碍强度系数值。向钢中加入表面活性元素如碳、氮、镍和硅，使其在 $\alpha-Fe$ 晶界上偏聚，可以提高阻碍位错运动的能力。面心立方晶体的滑移系比体心立方晶体的滑移系多，所以面心立方晶体的奥氏体阻碍位错的能力较小。改善陶瓷的晶界特征，对增强陶瓷的力学性能也有显著效果。二是细化晶粒，增加晶界数量。细化晶粒可以通过塑性变形、再结晶、增加可形核的位置、或在大范围内均匀形核等途径达到。常用的细化晶粒方法有：（1）向钢中加入铝、铌、钒和钛等元素，以形成难熔的第二相粒子，阻碍奥氏体晶界移动，从而间接细化铁素体晶粒；（2）在冶金技术方面，还可以通过控制终轧温度和轧后冷却等途径来细化奥氏体再结晶晶粒和冷却后的铁素体晶粒；（3）通过循环奥氏体化热处理达到晶粒超细化；（4）快速奥氏体化、多级热处理、形变热处理和临界热处理等。

细化晶粒是金属极为重要的强化方法。细化晶粒不仅提高强度还可以提高金属的塑性和韧性，降低脆性转变温度，是同时提高强度和塑性的唯一强化机制。导致材料断裂的初始裂纹大都发生在晶界、相界处。当形变由一个晶粒通过晶界达到相邻的晶粒时，由于晶界区的原子排列紊乱，位错结构复杂等特点而跨越困难，位错在晶界塞积而使应力集中增高直到裂纹形成，这需要消耗大量的能量。随着晶粒细化，单位体积内晶界面积增加，位错运动、裂纹形成的难度和消耗的能量也相应增大，从而使钢的强韧性提高。此外细化晶粒，即增加晶界面积还能增大晶界对裂纹扩展和解理断裂的阻碍作用，也使钢的韧性提高。裂纹扩展遇到晶界时，由于晶界两侧晶粒的取向不同，使裂纹被迫改变方向或终止扩展，这也使裂纹扩展消耗的能量增大，相应提高了钢的韧性。

依据裂纹形成的断裂理论，晶粒尺寸 d 与裂纹扩展临界应力，以及冷脆转化温度 r，有关系式：

$$\sigma_c \approx 2G\gamma_P d^{-\frac{1}{2}}/k_y \tag{10.6}$$

$$\beta T_c = \ln B - \ln C - \ln d^{\frac{1}{2}} \tag{10.7}$$

式中　γ_P——比表面能，即裂纹扩展时每增加单位表面积所消耗的功（大部分消耗于塑性变形过程中）；

　　　　k_y——Petch 斜率；

　　　　β、B、C——常数。

当 γ_P 为定值时，晶粒越细，裂纹扩展临界应力越大，冷脆转化温度越低。

此外，由于内吸附作用，溶质原子和杂质原子常偏聚于晶界，使晶界脆化，容易导致沿晶脆断。晶粒细化时，由于晶界总面积增大使单位晶界面积内杂质量减少，钢的脆性相应降低，韧性得以改善。

综上所述可知，细化晶粒增加了对位错运动的阻碍作用和变形难度，提高了材料的强度，同时也增加了裂纹形成的难度并阻碍裂纹的扩展，因此也提高了材料的韧性。所以细化晶粒是一种十分理想的材料强韧化方法。

10.1.4　弥散强化

弥散强化是指弥散分布于基体中的第二相粒子，并且可成为阻碍位错运动的有效障碍的强化方式。按第二相粒子特性的不同，弥散强化分为可变形粒子强化和不可变形粒子强化。

1. 可变形粒子强化

可变形沉淀相粒子从固溶体中沉淀或脱溶析出引起的强化效应，常称为沉淀强化，又称为析出强化或时效强化。沉淀强化的条件是第二相粒子能在高温下溶解，并且其溶解度随温度的降低而下降。沉淀强化的基本途径是合金化加淬火时效，合金化可以为理想的沉淀相提供相应的成分基础。

沉淀过程中第二相粒子与基体之间的晶界结构会从共格向非共格过渡，使强化机制发生变化。当沉淀相粒子尺寸较小并与基体保持共格关系时，位错以切过的形式同第二相粒子发生交互作用；而当沉淀相粒子尺寸较大并已丧失与基体的共格关系时，位错以绕过的形式通过粒子。位错切过沉淀相粒子的最大临界尺寸为

$$r_c = \frac{2Gb}{\pi\gamma}$$ (10.8)

式中 G——切变模量；

γ——粒子界面能；

b——柏氏矢量；

r_c——可变形粒子半径。

一般，共格粒子的直径小于 15 nm，位错绕过粒子并进行滑移运动；对非共格粒子而言，粒子直径大于 1 nm 时，位错就能绕过粒子并进行滑移运动。

非共格粒子强化方式与不可变形粒子的强化机制有共同之处，故常将过时效状态下的非共格沉淀相粒子的强化作用归于不可变形粒子强化这一类。

可变形粒子强化机制取决于粒子本身的性质及其与基体的界面结构关系，主要通过共格应变效应、化学强化、有序强化、模量强化、层错强化、派—纳力强化等效应产生强化作用。

（1）沉淀强化时，第二相粒子与基体之间的共格关系，将产生共格应变场，并与位错发生交互作用。同固溶强化中溶质原子与位错的交互作用相似，将会导致基体点阵膨胀的沉淀相粒子与刃型位错的受拉区相吸引，而引起基体点阵收缩的沉淀相粒子与刃型位错的受压区相吸引。因此，即使滑移位错不直接切过沉淀相粒子，也会通过共格应变场阻碍位错运动。

（2）化学强化是当滑移位错切过沉淀相粒子时，会在粒子与基体间形成新的界面（图 10.7），形成新界面使系统能量升高，产生强化效应。

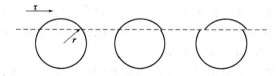

图 10.7   位错切过沉淀相粒子形成新界面示意图

（3）许多沉淀相粒子是金属间化合物，呈有序点阵结构并与基体保持共格关系。当位错切过这种有序共格沉淀粒子时，会产生反相畴界而引起强化效应。

（4）模量强化、层错强化、派—纳力强化分别是沉淀相粒子的弹性模量、层错能、派—纳力与基体相不同，使位错难于切过沉淀相粒子而导致的强化效应。

沉淀强化是多种强化效应综合作用的结果。在一般情况下，常以共格应变强化为主。

综上所述，沉淀相可变形粒子的强化效应与以下几方面因素有关：

（1）第二相粒子具有与基体不同的点阵结构和点阵常数。当位错切过共格粒子时，在滑移面上造成错配的原子排列，增大位错运动的阻力。

（2）沉淀相粒子的共格应力场与位错的应力场之间产生弹性交互作用，当位错通过共格

应变区时，会产生一定的强化效应。

（3）位错切过粒子后会形成滑移台阶，增加界面能，阻碍位错的运动。

（4）当粒子的弹性切变模量高于基体时，位错进入沉淀相，增大位错自身的弹性畸变能，引起位错的能量和线张力变大，位错运动将会受到更大的阻碍。与基体完全共格的沉淀相粒子具有更为显著的强化效应。

2. 不可变形粒子强化

弥散强化时，难以切过弥散分布的不可变形硬粒子的位错将以绕过的形式与粒子发生交互作用。第二相硬粒子的强化机理如图 10.8 所示。基体与第二相的界面存在点阵畸变和应力场，从而成为位错滑动的阻碍。滑动位错遇到这种阻碍后变得弯曲，随着外加切应力的增大，位错弯曲程度将会更严重，并逐渐形成环状。由于两个粒子间的位错线符号相反，它们将互相抵消并形成包围小颗粒的位错环，原位错则越过第二相粒子，继续向前滑动。每个越过第二相颗粒的位错都有一定的斥力，使滑动位错所受阻力增大。颗粒周围积累的位错环越多，位错通过的阻力越大，这一机制由奥罗万（Orowan）首先提出，通常称为奥罗万机制。

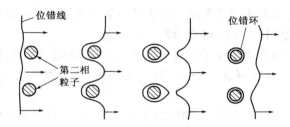

图 10.8　弥散强化奥罗万机制

要使弥散相粒子有较好的强化效果，弥散强化型材料应具有以下微观特征：

（1）基体具有较低的硬度和良好的塑性，而弥散相具有较高的硬度。硬的弥散相可以强烈阻碍基体中位错的滑移，而软的基体可保证合金具有一定的塑性。

（2）软基体呈连续分布，硬弥散相分布不连续。若弥散相连续分布则裂纹易于扩展，导致断裂。弥散相分布不连续寸，析出相与基体之间的界面可有效阻止裂纹扩展。

（3）弥散相具有球形或圆形，而不是针状或其他有尖锐边角的形状，因为后者易于引入裂纹，或者其本身就具有类似于缺口的作用。

（4）弥散相颗粒要细小且数量多，这样能有效增加对位错滑移的阻碍作用。

上述要求对可变形粒子强化材料同样有效。

不可变形粒子强化时，第二相粒子与基体是非共格关系。由于共格弥散相的原子面与基体原子面是连续过渡的（图 10.9），基体晶格在很大区域中发生畸变，当位错移动时，即使通过共格弥散相的附近区域，也会大大受阻，因此共格弥散相的强化效果比非共格相更强。

获得弥散强化相的方法有内氧化、烧结以及人为在金属基体中添加弥散分布的硬粒子等方法。此外常将合金过时效或进行回火产生弥散强化。

在上述第二相粒子强化基础上，还有一种强化方式称为复合强化。复合强化是将具有高强度的金属或非金属颗粒、纤维、晶须等引入基体材料中，获得各种复合材料。同前述两种强化方式不同，增强相（颗粒、纤维、晶须）等已不单纯作为阻碍金属基体中位错运动的障碍，其本身要能直接承受载荷。在外力作用下，基体产生弹性乃至塑性变形时，会发生应力

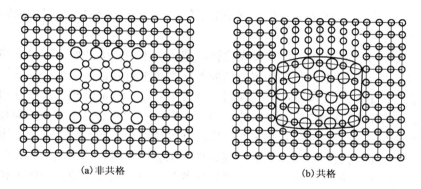

(a) 非共格   (b) 共格

图 10.9 弥散相的共格界面与非共格界面

由基体向增强相转移的现象，从而产生强化效应。金属、陶瓷等各种材料都可通过复合强化方式，形成高强韧性的复合材料。

　　总的说来，弥散强化将降低塑性。弥散相颗粒常以本身的断裂或颗粒与基体间界面的脱开作为诱发微孔的地点，从而降低塑性应变，直至断裂。一般来说：

　　(1) 析出相颗粒越多，提高流变应力越显著，则塑性越低；(2) 呈片状的弥散相对塑性损害大，呈球状的弥散相损害小；(3) 均匀分布的第二相对塑性损害小；(4) 弥散相沿晶界的连续分布特别是网状析出时降低晶粒间的结合力，明显危害塑性。不可变形的弥散相与基体间界面可出现位错或位错圈，造成应力集中，极易形成裂纹源，导致断裂韧度降低，提高了冷脆转化温度。弥散相颗粒尺寸越大，韧性降低越明显。

　　马氏体时效钢是运用弥散强化理论的一个典型例子。这类钢的一个重要特点是不依靠碳来强化。研究表明，当 C 含量超出 0.03% 时，这类钢的冲击韧度陡然下降。马氏体时效钢的强韧化思路是：以高塑性的超低碳位错型马氏体和具有高沉淀硬化作用的金属间化合物作为组成相，将这两个在性能上相差甚远的相组合起来就构成了具有优异强韧性配合的钢种。

　　马氏体时效钢加入 Ni、Mo、Ti 和 Al 等元素，可形成 AB_3 型的 η - Ni_3Mo 或 Ni_3Ti、γ - Ni_3（Al、Ti）和 Ni_3Nb 等金属间化合物，在时效过程中沉淀析出，从而起到强化的效果。加入 Co 有利于促进沉淀相形成，而且能够细化沉淀相颗粒，减小沉淀相颗粒间距。由于低碳马氏体时效钢消除了 C、N 间隙固溶对韧性的不利影响，可使基体保持固有的高塑性。Ni 能使螺型位错不易分解，保证交叉滑移的发生，提高塑性变形性能。同时 Ni 降低位错与杂质间交互作用的能量，使马氏体中存在更多的可动螺型位错，从而改善塑性，降低解理断裂倾向。

10.1.5　形变强化

　　在冷变形过程中，金属内的位错密度增加，位错之间的交互作用加剧，位错运动受到的阻力增大，使金属的强度、硬度增加，这种现象称为形变强化或加工硬化。

　　加工硬化效应可以通过应力—应变曲线表现出来，如图 10.10 所示。当切应力达到晶体的临界切应力时，晶体开始变形，变形过程包括三个阶段：第 I 阶段接近于直线，加工硬化速率又称加工硬化系数 θ_{I}（即 $\mathrm{d}\tau/\mathrm{d}\gamma$ 或 $\mathrm{d}\sigma/\mathrm{d}\varepsilon$）很小，一般为切变模量 G 的 10^{-4}，被称为易滑移阶段。第 II 阶段应力急剧升高，θ_{II} 很大，几乎达到约 $G/300$，加工硬化效应显著，称为线性硬化阶段。第 III 阶段加工硬化速率 θ_{III} 随应变的增加而下降，曲线呈抛物线状，故称为抛物线型硬化阶段。金属加工硬化效应是由于位错在形变过程中增殖以及位错间复杂的相互作用造成的。

如图 10.10 所示，第 I 阶段主要发生位错增殖，由于位错运动所受阻力不够大，所以硬化效果不明显；第 II 阶段中，已有许多位错彼此交割且被钉扎，一个被钉扎的位错对后面的位错存在斥力，阻止了同一滑移系上其他同号位错的运动，造成塞积。位错塞积群对位错源有反作用，这种反作用力会迫使位错源停止动作，继续塑性变形必须进一步提高外应力。由于第 II 阶段位错的交割、钉扎及互相缠结，同时新的位错源不断增殖，使位错密度增加，故变形抗力明显位错源增加，有较高的加工硬化率；第 III 阶段时，应力高到足以使被钉扎的位错开始继续运动，加工硬化率逐渐下降。被钉扎的位错重新启动主要依靠螺型位错的双交滑移，即被阻塞的位错通过连续两次交滑移过渡到另一平行的滑移面上，避开障碍，恢复可动性。螺型位错在这个平行面上遇到异号螺型位错时，会互相吸引而湮灭。由于交滑移和位错互毁，促使位错源再度开动。刃型位错不能发生双交滑移，随着位错源的继续开动，位错环的刃型部分将驻留在晶体中，导致位错密度增加。

金属经冷变形加工后会变得很脆，加工硬化后难以进一步加工，但可通过加热产生再结晶退火来消除形变强化效果。图 10.11 是冷变形对工业纯铜性能的影响，随变形量的增加，铜的屈服强度与抗拉强度提高，而塑性下降。

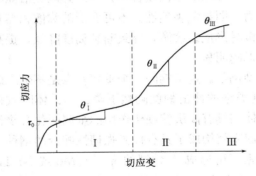

图 10.10 晶体的切应力—切应变曲线

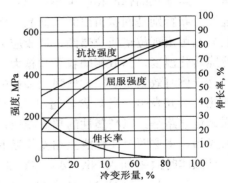

图 10.11 形变对铜性能的影响

形变强化主要是通过位错增殖（提高位错密度）实现的。金属材料的位错密度对其塑性和韧性的影响是双重的。一般来说，位错密度提高，材料的塑性和韧性都降低，均匀分布的位错比位错列阵对韧性的危害小。可动的位错对韧性损害小于被沉淀物或固溶原子锁住的位错。位错被钉扎，表明塑性变形受到抑制，塑性就会降低。

金属材料的塑性和韧性受屈服强度 σ_s、裂纹形核应力 σ_τ 和裂纹扩展临界应力 σ_c 等因素控制。在室温下 α-Fe 在流变过程中，易于发生交滑移。同一滑移面上的位错密度不会很快提高，塞积程度不高，裂纹形核应力 σ_τ 就会提高。而当裂纹形核应力 σ_τ 与屈服强度 σ_s 相差较大（$\sigma_\tau > \sigma_s$）时，在裂纹形核前可出现明显塑性变形，裂纹形核应力 σ_τ 的数值对塑性十分重要，在平面应力状态下有以下关系：

$$\sigma_\tau = \left(\frac{2E\gamma_P}{\pi\alpha}\right)^{\frac{1}{2}} \tag{10.9}$$

式中　α——裂纹长度的一半；

　　　γ_P——比表面能，表示在裂纹扩展时产生新表面的单位面积表面能。

γ_P 值的高低反映了 σ_c 的大小。如位错密度高，但部分位错可动，特别是其中的螺型位错有一定的可动性，则在裂纹尖端塑性区内的应力集中会因位错运动而缓解，而且塑性区中可动的位错越多，有效比表面能就越高，σ_c 值更大。当 σ_τ 很低时，材料表现为脆性；若 σ_c 足够高，可转化为韧性状态，因此提高 σ_τ 且使之高于 σ_s，同时又有足够高的 σ_c，材料就会具有好的塑性与韧性。所以提高可动位错密度对塑性和韧性都是有利的。

10.1.6 相变强化

相变强化主要是通过热处理等方式来改变材料的内部组织结构以达到强化材料的目的。相变强化是固溶强化、细晶强化、弥散强化和形变强化的综合效应。

通常金属材料的相变强化包括马氏体强化与贝氏体强化。以共析钢为例，共析钢的室温平衡组织为珠光体，加热到 A_1 以上时，组织转变为奥氏体。奥氏体形成过程中生成的晶粒大小会影响到冷却后的组织，较细小的奥氏体晶粒经冷却后的产物也较细密，因而钢的强度、塑性和韧性也较高，反之则性能较差。奥氏体化后采用不同的工艺参数可得到不同的冷却产物，下面主要讨论生成贝氏体和马氏体时材料的强韧化机理。

奥氏体在冷却过程中形成珠光体和贝氏体，其中在稍高温度下形成上贝氏体，晶粒比较粗大，呈羽毛状；较低温度下形成的下贝氏体晶粒细小，称为针状贝氏体。图 10.12 为共析钢珠光体、贝氏体性能与转变温度的关系，总的趋势是，转变温度越高，则强度越低，塑性越高。这主要是由于在较低温度下的转变产物较细，Fe_3C 颗粒会有明显的弥散强化作用（对贝氏体而言），铁素体与 Fe_3C 相界面积较大，有细晶强化作用（对珠光体而言）。由图 10.12 可以看出，下贝氏体具有良好的强度、塑性配合。

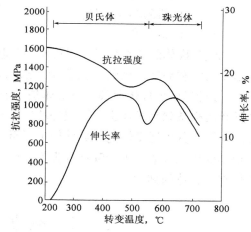

图 10.12 组织转变对共析钢性能的影响

钢奥氏体化后以大于临界冷却速度的速度急冷至马氏体转变温度以下时，奥氏体转变为马氏体。马氏体晶体结构和组织形态与其含碳量有关，含碳量为 0.20% 的钢在急冷条件下，面心立方晶格的奥氏体转变为过饱和碳的体心立方晶格马氏体；当含碳量更高时，马氏体为体心正方晶格；当马氏体含碳量较低时，呈板条状，其形态为束状排列。高碳马氏体为片状，其形态为方向各异的马氏体片，片状马氏体的亚结构为孪晶；板条状马氏体内部的亚结构为高密度的位错。

钢中的马氏体硬而脆，主要有以下原因：（1）位错易于在原子密排面上运动（相应的原子面称为滑移面），而体心正方晶格却不具备这类滑移面，因而位错不易滑移；（2）铁素体中通常仅含 0.030% 的碳原子，而马氏体含碳量却与母相奥氏体相同，因而马氏体中含有高度过饱和的碳原子，因而固溶强化是马氏体硬而脆的机制之一；（3）马氏体晶粒非常细小，通常在高倍率下才可分辨，因而细晶强化也是其强化机制之一；（4）马氏体晶粒内部有高密度位错或孪晶，其产生原因与 A—M 相变时的体积膨胀及膨胀约束有关，这种亚结构与形变后的结构类似，因而形变强化也是其硬而脆的另一机制。

由于马氏体具有上述特征，因而在工程应用中不能直接使用。从热力学上看，铁碳合金在室温下的平衡相为体素体与Fe_3C，因而马氏体在热力学上是不稳定的，是一种亚稳定相。在一定条件下，马氏体会转变为更稳定的其他相结构，同时性能也相应改变。为提高钢的综合性能，一般对马氏体进行回火。低温回火时，马氏体转变为两种过渡相，即低碳马氏体与亚稳定的ε碳化物；在更高温度回火时，马氏体形成稳定相铁素体与Fe_3C，钢的硬度下降而塑性提高；若在稍低于共析温度下进行回火，则Fe_3C粗化，弥散强化效果大大下降。适当选择回火温度可以在很大范围内调整钢的性能，在$500\sim600℃$高温对钢进行回火处理，其将具有较高的综合力学性能，其强度、塑性、韧性均较高。

近些年来，低碳马氏体钢的研制受到了广泛重视，原因是在研究中发现低碳马氏体组织具有良好的强韧性配合。低碳马氏体的σ_b和$\sigma_{0.2}$在$n/c=0.1\%\sim0.29\%$的范围内保持线性的函数关系，证明低碳马氏体的强化主要依赖于碳的固溶强化。在通常的淬火条件下，低碳马氏体不可避免要发生自回火。自回火碳化物颗粒小而且分布均匀，从而产生沉淀强化作用。低碳马氏体具有高密度位错，位错强化对板条马氏体屈服强度的贡献可表示为

$$\Delta\sigma_s = \alpha Gb\rho^{1/2}$$

式中　　α——比例常数；

　　　　G——切变模量；

　　　　b——位错的柏氏矢量；

　　　　ρ——位错密度。

低碳马氏体的亚结构是位错缠结的胞状结构，在亚结构内位错有较大的可动性，由于位错运动能缓和局部地区的应力集中，从而延缓了裂纹的萌生。另外马氏体条间的位错存在10nm厚的稳定奥氏体薄膜，奥氏体是一个高塑性相，裂纹扩展遇到奥氏体将受到阻挡，因此低碳的板条状马氏体也具有很好的塑性和韧性，所以位错在低碳马氏体钢中既起到了强化作用，又因其可运动性能对韧性做出了贡献。奥氏体虽然强度低，但因在低碳马氏体钢中只占很小的体积分数，不会降低其强度，而且奥氏体在马氏体板条间的薄膜状分布形式还提高了低碳马氏体的韧性。

10.2　金属材料强韧化技术

10.2.1　金属材料强韧化的技术途径

依据金属的强韧性机制，金属材料强韧化的技术途径应是促使组织结构转化到最有利于提高强度及韧性的理想状态，以便使金属的强度和韧性均可有获得大幅度提高的可能性。由合金化和冶金、成型加工等工艺控制微观组织结构因素的技术途径大体上有如下几方面：

1. 细化晶粒和组织

细化晶粒和组织能同时提高钢的强度和韧性，故被广泛应用，具体方法为：在合金化方面，是以少量强碳化物形成元素等进行微合金化；而在冶金技术方面，主要有：（1）由控制终轧温度和轧后冷却速度等途径来细化奥氏体再结晶晶粒和冷却后的铁素体晶粒；（2）由循环热处理、形变热处理达到晶粒超细化；（3）快速奥氏体化多级热处理等。

2. 改善基体和强化相形态

改善基体韧性的途径为：在合金化方面，使用能保持或改善基体韧性的合金元素，如镍和稀土元素等；而在冶金技术方面，主要有：（1）采用炉外精炼和二次重熔技术以减少钢中的气体和杂质元素等，从而净化基体；（2）通过快速奥氏体化多级热处理工艺、塑性加工工艺等方法改变碳、合金元素以及碳化物相之间的分配比例，并改善强化相形态，使其呈细小、均匀而弥散的分布。改善回火马氏体钢中马氏体的形态，使其形成位错型条状马氏体。技术途径为：在合金化中，控制碳含量以及合金元素的类型和含量以提高 Ms 点；在冶金技术方面，采用超高温奥氏体化（高于常规工艺 50～100℃）淬火等途径以得到位错型条状马氏体，再配以附加热处理以细化奥氏体晶粒。

3. 引入韧性相

获得少量奥氏体的途径有：（1）在合金化设计中，加入适量的稳定奥氏体的元素，如Ni、Mn 等；（2）对中碳、低合金超高强度钢采用超高温奥氏体化淬火，以期获得含有少量奥氏体的马氏体、奥氏体复合组织；（3）对于具有奥氏体以及马氏体可逆转变的高镍、高锰钢，如 9Ni 钢、Fe-5Mn 等，可在固溶处理后得到马氏体，并在可逆转变临界区内回火可获得所需数量的奥氏体。

引入贝氏体的途径主要是等温热处理，一般是在下贝氏体转变区进行等温停留一定时间，当获得所需数量的下贝氏体后立即淬火，使剩余的奥氏体转变为马氏体。

获得马氏体、铁素体双相组织的途径主要是临界区淬火，依据加热温度在 A_{c1} 和 A_{c3} 临界区位置的高低来控制铁素体的数量，由不同预处理工艺来控制铁素体的形态和尺寸。

4. 减少气体杂质、控制夹杂形态

为减少钢中气体、杂质和非金属夹杂对强韧性的危害，增韧的主要途径是使用现代精炼技术，其中炉外精炼和二次重熔能有效地减少气体、杂质，且能改善铸锭结构和质量，而通过喷粉（Ca 等）或在钢中加入微量稀土元素能有效地控制非金属夹杂形态，使其成为颗粒状且不变形的夹杂物。采用含有稀土氧化物的渣系，在电渣重熔过程中以氧化物还原的方式加入稀土，能充分发挥稀土的有利作用，显著提高其强韧性。

10.2.2 金属材料强韧化技术

1. 合金化或微合金化技术

合金化的物理本质是通过元素的固溶及固态反应，影响微结构乃至结构、组织和组分，从而使金属获得要求的性能。微合金化是指这些元素在钢中的含量较低，通常低于 0.1%。合金化元素在金属中的作用很大程度上还取决于工艺的配合，其不仅会影响细化晶粒和析出强化的效果，而且对金属的耐蚀性、耐热性、耐磨性以及其他的物理、化学性质的影响也十分显著。

钛中加入适量的合金化元素，可以得到满足不同需要的合金。加入 Al、Sn 等元素时，能形成稳定的 α 固溶体，有效强化 α 相，扩大 α 稳定相的温度区间；加入 Mo、Cr、V 等合金元素能形成稳定的 β 固溶体，随着合金元素含量增加，β 稳定相的温度区间扩大；Zr、Hf 与 Ti 同属一族，能够无限固溶于 α-Ti 和 β-Ti 中。

镁合金中合金元素的强化机制主要是固溶强化和第二相强化。镁和可形成合金的元素几乎只能形成有限固溶体，合金元素溶入基体中，通过原子错排、溶质与溶剂原子弹性模量的差异而强化基体。镁合金中合金元素的第二相强化机制，是指超过溶解度的合金元素会与镁形成中间相，有下列三种类型：AB 型（简单立方 CsCl 结构，如 MgTi 和 MgSn）；AB_2 型（Laves 相，如：$MgCu_2$ 和 $MgZn_2$）；CaF_2 型（面心立方金属间化合物，如 Mg_2Si 和 Mg_2Sn）。当合金元素在基体中的溶解度随温度降低而下降时，将从基体中析出第二相从而阻碍位错运动和滑移，使屈服强度提高，产生析出强化（时效强化）。第二相对镁基体力学性能的影响因其形态、大小、分布及所占比例而异，粗大、坚硬的第二相易对基体产生割裂作用，其界面易成为裂纹源，对镁合金的强度不利，细小弥散的第二相则会产生很好的强化作用。

由于钼与大多数合金化元素难于真正形成"合金"，钼金属的强度与塑性往往不能兼顾，大多数掺杂元素偏重于强化，而韧化效果不太明显。除 W、RE 等极少数元素外，大部分合金元素（如 La、Si、Al、K、Zr、Hf 等）主要以一定的化合物形式弥散存在于钼材料的基体上。影响这些弥散第二相物质发挥强韧化作用的最大障碍是弥散分布的均匀性。钼材料的主要合金化方法有固－固、液－固和液－液掺杂法。

微合金化技术是 20 世纪 70 年代在国际冶金界出现的新型冶金技术。微合金化钢是在普通的 C－Mn 钢或低合金钢中添加微量的铌（Nb）、钒（V）、钛（Ti）、硼（B）等碳化物、氮化物等形成元素进行合金化，通过高纯洁度的冶炼工艺及在加工过程中施以控制轧制/控制冷却等工艺，从而控制细化钢的晶粒大小以及 C、N 化合物的溶解和析出机制，并在热轧状态下获得高强度、高韧性、高可焊接性、良好的成形性能的工程结构材料。由于微合金化元素在钢中会产生固溶、偏聚和沉淀作用，尤其是微合金化元素与碳、氮交互作用，会明显影响晶粒细化、析出强化、再结晶控制、夹杂物改性，见表 10.3。

表 10.3　微合金化元素在钢中的主要作用

基本作用	固溶作用
	偏聚作用
	与 CNSP 的交互作用和固定它们的作用
	沉淀
次生作用	碳化物形状控制
	晶粒细化
	热影响区（HAZ）韧性控制
	淬硬性提高

2. 热处理技术

低碳钢淬火后获得板条状的低碳马氏体组织，由于其精细结构为低应力、无显微裂纹的位错型结构，因此其强韧性很好。中碳钢的强韧化主要采用亚温淬火、快速加热循环淬火及其复合处理；高碳碳素钢和高碳合金钢作为制作模具主要材料，其强韧化的主要手段包括两方面：一方面是改善钢中残留碳化物的数量、形态、大小及分布等；另一方面是改善其基体组织的类别、混合组织的组成比例及组织的粗细程度等。

1）循环热处理

循环热处理是指选择能够形成奥氏体所必要的最低温度和最短保温时间或在不保温的条

件下进行奥氏体化。在此条件下，由于重结晶奥氏体晶粒细化作用以及快速加热情况下铁素体晶粒有转变为多个奥氏体晶粒的倾向而使晶粒显著细化。在奥氏体晶粒形成后，立即冷却以避免已形成的晶粒长大，再经过多次循环就可获得了超细晶粒组织。

2）快速奥氏体化多级热处理

多级热处理是以高温加低温奥氏体化淬火等工序组成的复合热处理工艺。其中高于常规工艺的高温奥氏体化是为获得成分均匀、稳定性高的奥氏体，以便在淬火时获得含有少量残留奥氏体的马氏体、奥氏体复合组织，并促使马氏体从孪晶型向位错型转化。在稍高于 A_{c3} 或 A_{c1} 与 A_{c3} 之间临界区的低温快速奥氏体化则是为了获得细晶粒或超细晶粒。多级热处理与循环热处理的不同点在于首先进行高温奥氏体化淬火，通过细化晶粒与复合组织相结合可使钢达到明显的强韧化效果。

3）形变热处理

形变热处理是指由热加工与热处理工艺相结合、形变强化与相变强化相结合的方式获得所需的组织形态及微观结构，从而达到钢强韧化的一种复合强韧化途径。形变热处理的强韧化是由细化晶粒和组织、位错密度和亚结构的变化、碳化物的弥散强化作用等多种强韧化机制相互作用的综合效果，由其显微组织和亚结构的特点所决定。形变热处理的方法主要有高温形变正火、高温形变淬火、中温形变淬火等，对于每类形变热处理的强化效果，主要受变形量，变形温度以及变形终了到淬火冷却前的停留时间等的影响。

4）亚温淬火

亚温淬火是指将温度升至奥氏体＋铁素体双相区（$A_{c1} \sim A_{c3}$）之间，淬火获得复相组织，即马氏体组织中还存在一定数量的铁素体、下贝氏体或残留奥氏体的热处理工艺。复相组织中马氏体细小，同时由于铁素体的存在，减小了杂质元素在回火时析出造成的脆性，能够在不降低钢强度的前提下，提高其室温及低温冲击韧度。

3. 控制轧制技术

从 20 世纪 20 年代开始，大量学者研究了钢在热加工时温度和变形等条件对显微组织和力学性能的影响。为提高钢的强度和韧性，将终轧温度控制在 900℃以下，并给予 20％～30％ 的道次压下率，生产出了具有良好韧性的钢材，并形成了采用"低温大压下"细化低碳钢的铁素体晶粒、提高强韧性的"控制轧制"的最初概念，以细化晶粒为主要目的的控制轧制工艺为改善强韧性提供了有效的技术。

控制轧制是在热轧过程中通过对金属加热制度、变形制度和温度制度的合理控制，使热塑性变形与固态相变结合，以获得细小晶粒组织，使钢材具有优异的综合力学性能的轧制新工艺。对低碳钢、低合金钢来说，采用控制轧制工艺主要是通过控制轧制工艺参数，细化变形奥氏体晶粒，经过奥氏体向铁素体和珠光体的相变，形成细化的铁素体晶粒和较为细小的珠光体球团，从而达到提高钢的强度、韧性和焊接性能的目的。

由于轧制的温度、变形量、变形速度等工艺参数不同，可以分别在奥氏体再结晶区、奥氏体未再结晶区和（A＋F）两相区中进行，在这三个区中轧制时发生的组织和物理性能变化见表 10.4。

在获得细小的奥氏体晶粒后，如果通过提高冷却速度使转变向着低温方向推移，那么这种较低的转变温度，就能提高晶核形核率并降低晶界运动性能，从而使铁素体晶粒尺寸减小。除了采用快速冷却方法外，一定的合金元素（如 Mo、Mn 等）或溶解的微合金元素也能使转变温度降低，导致晶粒的进一步细化。

表 10.4　控制轧制三个阶段的组织和物理性能变化

	温度	显微组织	屈服强度	加工硬化	析出硬化	转变温度	析出物数量	(100)织构
第Ⅰ阶段	≥950℃ 再结晶 A 区	A 由于反复再结晶而细化	低	趋近于 0	趋近于 0	高	无	无
第Ⅱ阶段	950℃~Ar₃ 不发生再结晶的 A 区	A 晶粒被拉长，导入变形带和位错使 F 细化	低	趋近于 0	趋近于 0	低	微量	无
第Ⅲ阶段	<Ar₃（A+F）区	A 晶粒不再进一步细化，析出硬化和（100）织构的产生	高	少量	大量	极低	大量	形成

　　一般来说，控制冷却包括控制轧制中间阶段的冷却和控制轧后的冷却两类。轧制中间阶段的控制冷却通常指的是在轧制精轧阶段前的冷却，这个阶段冷却的目的在于控制精轧阶段轧件的轧制温度和终轧温度，冷却方式可采用空冷或水冷。

　　控制冷却能够在不降低材料韧性的前提下进一步提高材料的强度。控制轧制对改善低碳钢、低合金钢和微合金钢材的强韧性有显著效果。高温终轧的钢材，轧后处于奥氏体完全再结晶状态，如果轧后慢冷（空冷），则变形奥氏体就会在相变前的冷却过程中长大，相变后得到粗大的铁素体组织。由于冷却缓慢，由奥氏体转变形成的珠光体较粗大，片层间距加厚，这种组织的力学性能较差。对于低温终轧的钢材，终轧时奥氏体处于未再结晶温度区域，由于 A₁ 温度的提高，终轧后奥氏体很快就发生相变并形成铁素体，这种在高温下形成的铁素体成长速度很快，如果轧后采用的是慢冷，铁素体就有足够的长大时间，到常温时就会形成较粗大的铁素体，从而降低了控制轧制细化晶粒的效果。

　　对低碳/超低碳微合金高强度钢采用控制轧制，并紧接着加速强行冷却，使轧后组织转变为更细的铁素体+贝氏体或单一的贝氏体，以这种形式获得的钢材的屈服强度更高，韧性和焊接性也更好。以海上平台用的含铌微合金钢为例，从 800℃ 强冷到 550℃（冷却速度15℃/s），比一般控温轧制的钢板的屈服强度可提高 50MPa，与正火处理的相比，约可提高150MPa。对于中、高碳钢和中、高碳合金钢轧制后控制冷却可以防止变形后的奥氏体晶粒长大，降低网状碳化物的析出量，保持其碳化物的固溶状态，达到固溶强化目的，减小珠光体球团尺寸，改善珠光体形貌和片层间距等，从而改善钢材性能。

　　控制轧制和控制冷却相结合的工艺，能将热轧钢材的两种强化效果叠加，进一步提高钢材的强韧性，并获得合理的综合力学性能。Nb、V、Ti 元素的微合金化钢采用控制轧制和控制冷却工艺，将充分发挥这些元素的强韧化作用，获得高的屈服强度、高的抗拉强度、很好的韧性、低的脆性转变温度、优越的成形性能和较好的焊接性能。

10.3　油气田材料强韧化

10.3.1　管线钢

用管道输送流体较其他方式更为经济，石油和天然气工业中的管道输送发展迅速。输管线常用的钢管主要是无缝钢管，长输管线因直径较大常用焊接钢管，管线钢按金相组织大致有以下四种：

（1）铁素体－珠光体钢：基本成分为 C、Mn，有时加少量 Nb、V，一般 C 为 0.10%～0.25%，Mn 为 1.30%～1.70%，轧制工艺采用热轧及正火，X52 及以下各钢级均采用此种工艺。

（2）少珠光体钢：通常将珠光体量控制在 15% 以下，主要有 Mn－Nb 钢、Mn－V 钢和 Mn－V－Nb 钢等类型的钢种，C 含量一般控制在 0.1% 以下，轧制工艺采用控轧，又称为微合金控轧钢，钢级中，X56、X60、X65、X70 钢可采用这种钢。

（3）针状铁素体钢：这种钢主要化学成分为 C、Mn、Nb、Mo，采用控轧工艺，相对于少珠光体钢，其包申格效应小且元素偏析程度较低，多用于 X65、X70 钢级。

（4）超低碳贝氏体钢：主要化学成分为 Mn、Nb、Mo、B、Ti，采用控轧、控冷工艺，通常 C 含量小于 0.03%，其特点为不仅强度高且冲击韧性高、可焊性好、韧－脆转变温度（FATT）值低。

常用的管线钢主要有高强度高韧性管线钢、易焊管线钢、高耐蚀管线钢。

1. 高强度高韧性管线钢

20 世纪 60 年代以前，管线钢的基本组织形态为铁素体和珠光体。X52 以及低于这种强度级别的管线钢均属于铁素体－珠光体钢，这种钢的基本成分是 C－Mn，一般采用热轧和正火热处理。为避免珠光体对管线钢韧性的损害，60 年代末进入了微合金化钢控轧的生产阶段，特别是掌握了 Nb、V、Ti 等碳化物在高温形变过程中的沉淀动力学与基体再结晶之间的关系后，少珠光体管线钢的强韧水平取得了许多新的进展。一般认为，在保证高韧性和良好焊接条件下，少珠光体钢强度的极限水平为 500～550 MPa，为进一步提高管线钢的强韧性，研究开发了针状铁素体钢。

针状铁素体的转变温度略高于上贝氏体，以扩散和剪切的混合机制实现转变，该转变产物为铁素体，由于铁素体呈板条形态，获得的这类组织的钢种称为针状铁素体钢。针状铁素体管线钢的典型成分组合为 C－Mn－Nb－Mo，一般碳含量小于 0.06%。针状铁素体管线钢通过微合金化和控制轧制与控制冷却，并综合利用晶粒细化、微合金化元素的析出相与位错亚结构的强化效应，可使钢的屈服强度达到 650MPa，－60℃ 的冲击韧性达到 80J。

在针状铁素体的研究基础上，于 20 世纪 80 年代初开发出超低碳贝氏体钢。超低碳贝氏体钢在成分设计上选择了 C、Mn、Nb、Mo、B、Ti 的最佳成分组合，使其在较宽的冷却范围内均能形成完全的贝氏体组织。在保证优良的低温韧性和焊接性的前提下，通过适当提高合金元素的含量和进一步完善控轧与控冷工艺，超低碳贝体钢的屈服强度可达到 700～800 MPa。在控轧针状铁素体或超低碳贝氏体钢中，铁素体板条束的大小可以降低再热温度、形变量和终轧温度，其大小还可以通过改变冷却速度等参数来进行控制，因而针状铁素体和超低碳贝氏体的"有效晶粒"（即针状铁素体在一个原始奥氏体晶粒晶界内形成的不同取向的晶胞）尺寸将大大细化。通过严格控制控轧控冷条件，目前可获得这种"有效晶粒"尺寸达 1～3μm，因而赋予了针状铁素体和超低碳贝氏体钢优良的强韧特性。

由于微合金化理论及控制轧制技术的成功应用，人们成功开发了超细晶粒管线钢。在管线钢控轧再加热过程中，未溶微合金碳以及氮化物通过质点钉扎晶界的机制，达到阻止奥氏体晶粒粗化的目的，同时在控轧过程中，应变诱导沉淀析出的微合金碳、氮化物通过质点钉扎晶界和亚晶界的作用阻止奥氏体再结晶，从而获得细小的相变组织。

20 世纪 90 年代以后，一种 Ti-O 新型管线钢被成功开发出来，其原理是向钢中加入粒度细小、均匀分布的 Ti_2O_3 质点（2~3nm），这种弥散分布的 Ti_2O_3 质点除了可以阻止奥氏体长大外，还可以在钢的冷却过程中作为相变的形核核心，促进大量针状铁素体的形成，可明显改善管线钢的焊接韧性。

2. 易焊管线钢

焊接性是管线钢最重要的特性之一，具备优良焊接性的钢可称之为易焊钢。现代易焊管线钢可分为焊接无裂纹钢和焊接高热输入钢。

焊接无裂纹管线钢：冷裂纹是管线钢焊接过程中可能出现的一种严重缺陷。钢的淬硬倾向、焊接接头中含氢量和焊接接头的应力状态是管线钢焊接时产生冷裂纹的三大主要因素。就钢的淬硬倾向而言，主要取决于钢的含碳量，其他合金元素也有不同程度的影响。综合这两方面的因素，提出了以"碳当量"作为衡量钢的焊接裂纹倾向性的依据。为适应焊接无裂纹的要求，目前国外管线钢碳当量控制在 0.4~0.48，用于高寒地区的管线钢则要求碳当量在 0.43 以下。

为达到接头无裂纹以及接头韧性的要求，现代管线钢通常采用 0.1% 或更低含碳量，甚至保持在 0.01%~0.04% 的超低碳水平。随着微合金化和控轧控冷等技术的发展，能使管线钢在碳含量降低的同时也能保持高的强韧特性。

对于焊接高热输入管线钢：采用高的焊接热输入可提高焊接生产效率，但会对热影响区产生严重影响。高的焊接热输入一方面促使晶粒长大，另一方面使焊后冷却速度降低，导致相变温度升高，从而形成软组织，引起焊接热影响区的性能恶化。一般认为，高的焊接热输造成的热影响区韧性损失为 20%~30%。为控制管线钢热影响区在高热输入下的晶粒长大，可以通过向钢中加入微合金元素来实现。据资料显示，钛是一种在焊接峰值温度下能通过生成稳定的氮化物，从而控制晶粒长大的有效元素，即使在高达 1400℃ 的温度下，TiN 仍表现了很高的稳定性，能有效地抑制在高热输入条件下奥氏体晶界迁移和晶粒相互吞并及长大过程，目前管线钢中推荐的最佳钛含量为 0.02%~0.03%。为避免在焊接高热输入条件下热影响区中软组织的形成，在 20 世纪 80 年代初研究开发了 Nb-Ti-B 系管线钢，加入微量的硼（0.002%~0.005%）可明显抑制软组织铁素体在奥氏体晶界上形核，使铁素体转变曲线明显右移，同时使贝氏体转变曲线变得扁平，即使在焊接高热输入和较大的冷却范围内，都能获得贝氏体组织，使管线钢热影响区强韧特性不低于母材。

3. 高耐蚀管线钢

在输送酸性油、气时，管道内壁会不可避免地接触 H_2S、CO_2 和 Cl^- 等腐蚀介质，钢管外壁还与土壤和地下水中的硝酸根离子（NO_3^-）、氢氧根离子（OH^-）、碳酸根离子（CO_3^{2-}）和碳酸氢根离子（HCO_3^-）等介质接触，因而管线钢的腐蚀问题是难以避免的。随着高硫油气田的开发，研究高抗腐蚀管线钢的问题日显迫切。为提高长输管线，尤其是输气管线的抗应力腐蚀和抗氢致裂纹的能力，对高抗腐蚀管线钢的基本要求有：

（1）硬度小于 22HRC 或 248HV；

（2）硫含量小于 0.002%；

（3）通过钢水钙处理，改善夹杂物的形态；

（4）通过减少 C、P、Mn 含量，以防止偏析和减少偏析区硬度；

（5）通过对 Mn、P 偏析的控制，以避免出现带状组织；

（6）通过添加 Cu、Ni、Cr，以形成钝化膜，防止氢的侵入。

10.3.2 油套管用钢

油套管是石油和天然气开采过程中的重要材料。直缝高频电阻焊（简称 ERW）油气井油套管，以其精度高、冲击韧性好、抗挤抗爆性能优良、成本较低而被推广应用，美国、日本、德国等国家均生产这种套管并实际应用于油田的钻采生产。

20 世纪 60 年代以前，石油套管用钢的基本组织形态为铁素体加珠光体，这种钢的基本成分是 C、Mn，一般采用热轧和正火热处理。为避免珠光体对钢材韧性的损害，对以 J55 等为代表的少珠光体钢进行微合金化处理，然而得到的组织类型为细晶铁素体＋少珠光体组织，其强度极限为 500～550MPa。为进一步提高石油套管用带钢的强韧性，研究开发了针状铁素体钢。针状铁素体石油用钢典型成分是 C、Mn、Nb、Mo，一般含碳量低于 0.1%。针状铁素体（AF）是在冷却过程中，稍高于上贝氏体温度区间内，通过切变相变形成具有高密度位错的非等轴铁素体，从金相显微镜下观察为不规则的非等轴和非多边形的铁素体晶粒，晶粒大小不等，形状独特，晶粒与晶粒之间的位向关系不定，呈混乱分布状态；原奥氏体晶界完全消失，并不存在明显的针形状金相特征。为适应石油天然气开发的需要，在针状铁素体钢研究的基础上，研究开发了超低碳贝氏体钢，超低碳贝氏体钢在成分上采用了 C、Mn、Mo、B、Ti、Nb 的组合，形成了完全的贝氏体组织，通过适当的合金元素调整和控轧工艺的完善，可获得高强度和良好的强韧性配合。

习　题

一、名词解释
固溶强化、细晶强化、弥散强化、形变强化、相变强化

二、综合题
1. 简述固溶强化、细晶强化和弥散强化的强化机制，并说明三者之间的区别。

2. 简述金属强韧化的位错机制。

3. 简述金属强韧化的技术途径。

4. 简述各种金属强韧化技术的原理。

5. 高强高韧管线钢为什么需要综合利用微合金化及控制轧制技术？

6. 为什么说得到马氏体后再经过回火处理是钢中最经济而又最有效的强韧化方法？

第 11 章　机械零件失效分析及选材

11.1　机械零件失效及分析

机械零件在服役过程中由于形状尺寸、材料的组织与性能等变化，导致其丧失功能的现象称为失效。零部件的失效会使机床降低加工精度、油气管道产生泄露、设备不能运转等，严重威胁生产安全，造成巨大的经济损失。

11.1.1　失效原因

机械产品失效的原因主要有设计、加工工艺、材料、装配等方面的因素。

1. 设计因素

最常见的情况是，零件尺寸和几何结构不正确，如过渡圆角太小、存在尖角、尖锐切口等，由此，造成了较大的应力集中；另外，设计中对零件工作估计错误，例如，对工作中可能的过载估计不足，因而设计的零件承载能力不够；或者对环境的恶劣程度估计不足、忽略或低估了温度、介质因素的影响，造成零件实际工作能力的降低。

2. 加工工艺因素

实际上，相当数量的零件，尽管其原始设计是正确的，但如果工艺制造条件不满足设计要求，仍会发生各式各样的故障而导致失效。如机械切削加工中常出现的表面粗糙度高、较深的刀痕、磨削裂纹等缺陷；热成型中容易产生的过热、过烧和带状组织等缺陷；热处理工序的遗漏、淬火冷却速度不够、表面脱碳、淬火变形、开裂等，都是造成零件失效的重要原因。尤其当零件厚度不均、截面变化悬殊、结构不对称时，热处理更易形成大的残余内应力，对零件失效的影响，更应特别注意。

3. 材料因素

相当多机器的主要失效原因与其关键零部件的材料因素密切相关。材质内部缺陷实质上是其内部的应力集中源，当其在外界载荷作用下，材质缺陷处呈现高应力水平而导致发生某种失效。材料引起的失效，可能是由于选材不当，也可能由于冷热加工工艺过程产生的缺陷，也可能由于检验不严而残留下的缺陷而造成的。

4. 装配因素

安装时配合过紧、过松，对中不好，固定不紧等，都可能使零件不能正常工作或工作不安全。使用维护不良、不按工艺规程操作，也可使零件在不正常的情况下运转。例如，零件磨损后未及时调整间隙或进行更换会造成过量弹性变形和冲击加载；环境介质的污染会加速磨损和腐蚀进程等。所有这些情况对失效的影响都是不可轻视的。

失效的实际情况是很复杂的，往往不只是单一原因造成的，而可能是多种原因综合作用的结果，在这种情况下，必须逐一考查设计、材料、加工和安装使用等方面的问题，排除各种可能性，找到真正的原因，特别是起决定作用的原因。

11.1.2 失效形式

1. 塑性变形

受静载的零件产生过量的塑性（屈服）变形，位置相对于其他零件发生变化，使整个机器运转不良，导致失效。

2. 弹性失稳

细长件或薄壁筒受轴向压缩时，发生弹性失稳，即产生很大的侧向弹性弯曲变形，丧失工作能力，甚至引起大的塑性弯曲或断裂。

3. 蠕变断裂

受长期固定载荷的零件，特别是在高温下工作时，蠕变量超出规定范围，因而处于不安全状态，严重时可能与其他零件相碰，造成断裂。

4. 磨损

两相互接触的零件相对运动时，表面会产生磨损。磨损使零件尺寸变化，精度降低，甚至发生咬合、剥落等现象，而不能继续工作。

5. 快速断裂

受单调载荷的零件可发生韧性断裂或者脆性断裂。韧性断裂是屈服变形的结果；脆性断裂时无明显塑性变形，常在低应力下突然发生，它的情况比较复杂。脆性断裂在高温、低温下能发生；在静载、冲击载荷时可发生；光滑、缺口构件也可以发生。但最多的是有尖锐缺口或裂纹的构件，在低温或受冲击载荷时发生的低应力断裂。

6. 疲劳断裂

零件受交变应力作用时，在比静载屈服应力低得多的应力下发生突然断裂，断裂前往往没有明显征兆。

7. 应力腐蚀断裂

零件在腐蚀的环境中受载时，由于应力和腐蚀介质的联合作用，发生低应力脆性断裂。

在以上各种失效中，弹性失稳、塑性变形、蠕变和磨损等，在失效前一般都有尺寸的变化，有较明显的征兆，所以失效可以预防，断裂可以避免；而低应力脆断、疲劳断裂和应力腐蚀断裂往往事前无明显征兆，断裂是瞬间发生的，会带来灾难性的后果，因此特别危险。

同一种零件可有几种不同的失效形式。对应于不同的失效形式，零件具有不同的抗力。例如，轴的失效可以是疲劳断裂，也可以是过量弹性变形。究竟以什么形式失效，决定于具体条件下零件的哪一种抗力最低。因此，一个零件失效，总是由一种形式起主导作用，很少同时以两种形式失效的。但它们可以组合为更复杂的失效形式，例如腐蚀疲劳、蠕变疲劳、腐蚀磨损等。根据零件破坏的特点、所受载荷的类型以及外在条件，机器零件失效的形式可以分为变形失效、断裂失效和表面损伤失效三大类型，如图 11.1 所示。

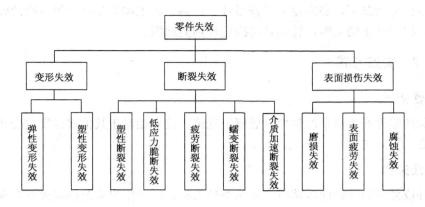

图 11.1　零件失效方式的分类

11.1.3　失效分析的思路及步骤

分析失效的原因，研究采取补救和预防措施的技术和管理活动称为失效分析。对失效零件进行分析的目的是减少类似失效事件重复出现，为改进产品设计、提高产品质量提供依据。失效分析的成果也是新产品开发的前提，并能推动材料科学理论的发展。

1. 失效分析的基本思路

失效分析的步骤和程序应根据失效事件的具体情况（失效类型及其失效的严重性）、失效分析的目的与要求（机理研究、技术改进或法律仲裁）以及有关的合同或法规来制定。

在进行失效分析时，可检测失效材料的性能及其变形量，再用各种方法分析造成材料性能的变化和形状尺寸的改变是由哪些因素引起的，从而找出主要的因素并采取相应的措施。这便是失效分析的基本思路。

2. 失效分析的步骤

一般来说，失效零件的残骸上都留下了零件的各种信息，通过分析零件残骸和使用工况，就能够找出引起材料失效的原因，提出推迟失效的措施，然后反馈到有关部门，防止早期失效再度发生，从而提高产品使用寿命。

（1）搜集失效零件的残骸，观测并记录损坏部位、尺寸变化和断口宏观特征，搜集表面剥落物和腐蚀产物，必要时进行专门的分析和记录。

（2）了解零件的工作环境。

（3）了解失效经过，观察相关零件的损坏情况，判断损坏的顺序。审查有关零件的设计、材质成分、加工、安装、使用维护等方面的资料。

（4）试验研究，取得各种数据。

（5）综合以上各种材料，判断出引起材料失效的原因，提出改进措施，写出失效分析报告。失效分析报告除有明确的结论外，还应有足够的事实与科学试验结果，以及必要的分析与对策。

3. 失效分析中的检验方法

1）化学分析

检验材料成分与设计是否相符。有时需要采用剥层法，查明化学热处理零件截面上的化学成分变化情况，必要时，还应采用电子探针等方法，了解局部区域的化学成分。

2）断口分析

对断口做宏观及微观观察，确定裂纹的发源地、扩展区和最终断裂的断裂性质。

3）宏观检查

检查零件的材料及其在加工过程中产生的缺陷，如与冶金质量有关的疏松、缩孔、气泡、白点、夹杂物等；与锻造有关的流线、锻造裂纹等；与热处理有关的氧化、脱碳、淬火裂纹等。为此，应对失效部位的表面和纵、横截面作低倍检验，有时还要用无损探伤法检测内部缺陷及其分布。对于表面强化零件，还应检查强化层厚度。

4）显微分析

判明显微组织，观察组织组成物的形状、大小、数量、分布及均匀性，鉴别各种组织缺陷，判断组织是否正常，特别注意观察失效部位与周围组织的变化，这对查清裂纹的性质，找出失效的原因非常重要。

5）应力分析

采用实验应力分析方法，检查失效零件的应力分布，确定损害部位是否为主应力最大的地方，找出产生裂纹的平面与最大主应力之间的关系，以便判定零件几何形状与结构受力位置的安排是否合理。

6）力学性能测试

对失效的部位进行力学性能测试，判断其是否能达到使用要求。并结合金相分析、断口分析，成分分析等来确定材料力学性能是在使用中发生改变的，还是在生产时其性能就不符合要求。

7）断裂力学分析

对于某些零件，要进行断裂韧性的测定，同时用无损检测方法探测出失效部位的最大裂纹尺寸，按照最大工作应力，计算出断裂韧性值，由此判断材料是否发生了低应力脆断。

11.2　选材的基本原则和方法

在掌握材料科学的基本理论和各种材料性能的基础上，正确、合理地选择和使用材料是工程构件和机械零件设计与制造不可缺少的工作。

11.2.1　选材的基本原则

在进行材料及成型工艺的选择时，要考虑到在该工况下材料性能是否达到要求，及用该材料制造零件时，其成型加工过程是否容易，同时还要考虑材料或机件的生产及使用是否经济等因素即从适用性、工艺性和经济性3个方面进行考虑。

1. 适用性原则

适用性原则是指所选择的材料必须能够适应工况，并能达到令人满意的使用要求。满足使用要求是选材的必要条件，是在进行材料选择时首先要考虑的问题。

材料的使用要求体现在对其化学成分、组织结构、力学性能、物理性能和化学性能等内部质量的要求上。为满足材料的使用要求，在进行材料选择时，主要从零件的负载情况、材料的使用环境和材料的使用性能要求三个方面考虑。零件的负载情况主要是指载荷的大小和应力状态。材料的使用环境指材料所处的环境，如介质、工作温度及摩擦等。材料的使用性能要求指材料的使用寿命、材料的各种广义许用应力、广义许用变形等。只有将以上三方面进行充分的考虑，才能使材料满足使用性能要求。

2. 工艺性原则

一般地，材料一经选择，其加工工艺大体上就能确定。同时加工工艺过程又使材料的性能发生改变；零件的形状结构及生产批量、生产条件也对材料加工工艺产生重大的影响。

工艺性原则是指选材时要考虑到材料的加工工艺性，优先选择加工工艺性好的材料，降低材料的制造难度和制造成本。

各种成型工艺各有其特点和优缺点，同一材料的零件，当使用不同成型工艺制造时，其难度和成本是不一样的，所要求的材料工艺性能也是不同的。例如，当零件形状比较复杂、尺寸较大时，用锻造成型往往难以实现，若采用铸造或焊接，则其材料必须具有良好的铸造性能或焊接性能，在结构上也要适应铸造或焊接的要求。再如，用冷拔工艺制造键、销时，应考虑材料的伸长率，并考虑形变强化对材料力学性能的影响。

3. 经济性原则

在满足材料使用要求和工艺要求的同时，也必须考虑材料的使用经济性。经济性原则是指在选用材料时，应选择性能价格比高的材料。材料的性能就是指其使用性能。材料的使用性能一般可以用使用时间和安全程度来代表。材料价格主要由成本决定。材料的成本包括生产成本和使用成本。一般地，材料成本由原材料成本、原材料利用率、材料成型成本、加工费、安装调试费、维修费、管理费等因素决定。

11.2.2 材料及成型工艺选择的步骤、方法及依据

材料及成型工艺的选择步骤如下：首先根据使用工况及使用要求进行材料选择，然后根据所选材料，同时结合材料的成本、材料的成型工艺性、零件的复杂程度、零件的生产批量、现有生产条件和技术条件等，选择合适的成型工艺。

1. 选择材料及其成型工艺的步骤、方法

分析零件的服役条件，找出零件在使用过程中具体的负荷情况、应力状态、温度、腐蚀及磨损等情况。

大多数零件都在常温大气中使用，主要要求材料的力学性能。在其他条件下使用的零件，要求材料还必须有某些特殊的物理、化学性能。如高温条件下使用，要求零件材料有一定的高温强度和抗氧化性；化工设备则要求材料有高的抗腐蚀性能；某些仪表零件要求材料具有电磁性能等。严寒地区使用的焊接结构，应附加对低温韧性的要求；在潮湿地区使用时，应附加对耐大气腐蚀性的要求等。

（1）通过分析或试验，结合同类材料失效分析的结果，确定允许材料使用的各项广义许用应力指标，如许用强度、许用应变、许用变形量及使用时间等。

（2）找出主要和次要的广义许用应力指标，以重要指标作为选材的主要依据。

（3）根据主要性能指标，选择符合要求的几种材料。

（4）根据材料的成型工艺性、零件的复杂程度、零件的生产批量、现有生产条件、技术条件选择材料及其成型工艺。

（5）综合考虑材料成本、成型工艺性、材料性能、使用的可靠性等，利用优化方法选出最适用的材料。

（6）必要时选材要经过试验投产，再进行验证或调整。

上述只是选材步骤的一般规律，其工作量和耗时都是相当大的。对于重要零件和新材料，在选材时，需要进行大量的基础性试验和批量试生产过程，以保证材料的使用安全性。对不太重要的、批量小的零件，通常参照相同工况下同类材料的使用经验来选择材料，确定材料的牌号和规格，安排成型工艺。若零件属于正常的损坏，则可选用原来的材料及成型工艺；若零件的损坏属于非正常的早期破坏，应找出引起失效的原因，并采取相应的措施。如果是材料或其生产工艺的问题，可以考虑选用新材料或新的成型工艺。

2. 选材的依据

一般依据使用工况及使用要求进行选材，可以从以下四方面考虑。

1）负荷情况

工程材料在使用过程中受到各种力的作用，有拉应力、压应力、剪应力、切应力、扭矩、冲击力等。材料在负荷下工作，其力学性能要求和失效形式是和负荷情况紧密相关的。

在工程实际中，任何机械和结构，必须保证它们在完成运动要求的同时，能安全可靠地工作。例如要保证机床主轴的正常工作，则主轴既不允许折断，也不允许受力后产生过度变形。又如千斤顶顶起重物时，其螺杆必须保持直线形式的平衡状态，而不允许突然弯曲。对工程构件来说，只有满足了强度、刚度和稳定性的要求，才能安全可靠地工作。实际上，在材料力学中对材料的这三方面要求都有具体的使用条件。在分析材料的受力情况，或根据受力情况进行材料选择时，除了考虑材料的力学性能外，还必须应用材料力学的有关知识进行科学的选材。

几种常见零件受力情况、失效形式及要求的力学性能见表 11.1。

表 11.1 几种常见零件的受力情况、失效形式及要求的力学性能

零件	工作条件			常见失效形式	主要力学性能要求
	应力种类	载荷性质	其他		
普通紧固螺栓	拉应力 切应力	静载荷		过量变形、断裂	屈服强度、抗剪强度
传动轴	弯应力 扭应力	循环冲击	轴颈处摩擦，振动	疲劳破坏、过量变形、轴颈处磨损	综合力学性能
传动齿轮	压应力 弯应力	循环冲击	强烈摩擦，振动	磨损、麻点剥落、齿折断	表面：硬度及弯曲疲劳强度、接触疲劳抗力；心部：屈服强度、韧性
弹簧	扭应力 弯应力	循环冲击	振动	弹性丧失、疲劳断裂	弹性极限、屈服比、疲劳强度
油泵柱塞副	压应力	循环冲击	摩擦，油的腐蚀	磨损	硬度、抗压强度
冷作模具	复杂应力	循环冲击	强烈摩擦	磨损、脆断	硬度、足够的强度、韧性

零件	工作条件			常见失效形式	主要力学性能要求
	应力种类	载荷性质	其他		
压铸模	复杂应力	循环冲击	高温度、摩擦、金属液腐蚀	热疲劳、脆断、磨损	高温强度、热疲劳抗力、韧性与红硬性
滚动轴承	压应力	循环冲击	强烈摩擦	疲劳断裂、磨损、麻点剥落	接触疲劳抗力、硬度、耐磨性
曲轴	弯应力扭应力	循环冲击	轴颈摩擦	脆断、疲劳断裂、咬蚀、磨损	疲劳强度、硬度、冲击疲劳抗力、综合力学性能
连杆	拉应力压应力	循环冲击		脆断	抗压疲劳强度、冲击疲劳抗力

2) 材料的使用温度

大多数材料都在常温下使用,当然也有在高温或低温下使用的材料。由于使用温度不同,要求材料的性能也有很大差异。

随着温度的降低,钢铁材料的韧性和塑性不断下降。当温度降低到一定程度时,其韧性、塑性显著下降,这一温度称为韧脆转折温度。在低于韧脆转折温度下使用时,材料容易发生低应力脆断,从而造成危害。因此,选择低温下使用的钢铁时,应选用韧脆转折温度低于使用工况的材料。各种低温用钢的合金化目的都在于降低碳含量,提高材料的低温韧性。

随着温度的升高,钢铁材料的性能会发生一系列变化,主要是强度、硬度降低,塑性、韧性先升高而后又降低,钢铁受高温氧化或高温腐蚀等。这都对材料的性能产生影响,甚至使材料失效。例如,一般碳钢和铸铁的使用温度不宜超过 480℃,而合金钢的使用温度不宜超过 1150℃。

3) 受腐蚀情况

在工业上,一般用腐蚀速度表示材料的耐蚀性。腐蚀速度用单位时间内单位面积上金属材料的损失量来表示;也可用单位时间内金属材料的腐蚀深度来表示。工业上常用 6 类 10 级的耐蚀性评级标准,从 I 类完全耐蚀到 VI 类不耐蚀,见表 11.2。

表 11.2 金属材料耐蚀性的分类评级标准

耐蚀性分类		耐蚀性分级	腐蚀速度,mm/d
I	完全耐蚀	1	<0.001
II	相当耐蚀	2	0.001～0.005
		3	0.005～0.01
III	耐蚀	4	0.01～0.05
		5	0.05～0.1
IV	尚耐蚀	6	0.1～0.5
		7	0.5～1.0
V	耐蚀性差	8	1.0～5.0
		9	5.0～10.0
VI	不耐蚀	10	>10.0

大多数工程材料都是在大气环境中工作的，大气腐蚀是一个普遍的问题。大气的湿度、温度、日照、雨水及腐蚀性气体含量对材料腐蚀影响很大。在常用合金中，碳钢在工业大气中的腐蚀速度为 $10 \sim 60 \mu m/d$，在需要时常涂敷油漆等保护层后使用。含有铜、磷、镍、铬等合金组分的低合金钢，其耐大气腐蚀性有较大提高，一般可不涂油漆直接使用。铝、铜、铅、锌等合金耐大气腐蚀很好。

4）耐磨损情况

影响材料耐磨性的因素如下：

（1）材料本身的性能：包括硬度、韧性、加工硬化的能力、导热性、化学稳定性、表面状态等。

（2）摩擦条件：包括相磨物质的特性、摩擦时的压力、温度、速度、润滑剂的特性、腐蚀条件等。

一般来说，硬度高的材料不易为相磨的物体刺入或犁入，而且疲劳极限一般也较高，故耐磨性较高；如同时具备较高的韧性，即使被刺入或犁入，也不致被成块撕掉，可以提高耐磨性；因此，硬度是耐磨性的主要方面。另外，材料的硬度在使用过程中，也是可变的。易于加工硬化的金属在摩擦过程中变硬，而易于受热软化的金属会在摩擦中软化。

3. 材料成型工艺的选择依据

一般而言，当产品的材料确定后，其成型工艺的类型就大体确定了。例如，产品为铸铁件，则应选铸造成型；产品为薄板件，则应选板料冲压成型；产品为 ABS 塑料件，则应选注塑成型；产品为陶瓷件，则应选相应的陶瓷成型工艺等。然而，成型工艺对材料的性能也产生一定的影响，因此在选择成型工艺中，还必须考虑材料的最终性能要求。

1）产品材料的性能

（1）材料的力学性能。

例如，材料为钢的齿轮零件，当其力学性能要求不高时，可采用铸造成型；而力学性能要求高时，则应选用压力加工成型。

（2）材料的使用性能。

例如，若选用钢材模锻成型制造小轿车、汽车发动机中的飞轮零件，由于轿车转速高，要求行驶平稳，在使用中不允许飞轮锻件有纤维外露，以免产生腐蚀，影响其使用性能，故不宜采用开式模锻成型，而应采用闭式模锻成型。这是因为，开式模锻成型工艺只能锻造出带有飞边的飞轮锻件，在随后进行的切除飞边修整工序中，锻件的纤维组织会被切断而外露；而闭式模锻的锻件没有飞边，可克服此缺点。

（3）材料的工艺性能。

材料的工艺性能包括铸造性能、锻造性能、焊接性能、热处理性能及切削加工性能等。例如，易氧化和吸气的非铁金属材料的焊接性差，其连接就宜采用氩弧焊接工艺，而不宜采用普通的手弧焊接工艺；聚四氟乙烯材料，尽管它也属于热塑性塑料，但因其流动性差，故不宜采用注塑成型工艺，而只宜采用压制烧结的成型工艺。

（4）材料的特殊性能。

材料的特殊性能包括材料的耐磨损、耐腐蚀、耐热、导电或绝缘等。例如，耐酸泵的叶轮、壳体等，若选用不锈钢制造，则只能用铸造成型；选用塑料制造，则可用注塑成型；如要求既耐热又耐腐蚀，那么就应选用陶瓷制造，并相应地选用注浆成型工艺。

2）零件的生产批量

对于成批大量生产的产品，可选用精度和生产率都比较高的成型工艺。虽然这些成型工艺装备的制造费用较高，但这部分投资可由每个产品材料消耗的降低来补偿。如大量生产锻件，应选用模锻、冷轧、冷拔和冷挤压等成型工艺；大量生产非铁合金铸件，应选用金属型铸造、压力铸造、及低压铸造等成型工艺；大量生产 MC 尼龙制件，宜选用注塑成型工艺。

而单件小批生产这些产品时，可选用精度和生产率均较低的成型工艺，如手工造型、自由锻造、手工焊，及它们与切削加工相联合的成型工艺。

3）零件的形状复杂程度及精度要求

形状复杂的金属制件，特别是内腔形状复杂的零件，可选用铸造成型工艺，如箱体、泵体、缸体、阀体、壳体、床身等；形状复杂的工程塑料制件，多选用注塑成型工艺；形状复杂的陶瓷制件，多选用注浆成形或注射成型工艺；而形状简单的金属制件，可选用压力加工或焊接成型工艺；形状简单的工程塑料制件，可选用吹塑、挤出成型或模压成型工艺；形状简单的陶瓷制件，多选用模压成型工艺。

若产品为铸件，尺寸要求不高的可选用普通砂型铸造；而尺寸精度要求高的，则依铸造材料和批量不同，可分别选用熔模铸造、气化模铸造、压力铸造及低压铸造等成型工艺。若产品为锻件，尺寸精度要求低的，多采用自由锻造成型；而精度要求高的，则选用模锻成型、挤压成型等。若产品为塑料制件，精度要求低的，多选用中空吹塑；而精度要求高的，则选用注塑成型。

4）现有生产条件

现有生产条件是指生产产品现有的设备能力、人员技术水平及外协可能性等。例如，生产重型机械产品时，在现场没有大容量的炼钢炉和大吨位的起重运输设备条件下，常常选用铸造和焊接联合成型的工艺，即首先将大件分成几小块来铸造后，再用焊接拼成大件。

又如，车床上的油盘零件，通常是用薄钢板在压力机下冲压成型，但如果现场条件不具备，则应采用其他工艺方法。例如，现场没有薄板，也没有大型压力机，就不得不采用铸造成型工艺生产；当现场有薄板，但没有大型压力机时，就需要选用经济可行的旋压成型工艺来代替冲压成型。

5）充分考虑利用新工艺、新技术、新材料的可能性

随着工业市场需求日益增大，用户对产品品种和品质更新的要求越来越强烈，使生产性质由成批大量生产变成多品种、小批量生产，因而扩大了新工艺、新技术、新材料的应用范围。

因此，为了缩短生产周期，更新产品类型及质量，在可能的条件下就大量采用精密铸造、精密锻造、精密冲裁、冷挤压、液态模锻、超塑成型、注塑成型、粉末冶金、陶瓷等静压成型、复合材料成型、快速成型等新工艺、新技术、新材料，采用无余量成型，使零件近净型化，从而显著提高产品品质和经济效益。

除此之外，为了合理选用成型工艺，还必须对各类成型工艺的特点、适用范围以及成型工艺对材料性能的影响有比较清楚的了解。金属材料的各种毛坯成型工艺的特点见表 11.3。

表 11.3　各种毛坯成型工艺的特点

	铸件	锻件	冲压件	焊接件	轧材
成型特点	液态下成型	固态塑性变形	固态塑性变形	结晶或固态下连接	固态塑性变形
对材料工艺性能的要求	流动性好，收缩率低	塑性好，变形抗力小	塑性好，变形抗力小	强度高，塑性好，液态下化学稳定性好	塑性好，变形抗力小
常用材料	钢铁材料，铜合金，铝合金	中碳钢，合金结构钢	低碳钢，有色金属薄板	低碳钢，低合金钢，不锈钢，铝合金	低、中碳钢，合金钢，铝合金，铜合金
金属组织特征	晶粒粗大，组织疏松	晶粒细小，致密，晶粒成方向性排列	沿拉伸方向形成新的流线组织	焊缝区为铸造组织，熔合区和过热区晶粒粗大	晶粒细小，致密，晶粒成方向性排列
力学性能	稍低于锻件	比相同成分的铸件好	变形部分的强度硬度高，结构钢度好	接头的力学性能达到或接近母材	比相同成分的铸件好
结构特点	形状不受限制，可生产结构相当复杂的零件	形状较简单	结构轻巧，形状可稍复杂	尺寸结构一般不受限制	形状简单，横向尺寸变化较少
材料利用率	高	低	较高	较高	较低
生产周期	长	自由锻短，模锻较长	长	较短	短
生产成本	较低	较高	批量越大，成本越低	较高	较低
主要适用范围	各种结构零件和机械零件	传动零件，工具，模具等各种零件	以薄板成型的各种零件	各种金属结构件，部分用于零件毛坯	结构上的毛坯料
应用举例	机架、床身、底座、工作台、导轨、变速箱、泵体、曲轴、轴承座等	机床主轴、传动轴、曲轴、连杆、螺栓、弹簧、冲模等	汽车车身、机表仪壳、电器的仪壳、水箱、油箱	锅炉、压力容器、化工容器管道、厂房构架、桥梁、车身、船体等	光轴、丝杠、螺栓、螺母、销子等

11.3　典型零件的材料及成型工艺选择

金属材料、高分子材料、陶瓷材料及复合材料是目前的主要工程材料，它们各有自己的特性，所以各有其合适的用途。随着科技进步，各种材料的性能和应用也在发生着变化。

高分子材料的强度、刚度低，尺寸稳定性较差，易老化，耐热性差。因此在工程上，目前还不能用来制造承受载荷较大的结构零件。在机械工程中，常制造轻载传动齿轮、轴承、紧固件及各种密封件等。

陶瓷材料几乎没有塑性，在外力作用下不产生塑性变形，易发生脆性断裂。因此，一般不能用来制造重要的受力零件。但其化学稳定性很好，具有高的硬度和红硬性，故用于制造在高温下工件的零件、切削刀具和某些耐磨零件。由于其制造工艺较复杂、成本高，在一般机械工程中应用还不普遍。

复合材料综合了多种不同材料的优良性能，如强度、弹性模量高；抗疲劳、减磨、减振性能好，且化学稳定性优异，是一种很有发展前途的工程材料。

金属材料具有优良的综合力学性能和某些物理、化学性能，因此它被广泛地用于制造各种重要的机械零件和工程结构，是最重要的工程材料。从应用情况来看，机械零件的用材主要是钢铁材料。下面介绍几种典型钢制零件的选材实例。

11.3.1　轴杆类零件

轴杆零件的结构特点是其轴向尺寸远比径向尺寸大。这类零件包括各种传动轴、机床主轴、丝杠、光杠、曲轴、偏心轴、凸轮轴、连杆、拨叉等。

1. 轴的工作条件

轴是机械工业中重要的基础零件之一。大多数轴都在常温大气中使用，其受力情况如下：

（1）传递扭矩，同时还承受一定的交变弯曲应力。

（2）轴颈承受较大的摩擦。

（3）有时承受一定的冲击载荷或过量载荷。

2. 选材

多数情况下，轴杆类零件是各种机械中重要的受力和传动零件，要求材料具有较高的强度、疲劳极限、塑性与韧性，即要求具有良好的综合力学性能。

显然，作为轴的材料，如选用高分子材料，弹性模量小，刚度不足，极易变形，所以不合适；如用陶瓷材料，则太脆，韧性差，亦不合适。因此，重要的轴几乎都选用金属材料，常用中碳钢和合金钢，包括 45、40Cr、40CrNi、20CrMnTi、18Cr2Ni4W 等。并且轴类零件大多都采用锻造成型，之后经调质处理，使其具有较好的综合力学性能。

其制造工艺流程为：棒料锻造→正火或退火→粗加工→调质处理→精加工。

在满足使用要求的前提下，某些具有异形截面的轴，如凸轮轴、曲轴等，也常采用QT450-10、QT500-5、QT600-2等球墨铸铁毛坯，以降低制造成本。与锻造成型的钢轴相比，球墨铸铁有良好的减振性、切削加工性及低的缺口敏感性；此外，它还有较高的力学性能，疲劳强度与中碳钢相近，耐磨性优于表面淬火钢，经过热处理后，还可使其强度、硬度、韧度有所提高。因此，对于主要考虑刚度的轴以及主要承受静载荷的轴，采用铸造成型的球墨铸铁是安全可靠的。目前部分负载较重但冲击不大的锻造成型轴已被铸造成型轴所代替，既满足了使用性能的要求，又降低了零件的生产成本，取得了良好的经济效益。

对于在高温或介质中使用的轴，可考虑使用具有相应耐热、耐磨、耐腐蚀的材料。

11.3.2　齿轮类零件

齿轮主要是用来传递扭矩，有时也用来换挡或改变传动方向，有的齿轮仅起分度定位作用。齿轮的转速可以相差很大，齿轮的直径可以从几毫米到几米，工作环境也有很大的差别，因此齿轮的工作条件是复杂的。

大多数重要齿轮的受力共同特点是：由于传递扭矩，齿轮根部承受较大的交变弯曲应力；齿的表面承受较大的接触应力，在工作过程中相互滚动和滑动，表面受到强烈的摩擦和磨损；由于换档启动或啮合不良，轮齿会受到冲击。

因此，作为齿轮的材料应具有以下主要性能：高的弯曲疲劳强度和高的接触疲劳强度；齿面有高的硬度和耐磨性；轮齿心部有足够的强度和韧性。

显然，作为齿轮用材料，陶瓷是不合适的，因为其脆性大，不能承受冲击。绝大多数情况下有机高分子类材料也是不合适的，其强度、硬度太低。

对于传递功率大、接触应力大、运转速度高而又受较大冲击载荷的齿轮，通常选择低碳钢或低碳合金钢，如 20Cr、20CrMnTi 等制造，并经渗碳及渗碳后热处理，最终表面硬度要求为 56～62HRC。属于这类齿轮的，有精密机床的主轴传动齿轮、走刀齿轮、变速箱的高速齿轮等。

其制造工艺流程为：棒料镦粗→正火或退火→机械加工成型→渗碳或碳氮共渗→淬火加低温回火。

对于小功率齿轮，通常选择中碳钢，并经表面淬火和低温回火，最终表面硬度要求为 45～50HRC 或 52～58HRC。属于这类齿轮的，通常是机床的变速齿轮。其中硬度较低的，用于运转速度较低的齿轮；硬度较高的，用于运转速度较高的齿轮。

在一些受力不大或无润滑条件下工作的齿轮，可选用塑料（如尼龙、聚碳酸酯等）来制造。一些低应力、低冲击载荷条件下工作的齿轮，可用 HT250、HT300、HT350、QT600 - 3、QT700 - 2 等材料来制造。较为重要的齿轮，一般都用合金钢制造。

具体选用哪种材料，应按照齿轮的工作条件而定。首先，要考虑所受载荷的性质和大小、传动速度、精度要求等；其次，也应考虑材料的成型及机加工工艺性、生产批量、结构尺寸、齿轮重量、原料供应的难易和经济效果等因素。此外，在选择齿轮材料时还应考虑以下 3 点：

（1）应根据齿轮的模数、断面尺寸、齿面和心部要求的硬度及强韧性，选择淬透性相适应的钢号。钢的淬透性低了，则齿轮的强度达不到要求；淬透性太高，会使淬火应力和变形增大，材料价格也较高。

（2）某些高速、重载的齿轮，为避免齿面咬合，相啮的齿轮应选用不同材料制造。

（3）在齿轮副中，小齿轮的齿根较薄，而受载次数较多。因此，小齿轮的强度、硬度应比大齿轮高，即材料较好，以利于两者磨损均匀，受损程度及使用寿命较为接近。

11.3.3　箱体类零件

箱体是工程中重要的一类零件，如工程中所用的床头箱，变速箱，进给箱，溜板箱，内燃机的缸体等，都是箱体类零件。由于箱体类零件结构复杂，外形和内腔结构较多，难以采用别的成型方法，几乎都是采用铸造方法成型。所用的材料均为铸造材料。

对受力较大、要求高强度、受较大冲击的箱体，一般选用铸钢；对受力不大，或主要是承受静力，不受冲击的箱体可选用灰铸铁，如该零件在服役时与其他部件发生相对运动，其间有摩擦、磨损发生，可选用珠光体基体的灰铸铁；对受力不大、要求重量轻或导热性好的箱体，可选用铝合金制造；对受力很小的箱体，还可考虑选用工程塑料。总之，箱体类零件的选材较多，主要是根据负荷情况选材。

对于大多数大箱体类零件，都要在相应的热处理后使用。如选用铸钢材质，为了消除粗晶组织，偏析及铸造应力，应进行完全退火或正火；对铸铁，一般要进行去应力退火；对铝合金，应根据成分不同，进行退火或淬火、时效等处理。

习　题

一、综合题

1. 机械零件在选材时要考虑哪些因素？

2. 造成零件失效的原因哪些？失效分析的一般程序是什么？

3. 现有下列材料：HT200、Q235 - AF、465、H68、W18Cr4V、T8、2CrMo、6A02、ZG310 - 570、60Si2Mn、20CrMnTi。请按用途选材：（1）高速切削刀具；（2）汽车板簧；（3）承受重载、大冲击载荷的机车动力传动齿轮；（4）一般弹簧；（5）大功率柴油机曲轴；（6）机床床身

4. 请根据零件的性能要求进行选材，说明理由，并说出相应的热处理方法。

（1）机床床身（60、T10A、HT150）；

（2）汽车板簧（45、60Si2Mn、2A01）；

（3）热作模具（Cr12MoV、5CrNiMo、HTRSi5）；

（4）受重接载荷的齿轮（40MnB、20CrMnTi、KT350-4）；

（5）高速切削刀具（W18Cr4V、T8、Cr12MoV）；

（6）桥梁构架（20Mn2、40、30Cr13）；

（7）凸轮轴（9SiCr、QT500-7、40Cr）；

（8）滑动轴承（GCr15、ZSnSb11Cu6、KmTBCr2）。

5. 有一轴类零件，工作中主要承受交变弯曲应力和交变扭转应力，同时还承受振动和冲击，轴颈部分还受到摩擦磨损。该轴直径 30mm，选用 45 钢制造（45 钢的 $D_0 = 18$ mm）。

（1）请拟定该零件的加工工艺路线；

（2）请说出各个热处理工艺的作用；

（3）请指出轴颈部分从表面到心部的组织变化。

参 考 文 献

[1] 赵品，谢辅洲，孙振国．材料科学基础 [M]．哈尔滨：哈尔滨工业大学出版社，1999.

[2] 冯端，师昌绪，刘治国．材料科学导论 [M]．北京：化学工业出版社，2002.

[3] 师昌绪，李恒德，周廉．材料科学与工程手册 [M]．北京：化学工业出版社，2004.

[4] 胡赓祥，蔡珣，戎咏华．材料科学基础 [M]．上海：上海交通大学出版社，2006.

[5] 张联盟．材料学 [M]．北京：高等教育出版社，2005.

[6] 王笑天．金属材料学 [M]．北京：机械工业出版社，1987.

[7] 王于林．工程材料学 [M]．北京：航空工业出版社，1992.

[8] 朱张校．工程材料 [M]．北京：清华大学出版社，2001.

[9] 王正品，李炳．工程材料 [M]．北京：机械工业出版社，2013.

[10] 徐恒钧．材料科学基础 [M]．北京：北京工业大学出版社，2001.

[11] 耿洪滨．新编工程材料 [M]．哈尔滨：哈尔滨工业大学，2000.

[12] 吕烨，王丽凤．机械工程材料 [M]．北京：高等教育出版社，2009.

[13] 王运炎，朱莉．机械工程材料 [M]．北京：机械工业出版社，2009.

[14] 于永泗，齐民，徐善国，等．机械工程材料 [M]．大连：大连理工大学出版社，2006.

[15] 王纪安．工程材料与材料成形工艺 [M]．北京：高等教育出版社，2000.

[16] 刘全坤．材料成形基本原理 [M]．北京：机械工业出版社，2010.

[15] 杨慧智．工程材料及成型工艺基础 [M]．北京：机械工业出版社，1999.

[16] 卢志文．工程材料及成形工艺 [M]．北京：机械工业出版社，2005.

[17] 黄本生，范舟，张德芬，等．工程材料及成型工艺基础 [M]．北京：石油工业出版社，2013.

[18] 杨眉．工程材料及成型工艺 [M]．北京：化学工业出版社，2009.

[19] 范悦．工程材料及机械制造基础 [M]．北京：航空工业出版社，1997.

[20] 孙康年．现代工程材料成形与工艺基础 [M]．北京：机械工业出版社，2002.

[21] 赵程，杨建民，吴欣，等．机械工程材料及其成形技术 [M]．北京：机械工业出版社，2009.

[22] 申荣华．机械工程材料及其成形技术基础 [M]．武汉：华中科技大学出版社，2011.

[23] 侯俊英，王兴源，程俊伟，等．机械工程材料及成形基础 [M]．北京：北京大学出版社，2009.

[24] 齐乐华，朱明，王俊勃．工程材料及成形工艺基础 [M]．西安：西北工业大学出版社，2002.

[25] 邢忠文，张学仁．金属工艺学 [M]．哈尔滨：哈尔滨工业大学出版社，1999.

[26] 邓文英，郭晓鹏，宋力宏．金属工艺学 [M]．北京：高等教育出版社，2008.

[27] 丁建生．金属学与热处理 [M]．北京：机械工业出版社，2006.

[28] 房世荣，严云彪，田洪照．工程材料与金属工艺学 [M]．北京：机械工业出版社，1994.

[29] 余永宁. 金属学原理 [M]. 北京：冶金工业出版社，2000.

[30] 崔忠圻. 金属学与热处理 [M]. 北京：机械工业出版社，1997.

[31] 崔占全，王昆林，吴润. 金属学与热处理 [M]. 北京：北京大学出版社，2010.

[32] 赵渠森. 先进复合材料手册 [M]. 北京：机械工业出版社，2003.

[33] 吴人洁. 复合材料 [M]. 天津：天津大学出版社，2000.

[34] 王荣国，武卫莉，谷万里. 复合材料概论 [M]. 哈尔滨：哈尔滨工业大学出版社，2001.

[35] 翁端. 环境材料学 [M]. 北京：清华大学出版社，2001.

[36] 陆大年，王宁，眭伟民. 新型绿色材料 [J]. 上海化工，2001 (5).

[37] 郑子樵. 新材料概论 [M]. 长沙：中南大学出版社，2009.

[38] 姜银方. 现代表面工程技术 [M]. 北京：化学工业出版社，2006.

[39] 赵文轸. 材料表面工程导论 [M]. 西安：西安交通大学出版社，1998.

[40] 崔福斋，郑传林. 等离子体表面工程新进展 [J]. 中国表面工程，2003 (4)：7-11.

[41] 徐滨士，刘世参. 表面工程新技术 [M]. 北京：国防工业出版社，2002.

[42] 乍忠忠. 激光表面强化 [M]. 北京：机械工业出版社，1992.

[43] 张通和，吴瑜光. 离子注入表面优化技术 [M]. 北京：冶金工业出版社，1993.

[44] 巴发海，宋巧玲. 激光表面强化相关问题的研究进展 [J]. 郑州大学学报（工学版），2004 (3)：85-89.

[45] 赵婧，夏伟，李凤雷，等. 滚压表面强化机理的研究现状与进展 [J]. 工具技术，2010 (11)：3-8.

[46] 孟晓欧. 抛丸处理对 ADC12 挤压铸造件表面状态影响 [D]. 哈尔滨：哈尔滨理工大学，2017.

[47] 上官丽萍. 吊钩式抛丸清理机轨道支架的受力分析及结构优化 [D]. 济南：济南大学，2014.

[48] 魏伟. 石油管道用钢组织优化及强韧化机理研究 [D]. 沈阳：中国科学院金属研究所，2008.

[49] 俞德刚. 钢的强韧化理论与设计 [M]. 上海：上海交通大学出版社，1990.

[50] 高惠临. 管线钢与管线钢管 [M]. 北京：中国石化出版社，2012.

[51] 张树松，仝爱莲. 钢的强韧化机理与技术途径 [M]. 北京：兵器工业出版社，1995.

[52] 陈全明. 金属材料及强化技术 [M]. 上海：同济大学出版社，1992.

[53] 商国强，朱知寿，常辉，等. 超高强钛合金研究进展 [J]. 稀有金属，2011，35 (2)：286-291.

[54] 韩明臣，王成长，倪沛彤. 钛合金的强韧化技术研究进展 [J]. 钛工业进展，2011，28 (6)：9-13.

[55] 王麟平，张治民，胡杨，等. 镁合金强韧化技术的研究进展及其应用 [J]. 热加工工艺，2012，41 (6)：46-48.

[56] 冯鹏发，赵虎，杨秦莉，等. 钼金属的脆性与强韧化技术研究进展 [J]. 铸造技术，2011，32 (4)：554-558.

[57] 齐俊杰，黄运华，张跃. 微合金化钢 [M]. 北京：冶金工业出版社，2006.

[58] 科恩. 钢的微合金化及控制轧制 [M]. 北京：冶金工业出版社，1984.

［59］王有铭，李曼云，韦光．钢材的控制轧制和控制冷却［M］．北京：冶金工业出版社，2009.

［60］田村今男，王国栋．高强度低合金钢的控制轧制与控制冷却［M］．北京：冶金工业出版社，1992.

［61］马伯龙．实用热处理技术及应用［M］．2版．北京：机械工业出版社，2015.

［62］王毅坚，索忠源．金属学及热处理［M］．北京：化学工业出版社，2014.

［63］赵一善．金属材料热处理及材料强韧化基础［M］．北京：机械工业出版社，1990.

［64］冯晓曾．模具用钢和热处理［M］．北京：机械工业出版社，1984.

［65］王英杰．金属材料及热处理［M］．2版．北京：机械工业出版社，2015.

［66］王传雅．钢的亚温处理临界区双相组织超细化强韧化理论及工艺［M］．北京：中国铁道出版社，2003.

［67］王希琳．金属材料及热处理［M］．北京：水利电力出版社，1992.

［68］田荣璋．金属热处理［M］．北京：冶金工业出版社，1985.

［69］李松瑞，周善初．金属热处理［M］．长沙：中南大学出版社，2003.

［70］朱兴元，刘忆．金属学与热处理［M］．北京：中国林业出版社；北京大学出版社，2006.

［71］马鹏飞，李美兰．热处理技术［M］．北京：化学工业出版社，2009.